JN091604

This work has been published with the financial assistance of
FILI – Finnish Literature Exchange

F I
L I

もくじ

ii 痕跡 102

iii 新旧交代

iv 選択のとき 314

デザイン――三木俊一（文京図案室）

凡例

・本書に登場する林業関係の用語については、フィンランド語から類推して日本で一般的に使用されている用語に統一した。フィンランドの林業事情については「解説」で簡単に説明したが、林業用語等にとりつきにくさを覚える場合は、解説を先に読んでいただきたい。

・本書に出てくる地名、人名などについては、フィンランド語の原音に近いカタカナで表記したため、一部慣用表記とは違うものもある。

・特に説明が必要と思われる事項については、［ ］内に訳注を記した。

・本書にはフィンランドの地名が多く出てくるため、10～11ページに地図を掲載した。参考にしていただきたい。

フィンランド全土と「フェンノスカンディア」エリア地図

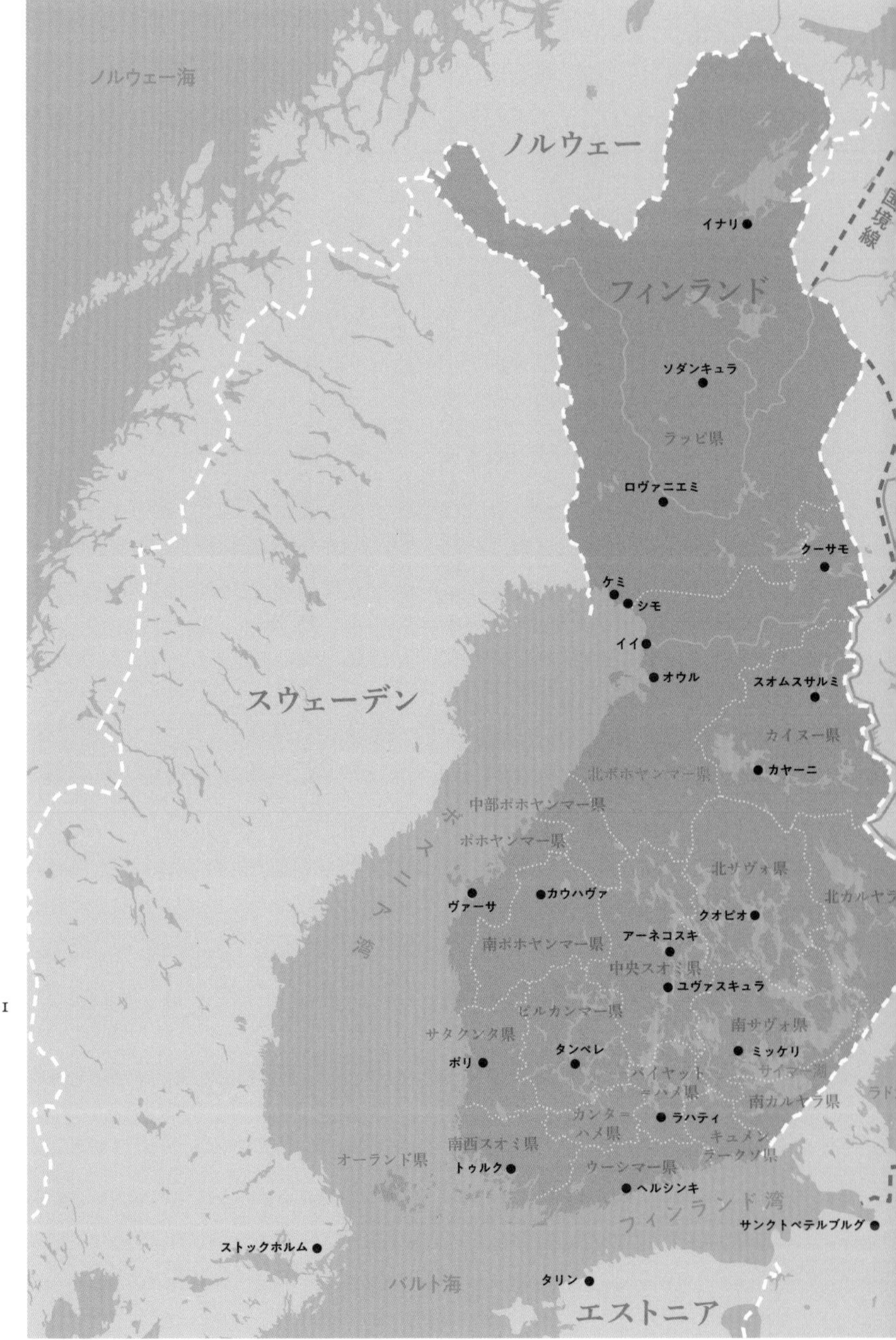
ノルウェー海
ノルウェー
国境線
イナリ
フィンランド
ソダンキュラ
ラッピ県
ロヴァニエミ
クーサモ
ケミ
シモ
イイ
オウル
スオムスサルミ
スウェーデン
カイヌー県
カヤーニ
北ポホヤンマー県
中部ポホヤンマー県
ポホヤンマー県
ボスニア湾
北サヴォ県
北カルヤラ
ヴァーサ
カウハヴァ
クオピオ
アーネコスキ
南ポホヤンマー県
中央スオミ県
ユヴァスキュラ
ピルカンマー県
南サヴォ県
サタクンタ県
ポリ
タンペレ
ミッケリ
パイヤット＝ハメ県
サイマー湖
南カルヤラ県
カンタ＝ハメ県
ラハティ
南西スオミ県
キュメンラークソ県
オーランド県
トゥルク
ウーシマー県
ヘルシンキ
フィンランド湾
サンクトペテルブルグ
ストックホルム
バルト海
タリン
エストニア

はじめに

森だと信じていたものが、森ではなかったということに、今になって気づいた。写真撮影のためにヘリコプターで上空から見下ろすと、細い水の流れを表す青い線と線の間に、細かい緑や茶色くなった場所が確認できた。乗馬用の道の両脇には、ヨーロッパトウヒが並んでいるが、その並木は伐採地やたくさんの苗木で埋め尽くされた場所にぶつかって途切れていた。森の中のジョギング用の細い道の距離は、わずか数分走るだけの距離しかなく、これも、車道や住宅地、広場にぶつかって終わっている。狩猟に出ても、皆伐のために地面が掘り起こされており、どうしようもないありさまだ。

***

私たちは、南部ラップランドのピサヴァーラ自然公園［正式名称・ピサヴァーラ原生自然保護公園」を訪れることができた。この本を作るという目的があったおかげだ。テルヴォラとロヴァニエミの境界にあるピサヴァーラは、ヨーロッパで最も厳しい条件で保護されており、フィンランド森林庁に特別許可を取らない限り入ることはできない場所である。ピサヴァーラ自然公園に入る理由をこの本の出版のためとしたのだが、それでも許可を得るのは至難の業だった。

ピサヴァーラに入ると、私たちは、銀色がかったヨーロッパトウヒ、まるで大空に襲いかかるようにそびえ立つ巨木に育ったヨーロッパアカマツ、節くれだったセイヨウヤマナラシの古木に取り囲まれた。地面を苔がびっしりと埋め尽くしていた。木はたくさん生えていたが、私たちが見慣れている光景に比べるとその間隔はゆとりがあった。

私たちはみな、生まれてからこのかた、ずっとペラポホヨラと呼ばれるラップランド南部に住んでいる者ばかりだ。それでも、ピサヴァーラ自然公園をこの目で見て初めて、故郷の〝森〟と呼ばれているものがどういう森なのかを理解できたと思っている。

もしかして私たちは騙されていたのではないか。ピサヴァーラの森を見て、まず私たちが感じたことだ。そして、ひどく驚いた。仕事柄、疑問を抱いたり、質問したりすることが当たり前である高等教育を受けた40代の私たちが、なぜ今まで自分たちの身近にある自然について疑問を抱くことをしなかったのか、と。

同時に心配にもなった。私たちの子どもたちが、自分たちを取り巻く環境について理解するようになるには、中年と呼ばれる年代になるまで待たなければならないのだろうか、そして、彼らの時代になる頃には森はますます減ってしまうのではないか。それとも、森に対する考え方や見方が大きく変わり、森は単に原料を生み出すだけの場所ではないと、今よりもずっと深く理解されるようになるだろうか。

***

そこで私たちは、今、森で起きていること、森に何がなされていたのか、そして、これから何をしなければならないのかについてひもとくことにした。結果、想像以上に心がざわつくような、フィンランドの森のありのままの姿が目の前に現れた。一方、森に抱いたあらゆる疑問の海に潜ると、希望を見つけ出すこともできた。私たちがインタビューをした森と共に生きる人、あるいは研究者たちはみな、森と私たちの関係が変わろうとする潮流の中にあると口を揃えた。そして、これから世界が変わる、と語気強く答えた。

今、森についての議論が熱い。ありとあらゆることが議論の対象になっているが、実際その中身はそれぞれに都合のいいように歪められている。たとえば、気候変動の研究者は伐採について語っていいのか、教会が森の議論に加わっていいのか、森林政策を評することができるのは誰なのか。さらには、こうした森に関する議論に参加できるのは誰なのか、などといったものまである。

このように、森に関する議論は尽きない。もし、森の議論に参加できるのは森林について学んだ人だけだというのであれば、他の政策論争でも同じことが言えるはずだ。民主主義社会のあるべき姿として、農業や観光促進、鉱物採掘についての話し合いには誰でも参加することができるのに、なぜ森についての話し合いは閉鎖的なのだろう。すべてのフィンランド人には、自分に関係する議論に参加する権利と責任があるのではないだろうか。私たちは森を持つ民だ。フィンランドには国有の森、地方自治体や教会区所有のたくさんの森がある。それは誰もが間接的に持っている森と言える。

フィンランド人のほとんどは、森でハイキングをし、散策をし、森で働くなど、森と関わりがある。夏の別荘は森の中にあるし、そこに住んでいる人すらいる。何百、何千ものフィンランド人には、自分の森はここだ、と言える場所がある。

私たちは森について部外者だが、この本では森についての対話に参加している。この本の制作に関わっている者の一人は、子ども時代の家計が製紙会社によって支えられていた。別の二人は森を所有しているし、森林経済の課程を履修した技術者もいる。

林業に関わる人たちは、森について声高に話したがるものだ。私たちはこの本で、いろいろな声があることを知って欲しいと考えている。森を、環境という視点に立って眺め、ジャーナリストの目線で思考したいと考えている。人も含めたすべての生物にとっての家である、生存環境としての森との向き合い方を尋ねたいと思う。

＊＊＊

本書は、フィンランドの森の全容に触れられるように4章立てにした。第i章では、自然な状態のフィンランドの森がどのようなものだったのかを伝え、どのようにフィンランドの森が変化してきたのかを考えた。私たちを取り巻く森は、今から100年前、いや50年前はかなり違うものだったはずだ。たとえば、車を突然停車させ、森に入っていったとしよう。偶然に行き当たった森は、あっという間に通り抜けられるはずだ。フィンランド語の〝森〟という言葉は、その昔、〝限りない〟、〝遥かな〟という意味があったと推測されている。だが、今はその境界がとても近くにあり、森は耕作地や側溝、道で区切られてしまっている。

現在、フィンランドの森のほとんどが木材生産を行う経済林であるが、かつてはそうではなかったはずである。私たちは森の民だと言われているが、身近なところで自然な状態の森を見たことがある者はごくわずかであり、みな、経済林に囲まれて育ってきている。

フィンランドの森がめちゃくちゃになった時期はいつかと言われれば、第二次世界大戦が境になるだろう。戦後、窮乏の数十年の間、増大する木材需要を支え、その資源となったのが森である。つまり林業は、何十年にもわたり政治的な思惑に支えられ飛躍的に成長したのだ。数十年前に比べると、現在フィンランドには複数の経済的支柱があるが、それでもフィンランドの総輸出額の5分の1は林業が占めている。しかし国民総生産で見ると、林業の占める割合はおよそ4％である。[1] そして2017年に林業が生み出した雇用者数は、4万2200人であった。[2]

フィンランドという国は、これまでは林業で盛り立てられてきた国であったが、今は時代も変わった。そしてフィンランドの森については、これまでとは違った痛みや心配ごとがある。

第ii章では、ほぼ半世紀にわたり続いた効率重視の林業の時代が、自然や人びとに残した爪痕をたどる。この章では、国が行った森林伐採のために、カイヌー県のネイチャートラベル事業が失敗したいきさつを紹介するほか、その後の影響を少しも考えずに湿地の排水を実施したために起こった生物の生育環境や水域の破壊について、そして、その破壊規模を把握することは不可能と考えられる排水事業のことを伝えたい。

林業に携わる人たちは、フィンランドの森の成長量は伐採量よりも多いという考えのもと、持続可能な林業に取り組んでいるという理屈をこねている。木材生産量は、持続性という狭量なものさしに当てはめているに過ぎないということを見落としがちである。林業を社会的な視点、たとえば他の産業を介して見ると、もっと厳しい状況であると判断されるはずだ。伐採の持続性は確認できるが、生物多様性や生物の育成環境の豊かさという点では、フィンランドの国土のほとんどの場所は脆弱である。フィンランドの森の3分の2は自然環境が危機的状況にあり、833種の絶滅危惧種の生息地はその危機的な森にある。さらに、そのうちの733種は森が経済活動に活用されたが故に生育環境が変わり、絶滅危惧種になってしまったのだ[3]。

個体数が急激な下降線をたどった種の数は多い。たとえば、キンメフクロウは1950年代にはフィンランドでも個体数の多い猛禽類だったが、今では管理対象となっている。このような状況に追い込まれたのは、生育環境として適していた森の環境が失われたためである。失われた森にはその後、若い森が育っているが、フィンランドの森の3分の2近くは、木の成長が始まってから80年以下の若い森という状況だ[4]。つまり、古い森を必要とする種ほど生きるのは難しくなってきている。

第ⅲ章では、将来危惧されること、不確かさについてまとめた。たとえば、林業の現状と今後の課題、数十年にわたって続いたユララッピの森戦争［ユララッピと呼ばれる北部ラップランドで、1970年代から森の所有者とフィンランド森林庁の間で森林資源の使い方や伐採方法、自然保護への取り組み方について行われた議論のこと。第ⅲ章『森林戦争と平和』参照］は平和的に解決するのかなど、現在の話題で構成した。またこの章では、気候変動問題に森がどう関わることができるのかを示した。

林業という巨大な船は、ゆっくりと方向転換している最中だ。森の環境を劣化させ、自然界の生態系を破壊する森林伐採は止まらない。それどころか、新規パルプ工場投資のために、伐採は過去最高規模で実施されている。

フィンランドでは林業界に関わる者が多いため、その方向転換は困難をきわめていると森の専門家たちの多くが口を揃える。一斉造林と皆伐を基盤とする林業施業法は、製紙業に対して切れ目なく原料となる細い丸太を提供できる。そして植林用の土地造成と種苗の植え付け、若木の間伐などの森林育成作業は、森林を生業とする者には多くの仕事と収入を生み出す。湿原の干拓や道路の造成と改修も仕事になるからだ。

森林保全や管理業務に必要以上の費用がかかると、それは森の自然の力を弱らせるだけでなく、森で生計を立てている森林所有者も財政的に弱体化する。なぜならば木材が産業の原材料として安価に買い上げられているからである。

木材を購入する業界企業は、林業界に購入費数千万ユーロを支払うことで（林業に）間接的に投資している。一方で彼らは、1億ユーロ以上のエネルギー税を納める納税者でもある。このようなフィンランドの林業を支えるのが個人の森林所有者で、彼らが行う森林管理と伐採後、森が次の産出段階に回復するまでにかかる費用の数千万ユーロをまかなうのがケメラ（Kemera）補助［フィンランド森林センターが林業を始めようとする個人事業者に申請ベースで下ろす補助金］である。[5]

最終章である第iv章では、未来について考えた。この章では、林業で収入を得るための新しい方法を紹介し、森の絶対的価値について考察している。フィンランドの森が今後もタイガ地帯の針葉樹林として豊かな森であり続け、各産業に原材料を提供し続けることができるのだろうか。すでに方向転換は始まっているので、おそらく大丈夫だと思いたいが。

林業に携わる者たちは数十年もの間、他の産業や他者の評価を考える必要のない時代を過ごしてきた。[6] 原料となる木不足の解消と輸出促進は、国を挙げて取り組むべき課題として掲げられ、他のすべては後回しにされたのである。

2020年代が近づくにつれ、フィンランドの森が抱える問題は、取るに足らない問題と言えない状態になっており、これ以上、後回しにできない。2017年3月にユハ・シピラ内閣が発表した政策に対し、伐採量の増加と生物多様性の減少が心配されると、多くの研究者たちが署名した意見書が提出された。[7] これ以前には、こうした行動を起こした者はいなかったことを考えると、森が心配な状態であることの表れの一つだろう。

本書は、森の将来や森での活動を支援していく方法について、フィンランドで再び対話が始まったときに参考にしてもらうためのインタビュー集である。今、森林を所有している者たちの平均年齢は62歳だ。次世代へ森を引き継ぐ時も迫っている。次世代は、フィンランドのこの森をどのように評価するのだろうか。

子ども世代、そして孫世代の森や自然環境への責任は、現代の研究者、政治家、森林所有者、そして国民にある。大量伐採が行われる時代に、もっと考えるべきことがあるのではないだろうか。どんな森を次世代に残すのかということを。

1 これがかつてのフィンランドの森

昔々の森のおはなし

私たちが失った森のこと——イェンニ・ライナ

ロヴァニエミ近郊にあるピサヴァーラ自然公園とテルヴォラ

フィンランドの森について説明しよう。

見渡す限り、森が広がっている。ヨーロッパアカマツがうねることなく、まっすぐ一本の柱のように立ち上がっている。その周囲には、10代の若者を思い起こさせるようなヨーロッパトウヒの苗木がひょろひょろとそこら中に生えている。若木のヨーロッパトウヒとこぶのついたどっしりとしたセイヨウヤマナラシが、隣り合って生えている。そして銀色に見えるのは、まるで骨のような枝ぶりの立ち枯れ木だ。ここに来ると、どの時期にヨーロッパアカマツが成長し、そして古木になり、古木が立ち枯れ木になるのかを実際に確認しながら学ぶことができる。

テルヴォラとロヴァニエミの間に位置するピサヴァーラ自然公園は、全ヨーロッパの中で最も厳しい保護基準が設けられた森である。1938年、ラップランド南部に位置するこの森は危機に瀕していた。そこで、この地に生息する生き物を学術的に研究し、森の保護を目的として、自然公園が設立されたのである。今、このエリアに入るには、フィンランド森林庁発行の許可証が必要で、許可が出るのは研究や学びの場にするという目的に限られている。フィンランドの自然の法則に則って生きている神聖な森には、容易に立ち入ることができないのだ。

***

ヘラジカや研究者たちが通った小径は時々途切れている。ただ、この小径がなくても、迷うことはない。地面には苔が分厚く覆うように生えているので、森は楽に歩ける。この森は、個性的な木、立ち姿の美しい木、こぶだらけの木、古木、生命力に満ちた木など、いろいろな木々で形成されている、深沈として見飽きることがない自然公園である。

私たちフィンランド人は、この国にはたくさんの森があると信じて育つ。フィンランドは、国土面積に対する森の割合がヨーロッパ内で最も高く、全世界でも11番目に森の割合が高い。[1] もし、フィンランドの森を総人口で平等に分配すると、国民1人当たりの森の面積は約4ヘクタールとなり、サッカー場6面分に相当する。[2]

フィンランド人は、森についていろいろと話をする。でも、森とは何かをじっくり考えることはあまりない。果たして、本当に森は樹木だけで作られているのだろうか。

場所ごとの伐採量には大きな違いがあるが、フィンランドの森のほとんどは経済林［林業用に人が造成した森林。人工林］だ。そして今、多くの森で何かが変わり始めている。たとえば、サタクンタ県と南西スオミ県、この2つの行政区の森で伐採された木材の95％は、木材加工品の材料になる。[3] また、現在、自然保護区になっているフィンランド南部の森はほとんど、かつて伐採が行われていた跡に作られた人工林だ。たとえば、キュメンラークソ県にあるレポヴェシ国立公園やサイマー湖のリンナンサーリ国立公園、北カルヤラ県のパトヴィンスオ国立公園は、少し歩くだけでかつての伐採地がはっきりわかる。保護の対象となってからすでに長い時間を経たため、木々は成長しているものの、自然の森というにはまだほど遠い状態である。[4]

フィンランドの国土面積のうち、自然の森と呼ぶことができる森は約2・9％と推測さ

ピサヴァーラ自然公園。ヨーロッパで一番厳しい保護環境にある自然公園がラップランドにある►

れている。[5]そのうち何らかの保護対象となっている森はごく一部の約7・7%で、ほとんどがラップランド北部の森である。

いわゆる森を撮影するときに舞台となるのは、人の影響をあまり受けていない自然な森、あるいは「自然な状態にあるような森」だ。いまや全く人の手が入っていない、人の影響を受けていない原生林を見つけるのは、ほぼ不可能である。ただ、さまざまな樹種や古木、立ち枯れ木、倒木などがうまい具合に組み合わさった、自然な状態の森は存在する。そういう森では、嵐の爪痕や森林火災の痕跡も確認することができる。[6]

自然な状態の森を定義することは、森が位置する場所や成長する環境によって違いがあるため容易ではない。つまり、ピサヴァーラ自然公園の自然な状態の森は、樹木の数が多いフィンランド南部の森とも、海岸沿いで岩がゴロゴロしているような場所にある森とも全く様相が違う。フィンランドでは自然な状態の森は実にさまざまな表情を見せるのである。

実際、森の変化する表情を見ている人はそれほど多くはいない。フィンランドは、ヨーロッパ全域の中で最も自然な森が残っている場所と推測されているが、実際は人工林で分断されているため、ひと続きの広大な自然な森はもうないのである。いわゆる自然な状態の森の存在が珍しくなっているから、森を知らない世代も現れ始めている。

第二次世界大戦後、フィンランドの森は伐採と管理に、より重点が置かれるようになった。いわゆる効率的な林業の時代に育った、今の30〜40代よりも若い世代の森の民フィンランド人は、道路脇に広がる、ほぼ同じ樹齢の松の木がお行儀よく並ぶ森を〝フィンランドの森〟だと理解し、森が自然に成長するとこういう森になると考えている。そしてフィンランドの人びとは、自国では見ることができない森を見るために、海外のサファリや唯一無二の原生林、熱帯林へ旅をする。しかし、どういう森がフィンランドの本来の森なのか、人の住まないタイガ地帯の原生林がどのようなものなのかを認識できてはいないのだ。

> あの延々と、奥深くまで続く森ほど旅人に深い心象を残すものはない。森を歩くといふことは、何の変化もなく、ただ、頭上でトウヒの樹木の先端、あるゐはまるで雲の高さにある、木の枝を揺らす風の音だけが聞こへるような、単調な静けさの中で、まるで、海の底を歩く様でもあるのだ。
>
> J・L・ルーネベリ[7]

＊＊＊

30

フィンランド森林庁の特別プランナーのパウリーナ・クルマラによればピサヴァーラ自然公園は、多くの絶滅危惧種にとってふるさとだ

フィンランド森林庁のパウリーナ・クルマラ特別プランナーは、方位磁針にちらりと目をやると、地衣類が地表を覆い、道が見分けにくい森を先へと進み始めた。数歩進むと立ち止まり、また地図を確認した。「ここに小径なんてないんです」

北部の、タイガと呼ばれるフィンランドの森を占めているのは、圧倒的に針葉樹である。長くて暗い冬と短く強烈な光の夏に耐えるフィンランドの森。クルマラは、地図を手に森の奥へと入っていく。自然の森と人工林の違いは、森を構成する樹種の違いにある。「自然な森では、あらゆる樹齢の木々を確認することができますが、人工林では違います。枯れ朽ちた樹木の量は、この森がどれだけ自然な状態であるかを示すもう一つのシグナルなんです」

フィンランド南部の経済林では、枯れ朽ちた樹木の量は1ヘクタール当たり平均3・8立方メートル。フィンランド北部の経済林では、その量は8立方メートルと言われている。一方、フィンランド南部の最も状態のよい自然な森では、枯れ朽ちた木の量は1ヘクタール当たり平均50から120立方メートルあると言われているが、[8] フィンランド北部の自然な森では、1ヘクタール当たりで見つかる樹種の数も、枯れ朽ちた木の量も明らかに少ない。ちなみにピサヴァーラ自然公園で見つかる枯れ朽ちた木の量は、1ヘクタール当たり55立方メートルである。

現代の人工林は、枯れ朽ちた木がほとんどない状態が完成とみなされていて、過去何十万年と続いた森の進化史で一度もなかった新しい状況にある。[9] 森で確認することができる種、たとえば、枯れ朽ちた樹種と同じ種類の木がすでになくなっていたり、絶滅の危機に瀕していたりするなどの状況から、森が今までとは違う状況に陥っていることがわかる。一方で、ピサヴァーラ自然公園の土壌は、どこからも影響を受けない状態が長期間続いたため、ふかふかの地衣類がよく育ち、小さくて白い花をつけるヒメミヤマウズラや絶滅の危機に瀕している黄色い花のトラキチランも育っている。

自然な森というと、多くの人は、通り抜けすることができないような薄暗い森を考える。クルマラは、「その認識は誤っている」と言う。「広々としていて、動き回るのが簡単で、それでいて何より変化に富んでいるのが自然な状態の森なのです。人工林こそ通り抜けができません。たとえば、同じ樹齢のヨーロッパトウヒばかりの森は、太い枝が陽を遮り、森の中は暗く、まるで地下室と同じです。隙間もなく空気も十分に行きわたらない森の底、つまり地面には、他の植物が育ちません」

自然公園の土壌には命が満ち、木の幹もたくさん転がっている。初めは、地面のあちこちに横たわっている幹に出くわすたびにびっくりさせられるが、徐々に慣れてくるとそれが当たり前になってくる。そして、切り株に行き当たれば、近くに倒れた痕跡を残す古木がないかと探すようになるのだ。ピサヴァーラ自然公園の枯れ朽ちた木々はどっしりとしていて、J・R・R・トールキンの『指輪物語』に登場するエント、木の巨人のようにも見える。細かく管理されている森ではお目にかかることがない木である。

ピサヴァーラ自然公園に生える木の平均樹齢は210年。ここは自然公園に指定される前から、長い間伐採が行われていなかったからだ。この場所についての確かな情報は、数本の木が帆船のマスト用に1800年代に切り倒されたということだけである。そのおかげか、ここの森は、セイヨウヤマナラシもヨーロッパアカマツも、枝を上向きにすることもなく育っている。そして、がっしりとしたヨーロッパアカマツの木の樹皮の亀裂はまるでモザイクのようになっている。

フィンランド北部ではヨーロッパアカマツの古木は600年以上も生き続けることができ、フィンランド南部ではその土地の環境が生育に適合していれば、およそ300年生きる。木が死ぬということは木の寿命が尽きるということではない。なぜなら、木は死んでからも多くの生き物の栄養分となり、住処となるからである。実際、立ち枯れ木となったヨーロッパアカマツは、1000年を数えるまで年を重ねることができる。これに比べれば、わずか100年弱を生きる人間の人生など、一瞬のお祭りに過ぎない。

ここ60年の間で、フィンランドで切り倒した樹齢100年以上の樹木の数はかつてないほどに減少しており、この傾向は今も続いている。2000年代に入ってから人工林として利用されている森では、樹齢が160年を超える木の占める割合が表面積で40%以上減少している。[10] これに連動するように、森の樹種と生態系も変化している。2019年3月に発表された絶滅危惧種評価（レッドリスト）によれば、フィンランドの森には833種の絶滅危惧種が生息しているとある。レッドリストには、絶滅危惧種に加え、準絶滅危惧種、絶滅種、さらには絶滅の危機にあるかどうか評価できないものも含めて、2133種の森に棲む生物が載っている。[11]

絶滅危惧種の一つで、EU加盟国全土で希少種になっている黒光りするキクイムシの一種コルピコルヴァは、実はピサヴァーラ自然公園ではわりと一般的な種だとクルマラは言う。このコルピコルヴァは、特定の樹齢の朽ちた大きなヨーロッパトウヒを生息環境とする。そのような環境の森は他の地域では減少しているし、そうした木は新しい森では存在しない。つまり、自然な状態の森を再現することは可能であるが、それにも限界があるということだ。なぜなら、自然な状態の森は何百年という時間をかけて形成されるものだからである。森の多様性を復元することは難しく、不可能なこともある。[12]

これまでフィンランドの森に人びとが残した痕跡にはどんなものがあっただろうと、空想してみることがあるとクルマラは言う。想像の世界であれば遠い過去にも飛んでいくことができるからだ。現在の森は、永久凍土がフィンランド湾から後退した約1万1000年前頃に始まる。このとき氷の下からまず現れたのは木が生えない不毛の土地で、そのはずれ辺りに人びとが住み始めてから、まず落葉樹、次にアカマツの森が誕生した。ヨーロッパトウヒがフィンランドに広がり始めたのは、その後5000年ほどたってからで、ラップランド西部やピサヴァーラ自然公園にまで到達したのは約2000年前である。[13]氷河期の後、フィンランドはほとんどの地域が水没し、ラップランド地方の一番高度の高いところ、ピサヴァーラ自然公園のてっぺん辺りは小さな岩などでできた島だった。ピサヴァーラ自然公園のごろごろとしている石や巨礫は、この丘の縁辺りが古代の海岸であったことの名残りなのである。

氷河期の後、フィンランド一帯は長い間あまり人が住まず、森が人の影響を受けた痕跡はほぼない。鉄器時代終盤の1100年代には、フィンランドの一帯にはおよそ5万人の人が住んでいたと推測されている。まだ当時の森は頑強で、時代的にほぼ全体が原生林に覆われていたと考えられる。しかし、南西スオミ県、サタクンタ県、ハメ［フィンランド南西部に位置する伝統州。現在、州は廃止された］の各地域の湖沼地帯、パイヤンネ湖、サイマー湖南部、そしてカルヤラ地方のラドガ湖周辺では、人びとが森に手を加えた痕跡が確認できる。人が住む地域周辺には牧草地や田畑が見られ、焼き畑が行われたことで、落葉樹の多い森が育っていった。[14]

かつての農作物の栽培は、森を部分的にあるいは全体を焼き払い、耕作地化して行っていた。森の木々を焼くことで、その灰が土壌の養分となり、農作物に適した土地になった。耕作方法はいろいろあるが、焼き畑でできた土壌の栄養分を耕作で使いきると、焼き畑を別の場所へ移していた。

一方、霜が降りるような土地は開墾されず、耕作が行われた最北端の地はポシオとクーサモだった。[15] ピサヴァーラ自然公園周辺では、焼き畑地を作ることが一般的な森の手入れ方法ではなかったのである。だからこの辺りの森は牛やトナカイの牧草地となり、落葉樹の数が特に減少した。

森を焼き払って畑にした地域では、その影響は広い範囲で現れた。クオピオ、ミッケリ、ハメそしてヴィープリ［現ロシア領］の各地方のおよそ半分の森が焼き払われたと推測されている。一方、オウル、ヴァーサ、トゥルク、ポリの各郡とウーシマー県では、焼き払われた森は森全体の5分の1以下に留まった。その結果、南サヴォ県と南カルヤラ県では若い森ばかりとなった。森の焼き払いと森林利用により、1500年代に入るとフィンランド南部の内陸部と西海岸の川沿いの地域には、原生林がほぼなくなったのである。人びとの住む近くでは木がなくなり、森は劣化していったが、人の手が届きにくい地域では原生林がまだ広く残っていた。こうした地域でも森林の焼き払いが広く行われていたものの、当時の人口は少なく影響も小さかったからである。[16]

原生林が焼き払われると、落葉樹やマツが多い森になりやすい。一方、１６００年代から１８００年代の木タール［油状の抽出物で、防腐剤や伝統医薬などになる。フィンランドでは万能薬とされていた］を作った後には、ヨーロッパトウヒの森が残った。なぜなら、木タールはヨーロッパアカマツの木から採取するからである。また、がっしりとしたヨーロッパアカマツの木は造船の材料としても利用された。そして木タールの生産は、特にポホヤンマー県、後年にはカイヌー県の自然な状態のヨーロッパアカマツの森を消滅させることになった。[17]

その昔、人口の少ないフィンランドでは、森に所有者などはなく、みなで森を共有していた。村の人びとは村周辺の森を牧草地や耕作地にし、また建材や薪を集める場所として使っていた。ところが１５４２年、スウェーデンのグスタフ・ヴァーサ王が人の住まない森は、神と王室と王位を継ぐ者のものだと宣言した［王領森林、つまり国有林宣言］。その後１７００年代に入って、農地大分割［当時スウェーデン領では、森や土地を共同利用していたため、栽培する木を強制されたり、自分の持ち場が飛び地になっていて不便であった。加えて家族人数が増えたことへの対応のため、各人に土地が行きわたるように共同利用の土地を整理し、また王領からも農地用に土地分割をした」が始まった。農地大分割では、各村が農地として使っていた土地と共同契約で使っていた森を家ごとに分割し、残った森は余剰地として国の所有にした。今でも国が所有する森がフィンランドの東部と北部にあるのは、そこが当時、人がほとんど住んでいない土地だったからである[18]。

農地大分割が実施されたにもかかわらず、人びとはそれまでと同じように国有林を利用し続けた。薪や建材にする木を国有林から集め、牧草地として使い、焼き払って耕作地にしたのである。こうした状況が続いたことで、１８００年代中盤になると国はフィンランドの森が消滅することを心配し始めた。そして、国有林の管理と森林利用の正しい方法を人びとに知らしめるため、１８５９年にフィンランド森林庁を設立したのである[19]。１８７０年代は、国有林のほぼ半分は自然な状態の森だった。なにもピサヴァーラ自然公園だけが多様な性質を持つ唯一の森ではなかったのだが、この頃から世の中は変わり始めたのである[20]。

ソッペーンハルユの森の中にあるユロヤルヴィ

木々がざわざわ、バキバキと音を立てている。ソッペーンハルユから延びる尾根のふもとには、陽の光が背の高いヨーロッパヒノキの枝をすり抜けて差し込んでいる。作家アンニ・キュトマキは軽々と急勾配の斜面を登り、森の縁へと向かって進んでいる。

キュトマキは、子どもの頃、兄2人と一緒にソッペーンハルユの尾根の両側に広がる古い森で遊んでいた。歳月を経て、今、キュトマキの作品には森が登場する。高い評価を得たデビュー作『黄金のふたこぶ岩』〔時代背景を1903〜39年とする親子3世代の物語で、森が重要な役割を担っている小説〕はまさに森の活用転換期、フィンランドが大きく変わった時代を背景にした作品だ。1800年代、フィンランドの林業は大きく変わった。『黄金のふたこぶ岩』は、木の伐採と製材製品の販売で一族が経済的に豊かになる姿と、伐採後の森を保護する必要性について語っている。

キュトマキは作家を目指していたわけではない。ただ、もし、いつの日か本を書くことがあれば、森という要素は間違いなく絡んでくるだろうと考えていた。キュトマキにとって森はいつも特別な場所だった。子どもの頃に遊んだ森をキュトマキと2人の兄は、苔むした森と呼んでいた。冬になると急勾配の斜面をそりで滑り降り、夏は、インディアンごっこをして遊んでいた。キュトマキはそばに横たわる朽ちて倒れた木から樹皮を一欠片（ひとかけら）取ると指でぱりぱりと砕いた。朽ちた木を砕いたものは、遊びの中ではペミカン、つまり肉の乾燥粉末と脂肪を混ぜて作る携帯用食品の代わりになっていた。「小さい頃から森には魔法的なものを感じていました。物語や昔話を聞くたびに空想の世界が疾走し始め、物語に登場した場所や雰囲気がここにないかと思って探しに出たんです」

キュトマキにとって森は今でも自分でいられる場所だ。もし自分が、100万人が住むような都市に生まれ、そばに森がなかったらどうしていただろうと想像してみたという。「自分にとって懐かしい場所、なくてはならない場所はどこになるだろう？　おそらくいろいろなコーナーが設けられた古い博物館だとか、私しか楽しむことができないような展示室とか。そんな場所で、気の済むまでゆっくりと世界のことを考えるんだと思います」

今の彼女にとって、ざわざわ、バキバキと音を立てる、命のあふれるこの森が博物館だ。時々何かがぶつかるような音がして、シジュウカラのさえずりが聞こえてくる。森に最も近い場所に住む人びとの生活音は、森の中にまでは届いてこない。

18歳のとき、キュトマキはあることに気づいた。ユロヤルヴィ南西部に、それまで知らなかったおよそ30ヘクタールほどの古い森を見つけたのだ。「森をじっと眺め、歩き回り、ああ、本当の森というのは、こういう場所のことを言うのだと気がついたのです。今まで知っていた、小さな破片のようなものではなくて。それからです、こんな森が他の場所にも残っていないかと探すようになったのは」

首を後ろに傾けて、雲の高さにあろうかという太い幹のその先に伸びる枝先と大きく広がるトウヒの枝を眺めた。私は興奮していた。割れた樹皮の虫食いの穴に指を入れると、プーッコ「フィンランドで森での作業をする際に使う小刀のこと」で朽ちた木に育ったサルノコシカケ類の一種を切り取った。セイヨウヤマナラシの幹を払い落とし、木の穴からひょっこりと顔をのぞかせ下界の様子を見に来たタイリクモモンガの真っ黒い目をじっと見つめた。

アンニ・キュトマキ『黄金のふたこぶ岩』（2014年）

探検家たちは幾度となくがっかりしたことだろう。地図上では、この地域はシュンッカコルピやイソサロといった不毛とか深い森を表す言葉で示されたからだ。「ここに来て初めて、ああ、こういう皆伐された土地や苗木が育成される場所があるんだとわかったのです。地名で混乱させられていました。でも、地名だけでも残っていることはいいことだと思っています。地名で、この場所は、以前はどんなところだったのかを知ることができますから」

現在、フィンランド南部の森は細かく分断されている。保護区に指定された森ですら、どこかの時代に必ず間伐を経験している。サンニ・セッポとリトヴァ・コヴァライネンは、

◀作家アンニ・キュトマキの子どもの頃の一番の遊び場は、ソッペーンハルユの尾根脇に広がるユロヤルヴィの古い森だった

森林伐採を扱ったノンフィクション写真集『森を管理する方法いろいろ』(2009年)の中で、植林でできた森を通り抜けるのに要する時間で森の実態を把握した。多くの森は端から端まで到達するのに3分から5分だったのだ。

森が分断された状態になっていることは、キュトマキにとってはすでに当たり前になっていた。「20から30ヘクタールの森はたくさんあるのですが、大面積の自然林はこの辺りでも珍しくなっています。ピルカンマー県のパルカネ、ユロヤルヴィのクルには、一つで数百ヘクタールほどまとまっている森があります。そこは、いろいろな経緯を経ながらも幸いにも保護された場所なんです」

そしてふとキュトマキは話をやめ、倒れたヨーロッパトウヒの幹にかがみ込んだ。「ここが古い森だということを教えてくれるものがありますよ。サルノコシカケ類の一種です」。そう言うと、しゃがんで幹の下側をのぞき込んだ。「あそこの下には、毛羽立っているヒメミヤマウズラも生えていますよ。ヒメミヤマウズラは、根っこがとても繊細なんです。土壌が傷んでいない、生息環境が壊れていないところでしか生きられない植物なんです」

高校を卒業したキュトマキには、森がますます近しい存在になった。そして自然保護活動に積極的に関わり、自然を理解するための勉強を始めた。ひと通りの勉強を終えると、ピルカンマー県の自然保護団体のエリアセクレタリーとして働き始めた。分析家で物静かで、髪を逆立てて抵抗するようなタイプではないキュトマキには、この仕事はとてもハードだった。はっきりとしたコンセンサスを持って自然保護活動に関わる反対派の多くに対して、自然保護団体のエリアセクレタリーとして、相対する見解を提示し続けなければならなかったからだ。

「今、一般の人に向けて森の話をするときは、作家として話をしますし、多くの人が耳を傾けてくれるようになりました。そして話を聞いてくれた多くの人たちが、私と同じ考えだと言葉を交わしに来てくれます。森に起こってしまったことを哀しんでいるのです。私自身は、自分が少数派を代表しているわけではないことに気づくことができて、前よりも楽観的になりました」

子ども時代を過ごしたまるで楽園のようだった森は、およそ13ヘクタールの広さだった。今、その森の端辺りは伐採され、植えられた苗木だけになっているし、これからも伐採が行われる可能性がある場所だ。キュトマキはただ、リフレッシュするために過ごせる森が残って欲しいと願っている。大規模伐採が行われた森の近くに行くと、いつも自分のごまかせない気持ちを感じるという。なぜ、こんなにもみじめな気持ちになるのだろう？　昔の人びとは、若い世代の者たちが、自分たちが大切に守ってきた森を伐採することを、憂えていたのだろうか。私たちは今、これまで人びとが大切に守ってきたものを持ち出しているのだから。かつて森は、お金が不足して本当に貧困に見舞われたときに初めて手をつけるところとされていたのに。

皆伐の実施には学術的な理由づけがなされた。キュトマキによれば、伝えられていることが現実とは違うにもかかわらず、科学を隠れ蓑に矛盾点には目隠しがされているという。「高校の生物で、1990年代のタイガ地帯の、自然な森の成長過程における誤った議論について論文を書きました。調べた書籍の中には、森林火災を探っていくと一定の間隔で発生しているから、そのことも理解すべきだとなっていました。こうした言説によって皆伐が自然を守るものだと信じさせようとしていたのです。実際には、森林火災は定期的に発生するものではありませんし、ある研究によれば、一度も森林火災が発生していない森もあることがわかっています。また、火事になっても生き残る木もありますし、少なくとも森には焼けた樹木が残ります。それに森林火災は土を掘り返すようなことはしません」

利益が欲しいと多くの者は森を売る、あるいは、すべて伐採しようと考える代わりに、毎年、しっかりと成長しきった木だけを切り倒し、森の享受を受け続けようとする。だが、子ども世代は、貧しくて、失われた土地を引き継ぐことになる。

サカリ・トペリウス　『わが祖国の書』（１９３０年）

キュトマキという作家は、人ひとりの一生の間に自然環境にとてつもない損害が発生することを恐れている。「皆伐すると、同じ姿の森は二度と見ることができなくなります。もしも、地面を掘り起こし、植林すると、もう元の森には戻りません。今、森と呼ばれているものが本物の森ではない、ということに気づくまで、私たちはずいぶんと時間がかかってしまいました。変わったことに気づくには、ある種の理解が必要で、外側から理解する方法を取り入れることは難しいのです」

キュトマキは子どもの頃、フィンランド南部ではシルバーパイン［枯れた後も倒れず、数百年腐らずに残った木のことで、貴重で高級な木材］は存在しない、と考えていた。だから、故郷のピルカンマー県にあるセイツセミネン国立公園を初めて歩いたときには目を見開いたという。ムルティハルユの古い森にシルバーパインがあったのだ。シルバーパインは、以前は森のいたるところにあった。しかし、もう見ることはできない。

フィンランド南部にあった最後の、そして最大級のシルバーパインは、丸太小屋の建て直しのために焼かれた。こんなふうにフィンランドのシルバーパインが減少していく。新しいシルバーパインが生まれるには500年という時間が必要だ。今、建材としてのシルバーパインは、ロシアのカルヤラ地方のヴィエナからフィンランドへ輸入している。[21]

フィンランドは、林業先進国であるとされている。キュトマキは、この見解を批判している。「フィンランドが林業先進国だと考えるのはおかしいと思いませんか。木工産業であれば他にも多くの先進的で、経済的にも生産性が高い国があるんです。数十年育てただけの細い木でパルプや紙を作っているだけなのに、フィンランドが林業先進国だというのは間違っていると思うのです」

それでも、644ページという長編の『黄金のふたこぶ岩』は紙の本として出版した。このことがキュトマキにとっては重圧となり、本の全売り上げの余剰分で森を購入することにした。彼女は、ピルカンマー県のサスタマラから1カ所と、ヴァーサに面したライッパ岩島から1カ所、合わせて2つの森を購入した。金銭的には3つ目の森を購入することも十分できたが、そのお金で森林保護プロジェクト「メッソ（METSO）」に加わることにした。

2008年、フィンランド政府の決定で開始したフィンランド南部の森林生物多様性プログラム「メッソ」は、フィンランドの南部の森の保護状況を改善するために立ち上げられた。このプロジェクトは、個人が拠出する土地の保全・維持にかかる費用に対して補助金を出すという。メッソ・プログラムの対象地域は、クーサモ、カイヌーで、豊かなラップランドの三角地帯、ケミ、トルニオ、ペッロ、ユリトルニオとロヴァニエミの南西部も対象となっている。[22]

キュトマキが購入を検討した当時、サスタマラの5ヘクタールの森の木の価格は2万8000ユーロ。彼女はこれを入札し、3万600ユーロで購入した。その後、この区画は「メッソ・プログラム」に認定された。木々は成長し、森を保護していることに対し作家キュトマキには3万540ユーロが支払われた。ちなみにこれは非課税だ。

現在キュトマキが所有するすべての森は永久保全対象となっている。たとえ何が起こったとしても、彼女の所有する14ヘクタールの森は自然林へと成長していくことになる。

＊＊＊

苔むした森を分断するのはフェン［動物が生息しない樹木の生えていない低層湿原］だ。強風が開けた湿原を越えて吹き、牧草が大きく揺れている。1999年のある夜、キュトマキは苔の生える湿地帯でツルが過ごす様子を観察した。その風景は、過去までさかのぼって遠い古代を見ているかのようだった。

森についての議論も長い間続いている。この議論は、少なくとも農地大分割が行われた頃から続く、フィンランドの人たちを分断する問題である。1800年代、依然として人びとの見解は分かれていた。民族意識高揚を牽引した重要人物の一人で、作家であり哲学者であるJ・V・スネルマンにとって、文化の発展とは自然を抑圧することを意味した。開拓は民族として取り組まねばならないことだったし、フィンランドの民族意識を高揚させるには小作人を抱える地主の支持が必要だった。地主たちにとっては、開拓しない野生のままの自然は到底受け入れられることではなかった。そこで1840年、森を確実に伐採すれば、国全体にとって有益なのではないか、とスネルマンは説いた。「森に支配されている場所は、悲惨、無学、野蛮さに満ちている」と。[23]

同じ時代に生きたエリアス・リョンロート［1802〜1884年。フィンランドの口承伝承を収集し、民族叙事詩カレワラと民族叙情詩カンテレタルを編んだ。医師、植物学者、言語学者、フィンランド語の研究者。多くのフィンランド語の単語を作った人でもある。104頁の「伝承街道」を参照］にとって、森はフィンランドの始まりの地だった。リョンロートの足跡を追ったカレリアニストたち［リョンロートが口承伝承を収集した際に通った道をたどった人たちのこと］もまた、原生林を称賛した。当時、製材業が発展したことで、すでに建材向けの伐採が進み、徐々に森の深部へと伐採が進んでいた。中でも画家のアクセリ・ガッレン＝カッレラやペッカ・ハロネン、写真家のI・K・インハは、伐採を高く評価していた。[24]

キュトマキは、同じような矛盾や森に関する問題点は、現代の森林論議の背景にもあると見ている。自然への関わり方についての考え方には敵意がこもっているというのである。「たとえば、森はなんとしてでも管理すべきものだ、という考え方には不条理さを感じます。森は最後の氷河期以前からここにあったものです。氷河が溶けた後に、またこの場所に戻ってきただけなのです。ほぼ同時期に、人びともまた、フィンランドのこの辺りを移動し始めるようになりました。ですが、いつの時代も森にとって人は不要なものでした。そして1900年代に入ると、人びとは森を何とかしなければならない、と思い始めたのです」

キュトマキは、また、フィンランド人と森の関係を一般論として語るのは難しいと断言している。「人によって森に対する思いは全く違うのです。一部の人たちは、森はどこであっても見通しが利いていて、管理されていなければいけないと言います。また一方で、こういう管理されていない場所が好きだという人もいるんです」と、私たちがいる場所を指しながら言った。ここでは、樹皮を落とした木が堂々とまっすぐに立っているし、地面に横たわり苔むした幹のそばには芽吹いたばかりの木が育っている。

フィンランドの幹線道路沿いの森はここととは状況が違う。次章以降でお話しする

1900年代中盤以降に始まった効率的な林業を映し出すような風景が広がっている。これはガッレン＝カッレラやハロネンらが作品の中で見せているフィンランドの心の風景とも違う。

キュトマキは、みなが将来、森のことをもっと理解できるようになることを期待していると言う。「私が生きている間に、人びとが木から森を考えるのではなく、森をもっと広い意味で考えることができるように働きかけようと思っています。今の森林に関する議論も元を正せば、所有者は誰か、誰に決定権があるのか、どう使うのかという木の容量に端を発する議論だと思っています」

森は、さまざまな命のスペクトルを内包した木を中心に据えた生態系として理解しなければならない、とキュトマキは考えている。「こんなふうに考えられるようになると、木を使うことが、すなわち伐採によって周辺の森にも影響を及ぼすということが、自動的に推し量れるようになります。だから伐採には無条件に慎重になると思います」

おそらくこの先、森は今よりも広い範囲で野性味あふれ、自由に成長していけるようになるだろう、とキュトマキは考えている。木はもともと成長するものであるし、土壌は汚染されていないのだから。今、たとえ何かしらの問題があったとしても、逆に何かを学ぶこともできるはずである。

トゥルクの町よりも古いマツ

現存している古木の中で最長寿の木は、
コロンブスが新大陸を発見した頃に芽吹いている
——イェンニ・ライナ

イナリ、ミュオッサ湖

黒っぽいサルオガセ［樹皮に付着して垂れ下がる糸状の地衣類の一つ］がたくさんぶらさがっている。縦方向への成長を終えたヨーロッパアカマツのうねるように伸びた枝の頭のようでもあり、年老いて失ってしまった指のようにも見え、うすくなった髪を隠そうとしているようにも見える。

このヨーロッパアカマツの木は、イヴァロの町の北側、国道4号線沿いにあり、フェンノスカンディア［地理用語。スカンジナビア半島、フィンランド、東カルヤラ地方とコラ半島を含む地域のこと］最古とも言われるマツの森に立っている。

イナリ湖を見渡すことができる小高い丘の頂へと階段が続いている。周りを取り囲む木も、シルバーパインも、古さを高らかに謳ってはいない。だが、古いのだ。研究者ヨウコ・メリライネンは、偶然ここで、フェンノスカンディアで最も古いとされるヨーロッパアカマツの一群を見つけた。1994年夏のことである。一群の樹木の中で一番古いものは、およそ770年前に芽吹いたものだ。この一帯のヨーロッパアカマツの古木は、すべて樹齢400年を超えている。[1]

2006年、ミュオッサ湖［ラップランド地方北部の都市イナリにある湖の一つ］のヨーロッパアカマツよりも古い木がイナリで見つかった。最古記録となるヨーロッパアカマツは、天然林の変遷を解明するためのフィンランド森林研究所（Metla：メトラ）のプロジェクトで見つかったのだ。発芽は1200年代初頭と推定される樹齢およそ800年の古いヨーロッパアカマツの木で、ロシアとの国境まで1キロメートルほどというウルホ・ケッコネン国立公園内に立っている。おそらくこの木は、トゥルクの町ができた1229年にはすでに存在していただろう。クリストファー・コロンブスが新大陸に向かって船で出発した1492年には、もう立派な木に育っていたはずだ。

樹齢競争に勝ち残る木は、大空に向かって大きな腕を伸ばすような巨木だと想像するだろう。だが、実際はむしろその逆である。謙虚な古木は、胡椒挽きとかフェンネルケーキ［フィンランド語でティッパレイパ。メーデー（5月1日）のお祭りの日に食べる、ドーナツ生地を絞り出して球形にした固い揚げ菓子］を彷彿させる形をしている。[2]木の場合、巨木であるとか、立ち居姿の美しさがそのまま樹齢の高さを表しているとは言えない。

フィンランドで最も樹齢が高いことで知られていたヨーロッパアカマツの木は、北ポホヤンマー県のオウライネンを流れるピュハ川に面して立っていて、1800年代終わり頃に川へ崩れ落ちたとされている。この木は、年輪から樹齢1029年とされているが、その木も、樹齢の計測方法についての記録も残っていない。[3]

フィンランドでは樹齢の高いヨーロッパアカマツの存在は、多少驚きを持って迎えられる。フィンランドの人工林では、樹齢60年から80年で切り倒すのが普通で、長く樹齢を重ねることがとても珍しいからである。しかし樹齢60年から80年というのは、木の年齢で考えるとまだまだ成長途中であり、成長しきっていない。

普通、ヨーロッパアカマツの木は上へ伸びる成長を終えると、その後は枝を広げて横方向の成長が始まる。成長期のこのような変化は、樹齢100~150年に至った頃からで、この頃になると木一本一本の個性が表れ始めるのである。木がまるで、兵隊が隊列を組んだように並ぶヨーロッパトウヒなどの人工林とは違い、天然のヨーロッパアカマツの木というものは本来、一本たりとも同じような成長の仕方はしない。

樹齢150年にもなると、ヨーロッパアカマツの樹皮は分厚くなり裂け目ができ始める。若い木は、太くなるのが早く、樹皮は部分的にはがれ、切れ端となって地面に落ちていく。こんなふうにして、樹皮は薄いままで維持されるのだ。木は太くなればなるほど、1年で太くなる速度が減り、樹皮を引き伸ばす量も少なくてすむことになる。こうして、古い木の樹皮は厚みが増し、溝も深くなってくる。[4]樹皮の裂け目には、地面を這うように広がる森林火災などから効果的にヨーロッパアカマツを守るという働きもある。

成熟したヨーロッパアカマツの木のことを、ペタヤと呼ぶ。また、成長が落ち着きてっぺんが真っ平な古いヨーロッパアカマツのことはホンカと呼び、フィンランド北部ではそれをアイヒキと呼んでいる。呼び名や木の活用方法は地方ごとに違うので、呼称はもっと他にもあるだろう。[5]

フィンランドのヨーロッパアカマツは、樹齢300~400年で寿命を迎える。ところがアカマツにとって快適な環境であるフィンランド北部では、600年以上、あるいはそれをはるかに超えた年数を生きることもある。木が生き続けるためには、新しい細胞組織としっかりと張った根と枝が必要になる。つまり、新しい細胞組織をつくり、根、枝を伸ばすことができなくなると死んでしまうのだ。[6] しかし、森の中で育つ木の寿命は、死ぬことが終焉ではない。

　立ち枯れて骨格だけになり、その後、そのまま２００～３００年の間、森の真ん中で立ち続ける木もある。シルバーパインとも呼ばれる木になる最良の条件は、乾燥だ。木の数が少なく、死んだ後に急速に乾くためには、木の周りに何もない場所がいい。幹の腐食が早いと立ち枯れ木にはなれないからである。

　フィンランド南部では木の腐食が進みやすいが、フィンランド北部では立ち枯れ木が倒れた後も、地中でまだ２００～３００年ほど残る。すべての枯れたヨーロッパアカマツが数百年、腐食も分解もせずに残るのではないが、中には驚くほどの長い時間を経てもなお残っている木がある。

　ウルホ・ケッコネン国立公園からは、フィンランドで一番古い木と共に１１００年代終盤に枯れたヨーロッパアカマツの木の切り株も見つかった。木が枯れてから優に８００年はたっているが、未だに堅い。このように、水や泥炭に倒れて沈んだ幹や木の枝は、数千年も残る可能性がある。[7]

　木は自然の中でそのままにしておけば、長い間残るのだ。

⁂

　フィンランドの森で、頑丈で樹齢が高くなる木はヨーロッパアカマツだけではない。もっと長く生きる木にセイヨウネズがある。レンメン川からは、樹齢の測定方法をそれまでとは一変させた樹齢１０５７年の古いセイヨウネズが見つかっている。[8]

世界最高樹齢の木として生存している木は、アメリカ合衆国南西部の山岳地帯に生えるブリッスルコーンパインである。中でも最古木は、樹齢４６００年以上あるとされている。[9]何千年もの間生き続けた木はとても老いているように感じるだろう。立ち枯れた木が重ねた年月や、ラップランドの小高い丘に立つシラカバは、そんな木に比べれば、大したことはないと感じるかもしれない。しかし、フィンランドに今生きている私たちに比べれば、ずっと長く生きている。

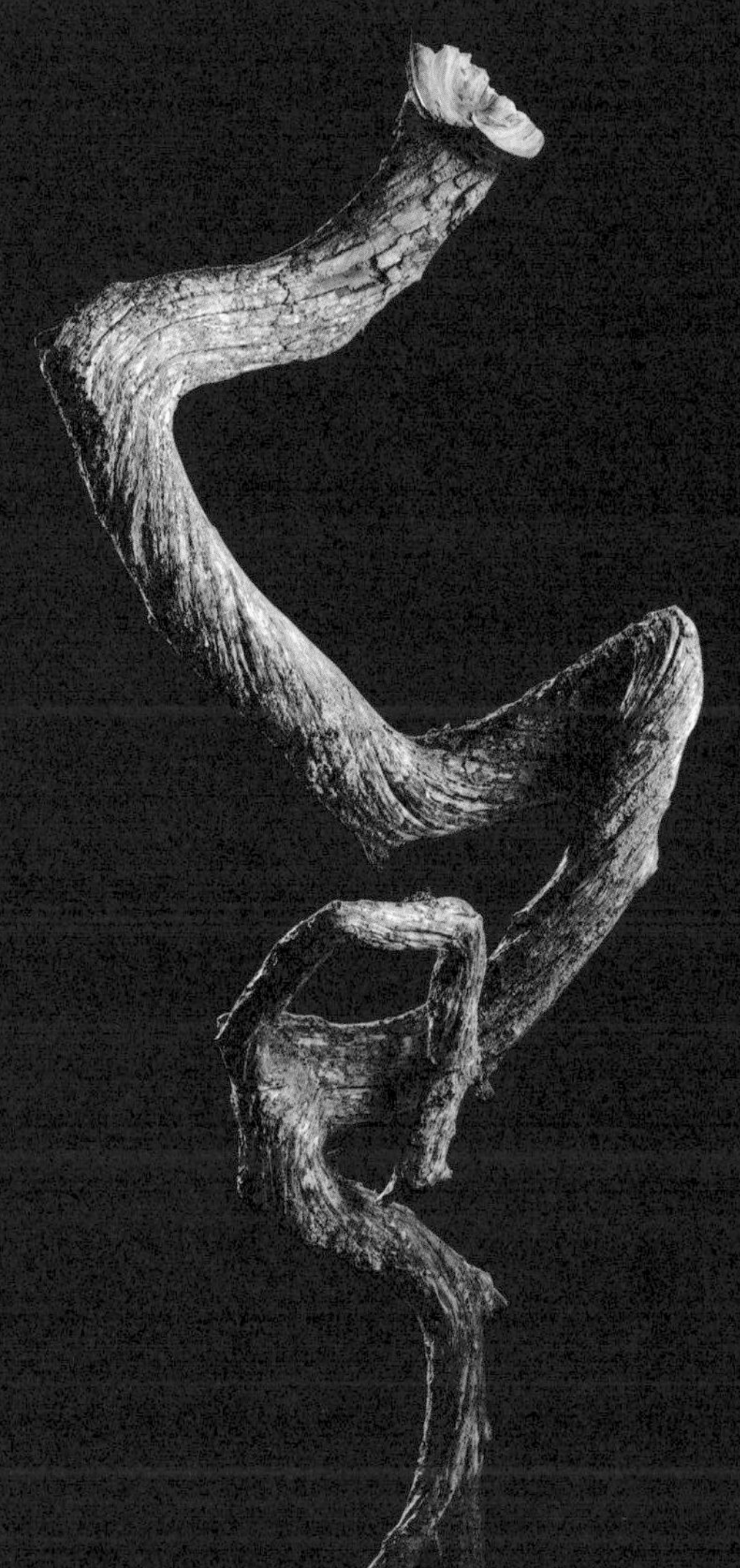

掘り返された大地

開墾から始まったフィンランドという国の生き方、異論を唱える者の封じ込め〈戦後の森林政策の概略〉――ペッカ・ユンッティ

喜んで干し草を刈る者たち、泣きながら畑仕事をする者たちのことも考えなければならないのだ。

フィンランド森林庁　地域監督官
エルッキ・ランシミエス　1961年[1]

イナリ、サーリセルカ村

サーリセルカ村にあるシルバーパインで作ったコテージのキッチンで、エルッキ・ラハ

デはご機嫌で、お腹の赤いアルプスイワナをせかせかと捌いている。北ラップランドの3月、窓越しに見える雪は陽の光に輝いている。

森林管理が専門のこの名誉教授は80歳を超えた。フィンランド森林研究所で、長年にわたり森の持続的育成や皆伐しない森林管理の方法を研究し発展させてきた。しかし、その道のりは容易なものではなかった。

これまでラハデは、実際に行われている森林管理方法やその根拠である科学的事実に対して代替案を提案してきたが、それは林業国であるフィンランドの政策には適合しないものだった。幾度となく、まるで罰せられたりリンチされたかのように教授は扱われ続け、研究結果の発表には罵詈雑言が浴びせられ、ただただ黙殺され続けた。そして40年にわたって続いた論争は、１９８９年に結末を迎えたのである。フィンランド森林研究所は、森林の持続的育成に関する研究プロジェクトのトップの座からラハデを追い落とし、さらには研究所に所属する研究者たちが、ラハデの作った持続的森林育成研究エリアへ行くことを禁じたのだ。

まさに数十年継続して研究した森林学の基礎が、全面的に否定された瞬間である。ときに異端児、ときに反逆者とも呼ばれたラハデ。「ときには共産主義者とも言われたね」とラハデは笑って話す。しかし時代は移り、今はあらゆる面でラハデが正しかったことが明

エルッキ・ラハデ。森林保護分野の名誉教授

らかになってきている。

⁂

フィンランドの森がひっくり返ったのは、1939年11月30日、旧ソビエト連邦の軍隊が国境を越えてフィンランドになだれ込んだ冬戦争にまでさかのぼる。この日から5年に及ぶ激しい戦争が続いた。そして和平条約締結後、長い年月をかけて支払うことになった賠償金は森を元手に支払ったのである。この戦争が、フィンランドの森の管理や手入れを担う人たちと森との関係を変えてしまった。この苦しい時代、すべてを経済中心に考えるようになり、それが国有林の活用方法を真剣に考えることから目を背けさせ、森という財産が単なる経済資源の一つになってしまったのである。

戦前、国有林には別の目的があった。1900年代初頭は、森林の手入れを担う人たちにとって、自然とのいい関係は、森林の手入れをする上での大切なモチベーションの源だった。たとえば、国の林業検査官で自ら森の手入れと管理を行ったV・K・アホラの仕事は、森の健康状態や自助成長、その美しさの方向性を示すことだった。アホラの森林管理思想は、単なる林業や森林政策とは違う持続可能な成長と哲学を秘めた活動だったのである。[2]

20世紀に入ると森林に対する考え方は全く変わってきた。つまり、森林での取り組みは祖国へ利益をもたらすものでなければならない、という考えに変わり始めたのである。この取り組みの中心人物が、ヘルシンキ大学で森林管理学の教授を務めたA・K・カヤンデル、後に森林学の権威となった人物である。彼はその後、フィンランド森林庁長官、国有森林企業の監査委員会委員長を歴任し、最後には首相の座に就いた。森林管理に携わるカヤンデル配下の者たちには、国民がみなで一致団結して目標に向かうのだという、強力な共同体的森の男という連帯感がみなぎっていた。戦争に費やされた年月が、この意識にさらに拍車をかけたようだ。

実際、冬戦争が始まると、石油と石炭の輸入が停止した。エネルギー資源不足はすぐに解決しなければならない問題で、これが森へと目を向けるきっかけとなった。法律が制定され、国有・私有にかかわらず、広範囲における森林の強制的伐採が実施された。[3] 森林学のユルヨ・ノロコルピ博士によれば、当時の伐採は、持続的成長が実現できるような森林管理どころか、自然な再生原則にさえも注意が払われていなかったという。[4]

1945年に戦争が終わり、国の危機的な状況下で選択された林業政策の方針は、より強固になる一方だった。和平交渉の際、旧ソビエト連邦は、フィンランドに対し3億米ドルの戦争賠償金を求めた。フィンランドに大規模な森林産業があることは周知の事実で、戦争賠償金の3分の1は、木材製品で調達することが求められた。

1948年、森林分野に影響力を持つ6名が択伐（禁止）声明〔択伐や近自然的な森づくりではなく、第二次世界大戦後の大規模森林資源需要に対応すべく、皆伐と一斉造林を推奨するという声明〕と呼ばれる文書に署名した。[5] なぜなら、これまで林業従事者は林業にとって都合のいい木だけを選んで伐る択伐をしていたため、森に残されるのは役に立たない木だけとなっていたと考えられていたからである。そこで、そうした択伐をやめるよう択伐禁止声明を提出したのである。この声明により森は強制的に伐採されるようになり、森の再生は考慮されなくなった。

無情な勧告は地主たちの意識に定着し、強制的に伐採されるようになった森は見る影もなくなった。それだけでなく、戦時中に行われた大規模伐採は、行軍した幹線道路沿いや川岸、細い脇道、人びとが住む家の前にも及んでいた。国有林の伐採は、主として南部フィンランドで実施されたが、北部フィンランドでは、20万ものドイツ軍が道路沿いの森を伐採し踏み散らかしていたのである。[6]

ユルヨ・ノロコルピによれば、戦争中に破壊しつくされた森の風景が、択伐（禁止）声明のプロパガンダに利用されたという。「森の破壊の本当の原因は、戦争と戦時需要だったのに、後になって択伐が悪者になったのです」。そして択伐（禁止）声明により、育成する木は、一世代ごとに考える、一斉造林という森林管理方法が、フィンランドでは唯一のものとなってしまったのである。国の公式見解として、森の状態がよくないという現状があった。そうした根拠があったにもかかわらず、他の産業での木材需要の有無が判明する前に、択伐（禁止）声明の機運が盛り上がってしまったとノロコルピは言う。林業という吸引力が、〝木の力でよりよい日々へ〟というスローガンと共に、当時、戦後復興のために立ち上がろうとするフィンランドを鼓舞したのである。実際、１９４０年代後半、フィンランドの輸出の90％はパルプ、製紙、製材が占めていた。そして世界の製紙需要が頭打ちになることはないように見えた。こうした中で、原料を工場へ届ける最も廉価で最速の方法が皆伐だったのである。

皆伐と一斉造林を組み合わせる方法は、なにも目新しい方法ではない。そのルーツは、産業革命と自然科学革命が起こった１７００年代の後半にある。当時は、植樹し育てた森と同様、自然発生する森も、すべてが同時に成長し種を落とす、まるで機械のような仕組みになっていると考えられていた。すでに１８００年代中盤頃から、フィンランドでは期間を区切って苗を植えつける一斉造林法を森林管理者たちに教えていたが、実際この方法がうまく機能するまでに約１００年の月日を要した。一方、１９００年前後になると、林業が必要とする木材はほぼ丸太だけになっていたため、最も経済的で効率がいい木材の調達方法は択伐となったのである。

皆伐後の一斉造林と択伐後の天然更新あるいは部分植林のどちらが優れた方法かを比較した研究は、択伐(禁止)声明が出されたときも、数十年たった後も存在していない。[7]こうした情報が不足していたため、フィンランドでは60年以上もの間、唯一認められていた森林育成モデルでの森林管理方法が、誰からも邪魔されることなく続けられたのである。

これまで林業には効率的代替案は存在しないと言われていたが、1970年代と80年代に法廷で起こった争議が一つの転換点になった。それは、大きな木を選んで伐採する、つまり択伐する土地の所有者に対し、地域森林協会が起こした〝森の喪失〟という訴えであった。その判決の多くは森の保全を求めていた。ところが、ここでいう森の保全とは、森林保護を意味したものではなかったのだ。なぜなら地域森林協会自らが、保全林を皆伐し、一斉造林により育成していたからである。この方法で年間最大10万ヘクタールの森が造成されていたのである。[8]

森林学会の対岸で生きていたエルッキ・ラハデは、土地所有者を擁護する立場で法廷に担ぎ出された。[9]彼は訴えの対象となった場所を検分し、森林造成が森林法に反するものだと論じた。というのも、1967年の私有森林法では森が自然再生(天然更新)するに任せることを容認していたからである。[10] ラハデによれば、争点はこの点だった。ラハデの見立てでは、択伐による森の喪失はなく、かえって森の状態はよかったのだ。ところが、ラハデの擁護弁論にもかかわらず、森林の喪失があると認められる判決が下されてしまった。

＊＊＊

ソダンキュラのラピンクンプ　1954年

この風景は、ここが戦場だったことを思い起こさせる。10年前、このような光景は私たちにとって、見慣れたものだった。当時、私たちは敗戦という時代を生きていた。多くの者は、将来に希望を抱くこともなく、また、元の生活水準に戻ることもないと考えていただろう。だが、実際は反対だった。すべてを失ったラップランドでは、誰もがこれまで経験したことがないような発展を遂げた。このラップランドの林業がたどった日々を見聞きし、私たちはまた、同じような苦労の多い道のりを歩んでいかなければいけないと、考えるのではないだろうか。私たちは、ほんのひと時、この森の風景を、恐ろしい景色に変える必要があるのではないだろうか。恐ろしい景色は、ほんのひと時だ。現場で労働する男たちの働きでその風景は、やがて新しく立ち昇り、青々と繁るはずだ。灰から新芽が美しく成長し、まさにロヴァニエミの麗しい、こぢんまりとした町のように、もっと大きな希望を抱かせてくれるだろう。

グスタフ・シレーン　ラップランドの森の可能性（1954年）

1954年、ラップランド森林週間に参加した森林学者グスタフ・シレーンは、ラップランドのソダンキュラにある1000ヘクタールに及ぶ皆伐エリアへ優秀な学者らと一緒に同行したとき、目の前に広がる光景に啞然とした。そこは一辺が3・15キロメートルという広さの何もない土地だったのである。祖国に起こっていたことは、母なる大地が今まで経験したどんなことよりも、シレーンの想像を超えて厳しいものだった。なぜ、こんなことになったのだろう。戦後のフィンランドの経済成長を一気に進めるため、この時期、フィンランド北部の自然の森と古くからの人工林では、大型オペレーションがまさに進行中だった。

ラップランド森林週間で多くの森林学者と言葉を交わしたユルヨ・イルヴェスサロらは、

森林の伐採は「可能な限り大量で、潤沢で頑丈な木」の再生を可能にするためであり、「今の世代にとっても有効でなければならない」と確信していた。[11]つまりそれは、今まで森から多くの金銭を得ることができていた、ということである。

戦後、国有林の伐採の重点地域は、フィンランド南部から北部へ移っていった。1950年代から60年代にかけて、北カルヤラ、北ポホヤンマー、コイッリスマー、カイヌー、ラップランド各地の高樹齢の天然林は、大規模な集中伐採のため皆伐状態となっていた。択伐（禁止）声明による択伐禁止の提案は、択伐が行われた森の状態がよくないことが根拠となっていたが、声明の内容通りの伐採方法に取り組み始めた後に、実は森林の状態がもともとよくなかったという事実が明らかになった。これが現実のものとなったのは、国有林に集中伐採を実施した後のことである。

フィンランドの森は、伐採のために急速にその姿を変えていた。1950年にはまだ、フィンランドの総森林面積のうち4分の1は伐採されていない原生林だったが、その50年後には、原生林は5％を残すのみになっていた。[12]環境学者サカリ・ミュクラは、絶滅危惧種に指定されている種と絶滅した種のうち、3分の1は、戦後の人工林づくりに原因があると推測されると言う。[13]

北部の広大な皆伐地は、当時の専門家の目には異常なものと映っていたけれど、最近の学術研究では、その運用方法は理にかなっていたとされていた。その理論の中核となったのが森林学者グスタフ・シレーンの博士論文で、これは、北部の苔むしたヨーロッパトウヒの森の成長発育不全と森林再生速度の遅さの原因について論じたものである。

シレーンは、伝統的な森林管理方法から森にアプローチしていた。森は激しい森林火災の後にゼロから始まるという理論である。森の木は、あらゆる成長過程を経て300年が経つと、木そのものが崩れ落ち、その寿命を終える。シレーンによれば、厚い苔に覆われた森の酸性腐食土が、木が芽を出すのを妨（さまた）げるという。つまり森は、再生するのではなく自滅するというのだ。最後は嵐や森林火災によって森が死滅することで、森の物語がまた始まるという説である。こうして森の専門家たちの間に「森は自滅する」という考え方が広がっていった。

シレーンは、ヨーロッパトウヒの森の自滅は、森林管理で防ぐことができると説いた。自滅の原因となる苔むしたヨーロッパトウヒの森の地面を開墾し、苗木を育てれば成長させることができるとした。森林生態学の大学講師ペトリ・ケト＝トコイとティモ・クールヴァイネンは、シレーンの説を「科学的根拠のない神話と思い込みだ」と言う。最近の説では、自滅すると言われたトウヒの森や北部フィンランドのヨーロッパトウヒの森は、3000年から4500年もの間、自滅も弱体化することもなく成長し続けている。[14]

ラハデも、研究仲間たちと1920年代以降の国有林の保管文書資料を確認したときにこの事実に気づいていた。資料によると、全森林の3分の2は、原生林、もしくはほとんど間伐もされたことのない森だという。森はあらゆる成長年代の木で構成されており、森の中で生まれ変わりが起こっているのであって、決して自滅しているわけではない。そして、記録によると広範囲にわたる森林火災で死滅した場所は全く存在しなかった。

シレーンの博士論文が完成すると、そこで説かれた森林管理方法がフィンランド森林庁所有の森で広く、すみやかに実行に移された。第二次世界大戦後の森林管理の方針を方向転換させた研究論文がもう一つある。ユルヨ・キルヴェスサロ教授が書いたものだ。キルヴェスサロは、北部フィンランドのヨーロッパアカマツの木は、ヨーロッパトウヒよりも確実に多くの太くて重い木を生み出しているという結論を導き出した。そしてこの論文はシレーンの研究論文を補完するものとなった。その結果、対象となる土地がその樹種が育つのに適しているか否かを調べることもせずに、北部の森では皆伐して、ヨーロッパアカマツの苗木を育てるようになったのである。ところがヨーロッパアカマツの育成は広い範囲でうまくいかず、結果は思わしくないものとなった。

グスタフ・シレーンは2つの誤った推論を出したとユルヨ・ノロコルピは言う。一つは、すべての樹齢の高いトウヒの森は、皆伐したあとヨーロッパアカマツの森に変えることができるとしたことと。実はトウヒが育っていた森のほとんどは、土壌に含まれる水分量が多く、土が細かいため、うまく育つ樹種はヨーロッパトウヒとシラカバだけなのである。もう一つは、広い範囲で苗木がうまく育たなかったのは、北部に植えつけたヨーロッパアカマツの種にフィンランド南部で育ったものを使ったからである。ところが、このプロジェクトでも学際的なご意見番の役割を担っていたのは、シレーンだったのである。[15]

フィンランド森林研究所幹部のエリヤス・ポホティラ教授は、シレーンの見解には批判もあったが、それよりも根拠が勝ったのだと言う。ポホティラの言葉で表現すると、シレーンの説は疑問を呈することができないような、ある種のクレド（信条）のようなものだったという。[16]絶対的な方針のもとに実施された森林政策の痕跡は、フィンランド国内でもよく知られる伐採地帯である北ポホヤンマーのある林道近くで、今でも確認することができる。

プダスヤルヴィ近郊のスシヴァーラ

じゃりじゃりと音のする砂利道を走っていた。「スシヴァーラ方面は右折」という案内標識が出てきた。そこは、フィンランドで一番名が知られるいさかいの舞台となった土地である。北ポホヤンマー県の森の最深部にあるプダスヤルヴィとポシオの境界辺りでは、

1940年代から60年代にかけて大々的かつ重点的な伐採が行われた。伐採地帯をまとめると、最長11キロメートル超、幅25キロメートルの皆伐原野が広がる。表面積にして合計2万846ヘクタール、サッカー場に換算すると約2万6600面分の広さだ。のちにこの皆伐原野はヨーロッパ最大と言われるようになった。[17] ここは、当時のフィンランド森林庁所長であるN・A・オサラにちなんで、オサラの原野と呼ばれている。

スシヴァーラの森へと続く道の脇には、10メートル強の高さにまで成長したヨーロッパアカマツの若木がやや多めに生えた森が続く。背が高く伸びれば伸びるほど、木の状態は芳しくないようだ。このマツの先端は短いまま枝分かれしており、枝は幹の低い位置でだらりと下がっている。多くはマツというより灌木のように見える。これから成長することが期待されているような、枝が少なくがっしりとした幹の黄色味がかった質のよい木は、この森では見つけることができない。

スシヴァーラの端にある森はすでに皆伐され、新たに植樹もされている。このエリアでは木の質がよくないという理由で、すでに伐採されているところがある。たとえ木の状態のよい地帯であっても、今後20〜30年の間に皆伐する予定だ。切り株を見る限り、植樹のやり直しとなった木は、小さくしか育たなかったことがわかる。2014年、マーティラン・ペッレルヴォ誌（土地活用ペッレルヴォ誌）でフィンランド森林庁のチームリーダーであるヨルマ・コウヴァは、スシヴァーラの森の蓄積量は、1ヘクタール当たり140〜160立方メートルで、丸太の平均直径は20センチメートルにやっと到達する程度だという推量値を提示した。[18] この数値は、丸太がぎりぎり、細い丸太の基準に到達しているに過ぎないことを示した。ヨーロッパアカマツを挽き材で使用する場合、最小サイズの丸太は直径15センチメートルである。[19] 比較として紹介すると、一般的なマツの挽き材用の丸太でも太いものなら、40〜50センチメートルあり、1本から2、3枚の挽き材を取ることもあるのだ。

＊＊＊

スシヴァーラの森には、深い溝が張り巡らされている。この深い溝は、過去数十年にわたり、伐採で土地が掘り返された痕跡である。つまり伐採で土地が掘り返され、地面がひっくり返されたのだ。現在の姿は畑に爪痕が残されたような感じと表現することができる。道路脇や、丘のように盛り上がっている上部にはヨーロッパカラマツが生えている。伐採して地面を掘り返した跡とヨーロッパアカマツの木が育つ土地を、この土地で馴染みのない樹種に切り替えるのは、皆伐した地帯を再び森にするのと同様、かなりの労力を要する。

森の専門家たちは、すでに1950年代には広大な原野で苗木を育てることの難しさに気づいていた。オサラ長官は1956年にラップランドを訪れた際、苗木の育成が進んでいないこと、そして広大な原野のままであることに気づいていたと記録がある。彼や近しい部下たちは、この状態を「砂漠の悪魔」と呼んでいた。オサラは、部下たちと共に、森がひどい扱いを受けた理由を考えた。そして択伐（禁止）声明の署名に応じた人物たちは、択伐（禁止）声明作成をけん引した人物が主張したことを、可能な限り〝急進的〟に実行すれば、森の再生が実現できると信じていたに違いないという結論に至った。[20] その原動力になったのは、今も森の男たちの心に刻まれている長官の有名な一言、「土地全体を生まれ変わらせなければならない」という言葉に尽きるだろう。[21] オサラはまた、皆伐が及ぼす生物学的な問題と、森林化のために必要な費用を懸念していた。

オサラ長官がラップランドを訪問した際に不安を覚えたように、皆伐地を森へと成長させるには費用がかかる。伐採や焼き払った土地は、伐採後15年が経過しても広い範囲で草木が生えず、それは次世代には収入がないということを意味していた。1970年代初め、フィンランドの国有地の50万ヘクタールが土地を回復する作業を待っている状態だったのである。[22]

人びとは、この土地が木の生えないツンドラ状態で残ってしまうことを心配した。そして、皆伐された土地が何も生えない状態で、不毛地帯のまま残ってしまうことを恐れた。戦後の伐採計画は、森林管理を念頭に置いていたにもかかわらず、政治的・経済的理由を優先した結果、放置状態になったとも言えるのだ[23]。

1960年代、フィンランドでは木が不足しているということに国民は気づいていた。しかし、林業が急速に成長して需要が伸びたことで、疲弊しきっていた森からさらに木をはがし取っていったのだ。林業が縮小すると、「フィンランドが立ち行かなくなる」とみなされるため、全産業分野の需要に応えることを国は決定したのである。フィンランド国内での森の利用効率の上昇を目指し、海外輸出が制限された。国内では、暖房用の燃料として利用していた木質バイオマス燃料から原油へ変える政策方針が提示された。また、原子力発電で作った電気を使うことによって、電気を使った暖房を可能にすることができた[24]。

こうして森が減ると、樹木の成長改善を目的とした国の森林政策プログラムが始まった。1960年から1975年にかけて行われたテホ（Teho）プログラムとメラ（Mera）プログラムでは、集中的・形式的な森林育成の管理を確立し、フィンランド全土のすべての森林所有者がこのプログラムの傘下に入ったのである。こうしてフィンランドの森では、南部だけでなく北部でも、また国有地・私有地を問わず、皆伐して地面を掘り返し、そしてヨーロッパアカマツを育成することが行われたのである[25]。

◀戦後伐採されたプダスヤルヴィとポシオの境界辺りにあるスシヴァーラには、ヨーロッパ最大級とされる皆伐地がある

SUSIVAARA

⁂

エルッキ・ラハデが巻き込まれた40年に及ぶ森林戦争の口火が切られたのは、ラハデがフィンランド森林研究所の北フィンランド森林管理の専門研究員兼研究所所長として就任した1970年のことである。当時、やっと皆伐後の国有林の再生問題に取り組もうとしていた森林研究所は、ラハデたちをロヴァニエミの町に送り出した。ラハデが初めに行ったのは、対象地域の調査だった。彼はラップランドに点在する皆伐地を順番に回り、そこで目にした光景に衝撃を受けた。皆伐地帯が広範囲に散らばっていて、さらには伐採時に機械で地面や沼地が掘り起こされてしまっていたのである。湿地帯には、掘り起こされた場所が筋のように残り、沼地は干拓されていた。木材としての価値が低いとされるシラカバはほとんどなくなり、その土地に適さないにもかかわらず、木材価値の高いヨーロッパアカマツが繰り返し苗つけされていた。

ヨーロッパカラマツを皆伐し、掘り返した土地にヨーロッパアカマツの苗木を植えて森を再生しようとしていた方法では、具体的な研究サンプルを見つけられないことにラハデは気づいた。この方法に対する財政的な裏づけもなかった。森という自然に対する扱いは壊滅的だったのである。「これを見て目が覚めたんだ。いったいここで何が行われていたのか、この正気でない状態を目にしてね。こんなことがあってはならないし、正しい方法でもないし、よいことでもないことに気づいたんだ。環境にも、経済的にもよいことではなかったんだ」とラハデは当時を振り返る。

1986年、研究者ユルヨ・ノロコルピとマッティ・オイカリネンは、1956年から1965年にかけてフィンランド森林庁が北部フィンランドの皆伐地帯で取り組んだヨーロッパアカマツの木の生育状態について調査した。その結果は忖度(そんたく)のない厳しいものだった。育成した幼木のうち成長可能な苗木は、わずか12％だけだったのだ。苗木は、数が少ない上に品質も悪かった。古いトウヒの森の皆伐地帯でヨーロッパアカマツの苗木を育成するには、2回、あるいは3回再造林を繰り返す必要があった。[26]

しかし、ノロコルピとオイカリネンの研究結果は黙殺され、二人はフィンランド森林庁の上層部から叱責を受けた。歴史研究者のアンッティ・パルポラによるとフィンランド森林庁は、すでに同様の森林再生調査記録を1960年から70年代に変わる頃に残しており、当時の結果も同じだったという。メトラ（Metla）調査でも森林再生の抱える問題を指摘している。この問題は管轄庁内部で認識されていたものの、公表されたのはようやく2007年になってからだった、とパルポラは言う。[27] フィンランド森林庁の森林経済営利部門長ハンヌ・ヨキネンは、型にはまった森林管理を実施したことは間違いだったと認めている。「当時行われていた唯一の方法が、地面を掘り返した後にヨーロッパアカマツの木の育成をするというものでした。この方法が適していたのは対象地域の60％に過ぎなかったんです。これを唯一の方法とすべきではなかった」とヨキネンはコメントした。[28]

森の民は、森が不毛の地になったという現実を前にしても、森林政策決定に関われなかった。そして広大な原野の最前線で、新しい森林管理方法が十分な検証や観察を経ることなく押しつけられたのである。[29]

＊＊＊

ラップランドでの経験からエルッキ・ラハデは、森林管理には別の方法を考えなければいけないことに気づいた。そこで高樹齢の木が多い天然林の管理方法や択伐について、その可能性や発展性についての研究を開始し、森林研究所内に林齢別森林管理と皆伐した土地との比較を行う研究プロジェクトを立ち上げた。そして、〝森林の持続的成長林業〟［恒続林のこと。木を伐りつつ森林をなくさずに続ける林業。ドイツのアルフレート・メーラーの著作『恒続林思想』による］という、択伐と基本的には同じ考えの基に立つ専門用語を導入した。つまり、十分に大きく、価値のある木だけを伐り出し、皆伐はしないことを表す言葉だ。

ラハデは、普遍的な森林管理方法だけでなく、その背景にある森とは何かという哲学的な考え方にも向き合った。現在、一般的となっている循環型林業とは、木が穀物と同じような役割を担うと考える木材栽培業を指している。人は森で働く。森で苗木を植え、開墾し、土地の形を変え、肥料をやり、間引きし、そして最後に収穫する。しかし森の持続的育成とは、人に依存することなく、森が生み出し自然に熟したもの、つまりベリーや木材資源を収穫するという考え方である。「木はビルベリーのようなものだ」とラハデは表現する。人が唯一できることは、森が自然な成長過程をたどることができるように見守ることだけだという。

数年後、ラハデはさらに厳しく、皆伐や干拓による森林化、下草に除草剤を撒くこと、肥料をやったり地面を掘り返したりすることを、言葉を変えて批判し続けていた。皆伐後、雨が降ると泥水が流れ出した。今、森林管理の方法は、かつてラハデが提案したような管理方法に変わった。泥水は今も流れ続けているが皆伐の規模は縮小された。フィンランド森林庁は、伐採跡の地面の掘り返しをやめた。また排水路作りをなくし、水はけをよくした沼地は自然の状態に戻している。除草剤の散布は禁止となり、いろいろな樹種が生えている森はより生産性が高く、健やかな森であるということが知られるようになったため、広葉樹が嫌がられることもなくなった。１９８０年代、持続的育成を念頭に伐採を実施する土地所有者は、森林喪失につながると訴訟の対象となっていた。しかし、２０１４年の新森林法の施行で、持続的育成はバランスの取れた森の管理方法であることが認められた。

それでも、エルッキ・ラハデの名前は、林業界では評判がよくない。若い世代の研究者でさえラハデのことを避けようとする。持続的育成に関する発表が多いラハデの論文が取り上げられることはまれである。ラハデの論文が避けられてしまうのは、悪者という烙印が押されてしまったからだ。たとえラハデが正しかったと認められても、また彼自身が望んでいなくても、常にケンカ腰でいる人とみなされてしまっているのである。

フィンランド自然資源センターのホームページには、「フィンランド自然資源センターでは、森林の樹種の組み合わせをさまざまに試し、樹木や森林の成長を数十年にわたって詳細に追い続けた、他に例を見ないテストサンプルを使っています」と掲示している。[30]テストサンプルの中にはラハデの研究グループが立ち上げた研究用の森からとったサンプルも含まれている。それを知っているラハデは、フィンランド自然資源センターが謳っているホームページの内容を冷ややかに見ている。このサンプルは、森林研究のリーダーたちが、ラハデの研究グループが入ることを禁じた同じ森から採取したものだからである。

この状況をこんなふうにたとえることができるだろう。森林学の教授が食卓に出した北極イワナの料理は完成している。しかし、森林スープには、さらに時代への適合という調味料を加えなければいけない。

クーサモ教会区にあるイソニエミ

2013年、クーサモの教会区では、教会が管理するイソニエミ地区のオイユスルオマ湖岸の伐採を実施し、約110ヘクタールの古いヨーロッパトウヒの森を切り倒した。その後、地面は50センチメートルほどの深さまで掘り返され、ヨーロッパアカマツの木やヨーロッパトウヒが植えられた。

クーサモに住むフリーランスの編集者トゥオモ・ピルッティマーは、かつてここが森だったことを物語る大きな木の切り株に立ち、激変してしまった森の姿をじっと見入っている。「ここで賛美歌でも歌おうかね?」と言って「Minä vaivainen, vain mato, matkamies maan」［フィンランドの讃美歌第662番で死や齢(よわい)を重ねることを歌った］を歌いだした。

アブの羽音が聞こえる。ヨーロッパムナグロのピューイーピューイーと鳴く声も聞こえる。これ以外に耳に届くのは、ピルッティマーのぶつぶつ言う恨みつらみの言葉だ。「こんなところに生き物なんて棲めやしない。誰も彼も大規模伐採が、これから1000年先のためのものだと信じ込んでいるんだ。現実は違うっていうのに」

イソニエミという場所は、フィンランド林業の悲哀の一例だとピルッティマーは思っている。１９９９年、教会区はオイユスニエミ湖岸とそれに連なるオイユスルオマの森林保護を自主的に行う土地の有効活用計画を承認した。[31] このとき北ポホヤンマー環境センターは、この地域は保護するに値すると認識していた。しかし当時、国には十分な資金がなかったのだとピルッティマーは言う。教会区は、自然林の最奥地を観光に生かしたり、オイユスルオマ湖の湖岸を整備したりすることができるのではないかと考えていた。しかし、その計画も最終的にはとん挫し、教会区は真逆の結論を出すことになった。結局、土地を真っ平にし、そしてひっくり返したのである。「決定権を持つ教会幹部のほとんどの人は、自分たちがしようとしていたことや、その規模など全くわかっていなかったと思いますよ。そして、その結果、ここはこの１０００年のなかで、クーサモ最大規模の伐採跡地になったんです」とピルッティマーは嘆く。

　イソニエミの伐採跡地は、海抜３００メートルにある。ピルッティマーは、苗木を眺めながら、なんでこんな標高の高いところにヨーロッパアカマツの木などを植えたのかと不思議に思っている。この不可解な現実に実はちゃんとした理由がある。ヨーロッパアカマツの苗は、このような高所でストレスのかかる場所を好まない。すでに皆伐後、６年はたっている苗木の様子からも判断できることだ。ほとんどの枝は、折れたり枝分かれしたりしている。この状態ではいつまでたってもまっすぐの幹には育たない。苗木はまばらにしか生えておらず、植林に携わった人たちは、また呼び戻されることになるはずだ。木が育つ場所、森の再生の様子、成長が順調ではないことは、先述したスシヴァーラで、オサラが行った高所での苦い経験を思い起こさせる。あの経験から学んだことは何もなかったのだろうか。

＊＊＊

ピルッティマーは、成人して後ずっと自然の森を守りたいという思いで活動している。彼が森の直面している課題に目覚めたのは、1980年代の終わり、18歳で仕事のために北ポホヤンマー県の南西部にあるニヴァラからカイヌー県のクフモへ転居したときだ。ふるさとであるニヴァラでは、すでに100年以上前に高樹齢林が姿を消していて、古木を見かけるのは墓地だけだったからである。

「森は、自分が思っているものとはかなり違うものなのではないか、ということにクフモに来てから気がついたのです。森の重要性や、森の国フィンランドがどれだけ厳しい状況に置かれていたのかということをようやく悟ったわけです。地面の掘り返しについて地元の人たちと話をしたとき、みな、目に涙を浮かべながら話してくれました。なぜ伐採の後に、追い打ちをかけるように土地を破壊するようなことをするのかって」

1990年代中頃、フィンランドでは自然林の保護に関する争い、いわゆるクーサモ森林戦争［クーサモ地方の古い森の保護と活用方法について、自然保護団体と研究者対林業者間で勃発した議論・紛争のこと］の話題で盛り上がっていた。コイッリスサノマット紙［クーサモ周辺を地盤とする地方新聞］の新聞記者だったトゥオモ・ピルッティマーは、特等席でこの争いを追うことになる。自然保護を主張する人たちは、クーサモの共有林のうち、2万3500ヘクタールに及ぶ他では見ることのできない広大な自然林の保護を要求していた。

クーサモの共有林は、広い範囲で伐採を行うために求められる要件を満たそうとしていた。ここでいう共有林とは、林業を営んでいる個人所有の森を一つにまとめたものを指していて、この共有林では、これから行う伐採と伐採した木の運び出しのための林道の建設が急遽進められたのである。そして、新しいまっすぐと続く林道が、深い森にたった一晩で1キロメートルも生まれたのだ。活動家たちは反対運動を起こし、開削機械を停止しようと試みた。林業用機材の運搬車両が、活動家の四輪駆動車を林道で横倒しにするという事故も発生した。運搬車両の運転手は、後に有罪判決を受けた[32]。一方、地方裁判所は、伐採作業の妨害行為をした人たちにも重い損害賠償支払い命令を言い渡した。

最終的に、若手だったシルパ・ピエティカイネン環境大臣［国民連合党］が解決に乗り出した。フィンランド政府が問題の土地を買い取り、1万3700ヘクタールのクーサモ南部の原生林を4つの区画に分けて保護することにしたのである。1996年夏のことだ。ピルッティマーは、この論争の過程を詳細に記事にした。ニュース記事は中立の立場で書いたが、コラムは自然の森を守るという立場で書いていた。このことを面白くないと感じている人もいて、この先、クーサモに足を踏み入れなくしてやるなどと脅迫されるようなこともあったという。

時がたち、ピルッティマーは今も自らの信念通りの人生を歩んでいる。森林戦争の熱戦も終息し、森林保護に反対だった人の中には、二人きりのときには森林が保護されてよかったと言う人もいるという。

***

林道沿いには、土地の形が変わるほど激しく皆伐で掘り起こされた場所がいたるところで見受けられる。イソニエミはクーサモで地面を掘り起こされた場所の一つである。クーサモの森で掘り起こされた土地の割合は、他の地域の平均よりも高い。それは、ツーリズ

ジャーナリストのトゥオモ・ピルッティマーは、成人してからずっと自然の森を擁護してきた

ムで人びとを誘う際には決して見せることのない自然豊かなクーサモの別の顔だ。観光パンフレットの中では、クーサモの美しい川や滝、オウランカ国立公園を積極的に紹介している。

たとえばクーサモでは、植林地造成の主たる方法は共有林の掘り起こしである。共有林は9万1362ヘクタールに上り、クーサモの全面積の6分の1強を占めている。また、年間4500〜6000ヘクタールの主伐を行っている。[33] 主伐、つまり木材を収穫するためには、皆伐の他、種木を残す伐採［傘伐のこと］や有用樹種保護のための他の木の伐採［除伐のこと］も含まれている。傘伐では、1ヘクタール当たり50〜100本のヨーロッパアカマツの木を残し、残りを伐採する。こうすることで、伐採した場所に自然と次の世代の樹木の種が落ちる。やがてそこに新芽が出たら、種を落とした木を切り倒す。除伐は、たとえばヨーロッパトウヒ以外の木々を除いてトウヒが育ちやすくするための伐採方法である。

フィンランドでは他の地域でも、定期的に主伐を行う林業が最も有用で一般的な方法であるとしている。2018年1月の森林利用申請のうち、3・7%は持続的成長を目指した伐採、つまり恒続林のための伐採申請だった。[34] 別の言い方をすると、産業利用目的で売却すると届けを出した区画のうち、96%以上は間伐や皆伐だったことになる。自家利用のための伐採については、森林使用申請の提出は求められておらず、統計には含まれていない。

共有林のホームページでは、「畔を作ることが森林の再生と成長を促進し、技術的に高品質の木を産み出すことができるという経験と土地特有の在り方についての研究結果」が発表されている。[35] 地面に鋤で爪痕のような筋を入れて畔を作ると、他の目的で森を活用することが難しくなる。また伐採した土地を造成すると、重金属や土の養分が水域に流れ出すなど、周辺地域と環境へ大きな影響をもたらす。フィンランド森林庁がすでに1990年代に土地の掘削を停止した理由はここにある。ところが森林保全協会のホームページでは、掘削の弊害については一言も触れられておらず、土地の均し作業や腐植、砕土といった最も簡単な造成方法しか紹介していない。[36]

共有林で行われていた林業は、このように強引な方法だったにもかかわらず、PEFC認証を受けている。[37] PEFCとは国際的な森林認証制度で、環境に配慮して社会的・経済的に持続的発展可能な林業を推進していることを示す認証だ。[38]

ピルッティマーによれば、クーサモの森の経済活動の内容を見ると、他の選択肢はないと言う。森林管理方法に問題があることがわかっているのにもかかわらず、林業界が提案した方法であるとして、いまだにそのままの方法が実行され続けているのだ。

「林業界からは、経済的負担が少なく競争力が維持できて、可能な限り多く、かつ廉価に木を供給できることが期待されています。この方法は、森林保有者や自然環境にとって喜ばしいことではありません。当初、皆伐と掘削は、森と沼地と水域の自然を壊滅するものと考えられていましたが、それだけでなく今では気候にも壊滅的な影響が出ることがわかってきています」とピルッティマーは残念そうに語った。実際、さまざまな研究論文が、森の造成、特に土地を深く掘り起こすことで、地中に含まれている炭素を大気に放出することになると指摘している。[39]

「イソニエミの伐採には、代替方法はありません」。クーサモの教会区の経理部長マルコ・プダスは、イソニエミの伐採は、クーサモ森林管理協会の開発計画に則って実施したものだと明言している。この計画には、皆伐、掘削と植林が含まれていた。プダスは森林管理協会に、皆伐以外の伐採方法はないかと確認したという。そのとき、「これが唯一、最良の方法だと説明されたのです。私自身、他の方法はないのかと思ったから確認したのです。教会区の公的な立場に立つ者として、より環境に配慮した方法がないものかと思っていたのです」とプダスは話す。

森林管理協会や森林所有者へサービスを提供する機関は、持続的な林業を可能にするための代替方法を紹介することに熱心ではなかった。さらにフィンランド森林管理協会法が改正される2005年まで、森林所有者は森林管理協会メンバーであることが義務づけら

◀クーサモ教会区にあるイソニエミの110ヘクタールに及ぶ皆伐地

れていた。[40] 世界自然保護基金フィンランドWWFは2017年にアンケート調査を実施したが、その結果によると、森林所有者の3分の2は、森林の専門家から森林保護の方法についてMETSOプログラムのような代替案があるという話は伝えられていなかった。メツソ・プログラムとは、森林保護の必要性が高い森林の所有者の森を政府が買い上げるというものである。さらに、52%の森林所有者は、森林の専門家たちから持続的な林業についての情報を得たことがないと回答した。[41] フィンランド森林研究所が2011年に実施した調査結果を見ると、森林専門家の多くは持続的な森づくりに関して先入観を持っていたことがわかる。[42]

教会区の経理部長マルコ・プダスは、イソニエミで実施した伐採方法が、森にとって効果的な方法だったのかどうか評価はできなかったという。一帯は、彼の目から見ても、また多くの人が見ても美しさを失った景観になっているからだ。全域が一度に伐採されたら、森の再生には莫大な費用がかかるのである。「今後、30～40年の間は、出費するだけだということは当初からわかっていました。でも、費用の概算の提示もなかったのです」

＊＊＊

トゥオモ・ピルッティマーは畔道を歩いている。伐採した土地の真ん中には、古い樹木の破片が残る泥炭が広がっている。イソニエミの周囲には、細く保護樹林が残っているだけである。空撮写真を見ると、帯状に続く黒々とした木々の様子は、まるで死亡告知の枠のようだとピルッティマーは表現している。

自然という観点でこの一帯を眺めると、イソニエミでは完全なる破壊行為が行われた。次にこの地がまっさらになるのはおそらく、次の氷河期になるだろうとピルッティマーは悲しむ。「今後100年の間、いらいらからうんざりに状況は変わっていくでしょう。この50年間に、フィンランドの森の自然環境に起こった変化を表すのに適した言葉はないものかと、長い間考えていました。この状況はまさしく環境悪化だと思います。森の中をキャタピラーが走行し、その直後に開墾が行われ、掘削機が沼地を掘り返し始めた、その瞬間から環境悪化は始まったと思っています。フィンランドから東へでも西へでも向かえばわかりますが、ここの環境悪化の状況は、それでもまだましな状態ではないでしょうか」

持続的な林業は、森の自然環境にとっても、森林所有者にとっても、今行われている森林管理方法よりはよい解決方法であるものの、実際に推し進められている速度はとても遅いとピルッティマーは感じている。「森の専門家は、自分たちの考えや、今まで取り組んできた方法が適切ではなかったと気づいたときに、代替方法を考え出すことができないのです。人は誰でも自分の過ちを認めることは難しいものですよね。フィンランド全土で70年もの間続けられてきた皆伐は、してはならないことだったなどと誰からも聞いたことがありません」

トゥオモ・ピルッティマーは、自分が森林問題の先頭に立つことはあきらめていた。何をしても、何を言っても変わらないと考えていたからだ。「どこかの時点であきらめようと思ったのです。でも最近は、人びとの考え方に変化が起こってきていると感じています。30代から40代の人たちは、現実の状況を正しく把握することに積極的です。ここに、私と同年代の人や、もう少し年齢が上の人たちも加われば、状況は変わっていくでしょう」

祖国のために

ロマン派狩猟文学の父A・E・ヤルヴィネンが北部の原生林を伐採した理由

——ペッカ・ユンッティ

たった一人で、大きな森の懐深くに入ることができる。麗しい事実だ。（中略）ときどき、まばゆいばかりに輝く美しさに近づけることに、目が回らずにいられることが不思議なくらいになる。

1953年、A・E・ヤルヴィネンから芸術家H・アハテラへの手紙[1]

アールネ・エルッキ・ヤルヴィネン（1891〜1963年）は、狩猟をテーマにした文学作品を残した作家である。フィンランドの美しく繊細で、人の手にさらされていない大自然を描き出した作品は、狩猟文学のカッレ・パータロ［1919〜2000年。自伝的長編小説『イイ川』シリーズ（全26冊）で知られる作家］とまで言われ、生前は、男たちがクリスマスの贈り物として新作に期待を寄せた男性作家だった。[2]

ヤルヴィネンは、1915年から1958年まで、ロヴァニエミにあるフィンランド森林庁のペラポホヨラ地区のエリア評価室長を務めた。彼が描く物語からあふれ出るラップランド南部から中部辺りまでの自然に向けた愛情は、皆伐で自然が破壊されても絶えることはなかった。

仕事上、ヤルヴィネンは森林管理担当の中でも森林伐採を推し進める急進派の最右翼で、許可を下す伐採量は常に伐採量の最低ラインだとしていた。ヤルヴィネンにとって大切なのは伐採量であり、伐採後、森が再生するか否かに左右される経済的な効果には関心がなかったのだ。[3]

　森林評価部門長のヴィルホ・リヒトネンは、フィンランド政府の林業産業化委員会に提出した意見書の中で、フィンランド北部の森を伐採することで経済的な効果が見込めるかどうかは疑わしいと認めている。ヤルヴィネンは、リヒトネンのコメントはラップランドの森を守っているようで、実際は守ってはいないと考えていた。彼は、長年、ラップランドの森の伐採がもっと進むよう求め続けていたからである。1950年代に入り、以前にも増して大規模な伐採が行われても、まだその量は十分ではない、と考えていたのである。[4]

　ヤルヴィネンは、皆伐で森がだめになった理由のほとんどを択伐のせいにしていた。ラップランドにも択伐された地域はあったが、このような地域は完全に伐採の対象外にし、自然林を伐採することに集中していた。[5]彼の仕事に対するスタンスを表す言葉が残っている。「計算なんて必要ないんだ。とにかく端から始めること。そして、最後まできちんと伐採しきること」[6]

　文化史研究家メルヴィ・ロフグレンは、ヤルヴィネンの狩猟作家と森林管理者としての姿勢の矛盾に頭を悩ませてきた。古い自然林をこよなく愛する男の思いを喪失させたものは何なのだろうか。

　ロフグレンはヤルヴィネンの長い足跡をたどった。そして数年が過ぎた頃、研究対象であるヤルヴィネンを理解できるようになったという。ヤルヴィネンの矛盾した行動を説明できる理由が一つだけある、とロフグレンは考えている。ヤルヴィネンの職業人としての行動を理解するには、彼が生きた時代がどんな時代であったのかを考えることが重要だという。ヤルヴィネンには、命令されたことは言葉通りに実行するという戦争体験に則ったものの見方が重くのしかかっていた。森林管理者としてのヤルヴィネンが森を見るときには、研究者や社会的に力のある者たちの意見が影響を及ぼしていた。ラップランドのヨーロッパトウヒの森は伐採して、ヨーロッパアカマツを植樹すべきであるということに対する学術界の肯定的な見方が、伐採量を増量させることになった。研究がまだ不完全であることや森林管理の大規模改革が問題になっていることは、当時まだほとんど知られていなかったのである。

　仕事上、ヤルヴィネンは良心的でかつ形式にもこだわる人物だったという。ヤルヴィネンにとって、仕事は敬意を持って取り組むべき事柄だった。また、社会的な圧力もあったことは疑いようもない。ヤルヴィネンが生きた時代のフィンランドの森の専門家たちは、祖国のためにという強い思いで一致団結していた上に、社会性のある集団でもあった。要するに、ヤルヴィネンは国民のための重要な仕事に就いていたのである。

　森林管理に携わる者にとって、森はわれわれが経済活動を目的に活用し始める前から存在する。だからすべての物事は、ただ森に付き従うべきなのだ。ヤルヴィネンは、この気持ちを学生による森の男たち協会［大学で森林関連の学科で学ぶ学生たちの世代を超えたつながりを作る目的で、1909年に設立された学生連合］の祝賀会のペリマンニ［フォーク音楽の一種］の歌詞に表した。

爺さんたちの胸の内／ひとかけらの不安

が強くなる／われわれを立ち上がらせる森／われわれが力をもらう森／森の黄金、それが勝利への道だ[8]

第二次世界大戦後、フィンランドはとても貧しい時代を生きていたということを忘れてはならない、とロフグレンは言う。森での仕事が、人びとに仕事を作り出し、多くの人たちにとって生活のための収入源となっていた。大規模伐採を計画していたとき、ヤルヴィネンはおそらく、自分はとてもよいことをしていると感じていたに違いない。

ヤルヴィネンは、狩猟小説の中で自然の森をとても緻密に描いた。記録に残すという意味もあったのではないかと、ロフグレンは考えている。そして、ヤルヴィネンは自分やそれよりも前の世代にとって、森がどういうものであったのか、どんな生き方をしていたのかを記録に残したかったのではないかと。「彼は、過去と未来のちょうど狭間に生きていたのです」

ヤルヴィネンにとって、自然の森を伐採することは決して心穏やかではいられなかったはずである、とロフグレンは言う。「ヤルヴィネンの最後の作品では、自分が身を隠すことができる場所を求めたり、姿を現さなくなったキジ類を追い求めたりする様子が描かれていて、その気持ちが見て取れるのです」

ヤルヴィネンが森林で経験したり体験したりしたことは、殊に後期の作品で見ることができる。「偉大な自然」「輝き」や「豊かさ」といった彼の言い回しから、宗教的な色味も感じる。[9]

ヤルヴィネンは定年退職でフィンランド森林庁の職を辞した後は、森林伐採者という服を脱ぎ、まるで火のような自然保護家という姿に変貌した。ラップランドの自然を愛する実働的なリーダーとなり、ラップランドの自然保護地区を巡った。ソダンキュラにあるコイテライネンの森は、彼の大好きなプロジェクトになった。

「かつて自分が伐採計画を作った場所ではあるが、新しく自然保護地区となった地を、怒りの気持ちを満ちあふれさせながら巡っていた」とロフグレンは言う。コイテライネンの森は、今ではナトゥラ（Natura）保護地区に指定されている。

メルヴィ・ロフグレンは、第二次世界大戦後、フィンランド北部の森がなぜこのような状況に陥ってしまったのかについて考え続けている。

決してA・E・ヤルヴィネンを断罪したいとは思っていない。ロフグレンは、ヤルヴィネンがラップランドにとって最もよいことをしようとしていたはずだ、と考えているからだ。ヤルヴィネンがラップランドの森を伐採させたことは事実である。しかし、決してすべてを伐採したいとは思っていなかったはずだ。その証拠に夏の小屋があるロヴァニエミのマラセン池周辺の森は保全している。今、この古木の森はA・E・ヤルヴィネンの古木の森という名で知られている。

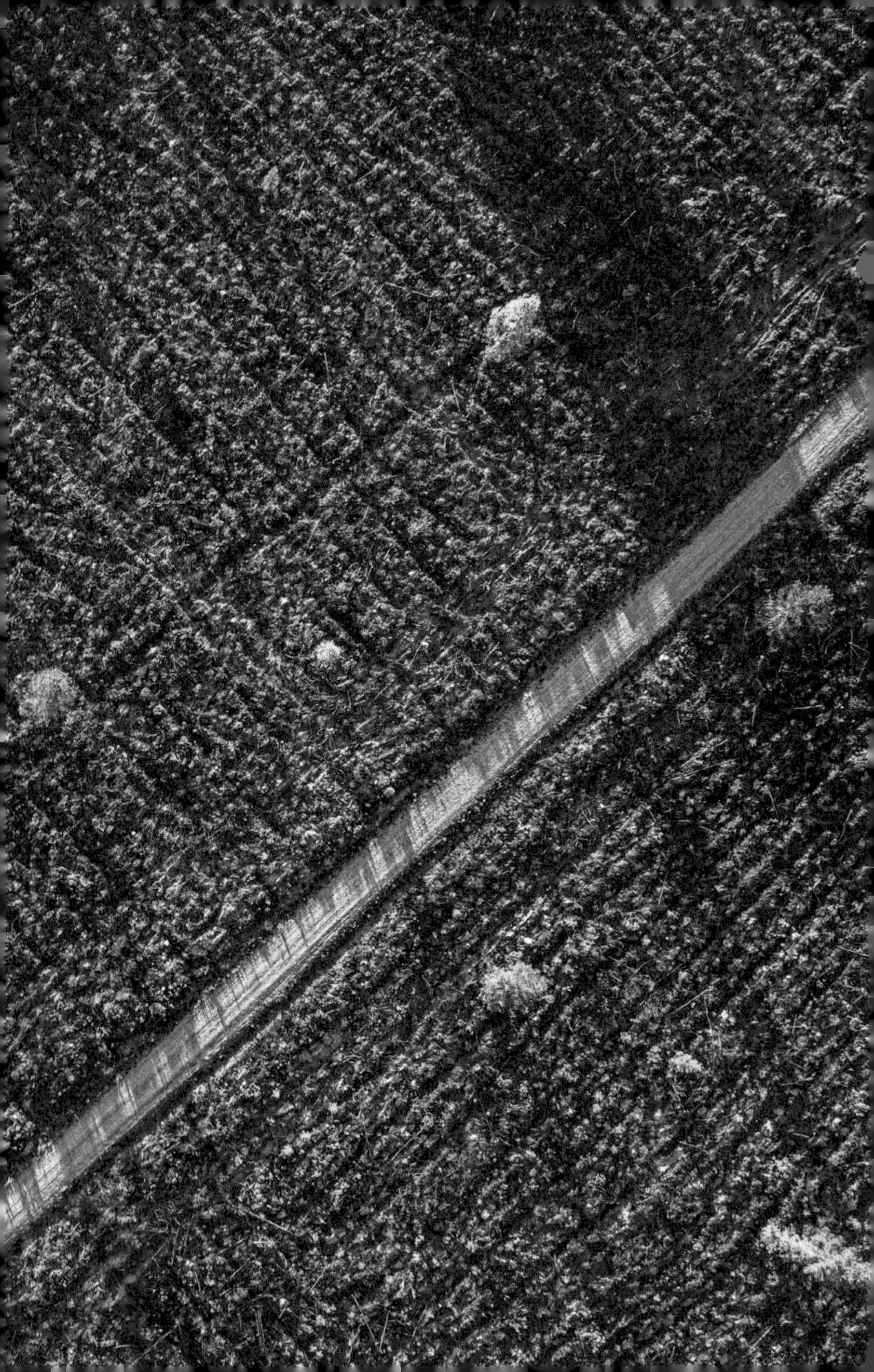

ii 痕跡

伝承街道

消滅の危機にある、民族叙事詩カレワラをフィンランドへと伝えた中世から続く街道――イェンニ・ライナ

スオムスサルミにあるケヴァッティ湖

ケヴァッティ湖の水面が、陽の光に照らされてきらきらと輝いて見える。澄んだ水を通し、水底の砂が金色に輝いて見えるのだ。スオムスサルミに住むペンッティ・キンヌネンは、つば付き帽を持ち上げ額の汗をぬぐうと、再び湖岸沿いの街道を歩き始めた。この街道は、エリアス・リョンロート［1802～1884年。植物学者、言語学者、フィンランド語学者。カルヤラ地方（フィンランド東部から現ロシア領にまたがる地域）で吟遊詩人たちが口承していたものを聞き取り、民族叙事詩『カレワラ』として編纂した］がたどったヴォッキ・白海街道である。

数千年もの間、人と物が行き来し、すでに1600年代の北部フィンランドの地図にも記載されていた数少ない街道の一つだ。

ヴォッキ・白海街道は、ボスニア湾とロシア側の白海とを結ぶ重要な街道である。ロシア側から商人、猟師、そしておそらく盗人たちも、この道を通ってフィンランドへ入ってきただろう。白海のあるカルヤラ地方からの往来が一番盛んだったのは1800年代のことである。年間3000〜4000人のロシアの行商人がフィンランドへやってきたと言われている。[1]

地図上では、ヴォッキ・白海街道は約27キロメートルにわたってスオムスサルミ内を通っていたことが確認されている。キンヌネンが「この街道は当時の幹線道路だ」と言う通り、徒歩や馬で移動する人たちのために作られた街道である。「現代であれば専門のエンジニアたちが道を設計するところなんだが、当時、その役割を果たしたのが年老いた人たちでね。昔のケヴァッティ湖の湖岸には、体や衣服を洗うことができて馬の水場にも適した場所があったんだよ」とキンヌネンは言う。

街道は、湖岸に沿って延びている。この街道沿いを、フィンランドの民族叙事詩の物語を作り上げた者たちが旅していたのだ。カイヌーに住んでいたエリアス・リョンロートもその一人である。リョンロートが1830年代に収集した吟遊詩が、後にフィンランド民

族叙事詩のカレワラになった。リョンロートは、白海近く、カルヤラ地方のラトゥヴァヤルヴィ村で有名な吟遊詩人アルヒッパ・ペルットゥネン［リョンロートが聞き取りをした吟遊詩人のひとりで、彼の詩は民族叙事詩『カレワラ』にまとめられている韻文の70％以上に及ぶと推測されている］を見つけ、彼が語った吟遊詩をカレワラの核とした。

リョンロートの後、この街道を通り、エキゾチックなカルヤラ地方の村へと旅した人の中には、写真家でジャーナリストのI・K・インハとカイヌー出身の作家イルマリ・キアントがいる。1800年代、カレリアニズム［『カレワラ』に触発され、カルヤラ地方へ旅をした詩人、民俗学者、言語学者、芸術家たちの活動を指す言葉。この地への旅は巡礼の旅と表されることもあり、1890年代にピークを迎えた。カルヤラの地で触れたことを昇華し生み出された芸術は、フィンランド芸術の黄金時代と呼ばれる一時代を築き、フィンランドの人びとに民族意識を目覚めさせた。この時代を代表する芸術家に作曲家のジャン・シベリウス、作家のエイノ・レイノ、ユハニ・アホ、画家のアクセリ・ガッレン＝カッレラ、エーロ・ヤルネフェルトらがいる］を唱えた人たちは、国境線の向こうの白海カルヤラに、フィンランド民族主義発祥の地が残っていると考えた。[2] 人びとが広範に散らばるように居を構える国であるフィンランドの文化的エリートにとっては、人びとの民族意識を高めることはとても意義深いことだった。

かつてリョンロートがこの同じ街道を歩き、そして同じ風景を見ていたと思うと、言葉

スオムスサルミで一番透明度が高い湖、ケヴァッティ湖►

にしがたい貴重な場所にいるんだと感じられる。前史時代から、リョンロートや行商人たちが歩いた時代に至るまでのことは、街道沿いの歴史的遺産でたどることができる。ここは、周辺地域に人が棲みついてからのち1万年以上もの間、人や物が往来した街道だったと考えられている。[3]

ケヴァッティ湖を眺めながら「どれほどの価値があるのか言い表せないほど、それは私たち民族にとってかけがえのない遺産だし、そもそも民族叙事詩が誕生した街道なんだ。ここが仮に中央ヨーロッパであれば、とっくに保全・保護区域に指定されていたはずだよ」とキンヌネンはつぶやいた。実は、今この街道が直面しているのは、保護化への動きではなく、喪失の危機なのである。

タイヴァルランピ原野

ヴォッキ・白海街道を、ケヴァッティ湖から数百メートル進むと太陽がさんさんと降り注ぐ開けた場所に行き当たる。そこは、2010年に国有林であるタイヴァルランピ原野の樹木が切り倒された場所である。街道沿いには左右それぞれにわずか数本ずつの木が残っているが、原野のようになってしまったため、街道が通っていた場所はわかりにくくなってしまった。街道が通っていた森の木々は切り倒されてしまったのだが、そこはフィンランド森林庁が管理するれっきとした国有林である。この街道を保護する法律は、今のところ古代遺跡（旧跡）法のみであり、街道の両側2メートル幅だけが保護対象、その他は対象外なのだ。

フィンランド文化遺産庁の文化環境サービス監督官パイヴィ・カンックネンによれば、この街道は保護・保全の対象外になっている箇所があり、さらにはヴォッキ・白海街道のほとんどの部分が林業的な行為で破壊されたり、過去に実施した森林の保全工事プロジェクトで破壊されてしまったりしたところもあるという。

フィンランド文化遺産庁、カイヌー博物館、カイヌー経済開発・運輸・環境センター（ELYセンター）は、2007年にこの街道を歴史文化遺産として登録した。そして2017年、フィンランド文化遺産庁はこの街道を歴史文化遺産として再登録した。というのも、2007年の登録では、街道を保存するという認識までには至っていなかったためである。「前回の登録は保存への働きかけにはならなかったようだ」とカンックネンは心の底から残念に思う。カンックネンは今、2017年の歴史文化遺産登録時の資料を基に、この地域が保護地域になるよう提案書を作成中だ。この提案がきっかけとなって、フィンランドの古代遺跡保護の機運が盛り上がって欲しいと願っている。

この街道は、分断されてしまうと一本の道として把握することができなくなってしまう

◀樹木が伐採された後、タイヴァルランピ原野の小径は確認しにくくなった

AUTIAISENMYLLY 1KM
ALAN HYVÄAHO 8KM
KM VIENANREITTI 22KM

恐れがある、とカンックネンは言う。分断は、人や物の往来があったことを示す意味がなくなってしまうことを示唆している。保護対象として残された森の手入れは推奨するが、あくまでもこの地域の特性を残す範囲で手入れをするべきだ、とカンックネンは語る。

この地域を保護するという考えは決して新しいものではない。すでに2004年にカイヌー博物館と地元関係者、フィンランド森林庁との間で、この街道の両側20〜30メートルを保護地帯に定めることで調整が済んでいた、とペンッティ・キンヌネンは言う。当時キンヌネンは、カイヌー環境センターが取り組む白海街道登録作業グループの一員で、古地図に記された街道を実地で探し出し、GPS機能を駆使して場所の特定を行っていた。

保護地帯については、ヘルシンギン・サノマット紙などに記事が掲載された。2014年の記事によると、カイヌー博物館は、2004年に実施した森林調査で街道［街道の道幅は木道あるいは小径］の両側30メートルを保護地帯にすることで、妥協しなければならなかったというのだ。[4] 一方、フィンランド森林庁の森を管理するメッツサタロウス株式会社のポホヤンマー・カイヌー地区支社長アルト・トロネンは、保護地帯に関する記事は誤った報道だと言う。「保護地帯として指定する幅については、結論が出なかった。その代わりに、すべての伐採計画に関してカイヌー博物館に意見を求めたんだ。その理由は2つ。保護地帯の幅は、その地点の特性によって違うから。そして、その地点に本当に街道が通っていたか否かで条件が変わってくるからだ」

フィンランド森林庁は、常に規定に則って物事を進めている、とトロネンは言う。また、この街道については、関係する土地全体に適用できる的確な指示が定まり、保護地帯が指定されることをフィンランド森林庁は期待しているはずだと付け加えた。規定さえできれば、保護地帯と伐採地の調整を個別に行う必要がなくなるからだ。博物館側が推奨する保護地帯の幅は、街道の両側それぞれ10〜20メートルの間で揺れており、その幅の中での間伐はしてもよいのではないかという意見も出ているという。

タイヴァルランピ原野で、10〜20メートルは確保されているという保護地帯を確認することはできない。キンヌネンは、仮に保護地帯を確認できたとしても、それで十分だとは考えていない。もし街道の周辺環境がすべて変わってしまった場合、果たしてその道は、本当にその街道なのだろうかと考え込む、とトロネンも言う。

タイヴァルランピ原野を通る街道は、林道にぶつかって終わる。街道の終着点には、2本のシルバーパインの丸太を割ったものがすっくと立てられている。この丸太は、キンヌネンが木材パルプ用に集積してあったところから見つけ出したもので、かつての街道の記憶を留める丸太だ。おそらくこの木は、1800年代、もしかするとそれよりも前の時代から、街道の記録として立てられていたものだと考えられている。「どちらの罪が重いと思いますか。古代に記録として使われていた木を切り倒してしまうのと、木材パルプ用の集積地から切り倒された丸太を抜き取るのと」

集積場でこの丸太を見つけたとき、自然保護団体はこの木の伐採についての被害届を提出した。しかし、被疑者を見つけることはできなかったという。「警察はただ、フィンランド森林庁は規定を守って作業していると信じている、と言うだけなんだ。現場を確認することもなくね」とキンヌネンは不満を漏らした。

キンヌネンは車に戻ると、ケヴァッティ湖から東へ向かった。バッサリと切断された木の記録は、まるでトーテムポールのように街道跡に残っていた。ずっとずっと昔、ここがフィンランドの領土だったということを示していた木の記録だ。

＊＊＊

自動車道ができる前、フィンランドには、徒歩用の道、郵便街道、密輸街道、荷車用の道といった細い街道網が全土に張り巡らされていた。街道を通って村から村へ、家から森へ、田舎から都会へ、そして町から別の町へと人や物が移動したわけだ。

街道は、今の国境を越えて外国とも通じていた。1922年まではフィンランドとロシアの国境は開いており、ロシアとフィンランドのカルヤラ地方の村々の交流は盛んだった。ヴォッキ・白海街道の他にも、白海へと続く街道はあり、中でもサルヴィキヴィ街道やミーノア街道が重要な街道だった。

時の流れとともに国境は閉鎖されたが、街道そのものは残っていた。ヴォッキ・白海街道の起点は、ペンッティ・キンヌネンが子どもの頃に住んでいた家の〝ヴァンカの牧草地〟［ヴァンカ村という場所にある開けた牧草地のこと］を通っていた。今も生家で生活をしているキンヌネンは、まるで自分の血筋に関わることのように、子どもの頃からこの街道に興味を持っていた。「小さい頃、祖父からロシア側にも通っていたと聞いていた。水路もあったと話していたね」

スオムスサルミというへき地に国道が通ったのは、1950年代に入ってからと遅かったため、この街道は比較的長い間、人びとに利用され続けていた。ところが国道ができると同時に、だんだんと街道を使うことが減ってきたという。こうしてへき地は人口減少に拍車がかかり、街道だけでなく森の中に通っていた道も徐々に使われなくなっていった。そしてフィンランド全土に網の目のように通っていた細い道が失われるに従って、木々の伐採も進むことになったのだろう。

キンヌネンは、車窓から景色の流れを静かに眺めていた。ヴォッキ・白海街道周辺で起こっていることは、フィンランドの広い範囲で起こっていた現象のほんの一部の兆候に過ぎず、全体像がつかめるようになったのはここ最近のことだという。

キンヌネンは、この地域の森が自然な状態にあった頃のことを覚えている。若い頃は、近くの森にヨーロッパオオライチョウがまだ数多く生息していて、彼も鳥猟が大好きだった。しかしここ数十年は、カイヌー県の針葉樹林地帯では鳥類の個体数が減少しており、鳥猟はもうしたくないとキンヌネンは言う。一方、ヘラジカは個体数が増加しており、今はヘラジカ猟をしているそうだ。「私が若い頃は今とは全く違って、どこへ行っても古い自然林ばかりだったんだ。木を間引く対象となった森に、たくさんの鳥がいた可能性があってね。劇的な変化が短期間に、特にここ数年の間に起こったようだね」

今、この辺りの森は、「若い森」とか「ある程度成長した森」と呼ばれている。カイヌー県の森のうち、約80%が育成開始から80年もたっていない森である。樹齢１２０年以上の木が生えている森は、10%程度に過ぎない。[5] この数字には、カイヌー県の多くの保護地区に指定された森も含まれている。

＊＊＊

ヴォッキ・白海街道は、全行程の約60％は私有地を、40％は国有地を通っている。街道について言えば、個人の土地所有者との関係は良好である。ところがフィンランド森林庁管轄地では、伐採に関して難しい状況になっている。2015年にカイヌー県の自然資源計画として了承された年間の伐採量は140万立方メートルであったが、実際の年間伐採量は、目標値より10万立方メートルも少ない量に留まった。[6]

計画量よりも実際の伐採量が少なかったのは、カイヌー県には、もうしっかりとした体積のある木がほとんど残っていないためだとペンッティ・キンヌネンは説明する。木の幹が丈夫であれば、木は早く太くなり体積も増えて高い値がつく。ところがいま森に残っている木は、林業でいえば製紙用原材料にしかならないような直径の細い木ばかりだ。「二酸化炭素の吸収や百年後、数百年後のために、いろいろな樹齢の木があるのが理想の森。成長期の樹木は建材に使うことはできないし、この地域では、丈夫な幹の木はもうない」とキンヌネンは断言する。

カイヌー県が抱える問題点や矛盾点は、長きにわたりフィンランド森林庁に対して提出された多くの被害届として表れている。キンヌネンもヴォッキ・白海街道に関連する被害届を1人で5件提出したという。『スオメン・ルオント』誌［フィンランド自然保護協会が年10回発行する雑誌。購読部数は、電子版と合わせて約18万5000部］は、2010年代には、カイヌー地方で自然保護違反とみなすことができる被害届は7件であったと報告している。これら被害届が出された案件では、タイリクモモンガの営巣地帯、つまり自然林が破壊されていた。そして驚くことに、被害届の対象となったすべての森で、破壊活動に関わっていたのはフィンランド森林庁か大企業だったのである。このうち3つの案件については、告訴が取り下げられており、別の3件については、警察の記録を確認することすらできなかった。[7]

過疎地帯であればあるほど、林業の価値は木材で評価され、その木材がよければ、対象地域の森は効率よく活発に成長していると、フィンランド学士院会員の生態学者、故イルッカ・ハンスキは考えていた。一方、都会の周辺地域で自然林の残骸がぱらぱらと見つかっている。こうした森はおそらくそのまま残り、いずれは原生林になる可能性がある。同様の現象は、森を棲みかとする多くの生き物にも見られる。動物の生息地に適している高樹齢の木のある森は、へき地の森ではなく、都会近くの人びとがレジャーに訪れる森が取って代わる可能性もあるのだ。[8]

サウナカンガス原野

前方には、見慣れた風景が広がっている。広い原野にうねるように続く、昔ながらの細い道が沈みゆく太陽の光に照らされている。

この何もない原野で、ペンッティ・キンヌネンがフィンランド森林庁の担当者と一緒にヴォッキ・白海街道を探す初めての作業をしたのは、1999年のことだった。フィンランド環境省の自然保護監督官ペッカ・サルミネンから、街道を保存するためにも街道を紹介するようにと頼まれたのだ。荒れ地のサウナカンガス原野を部分的に通過していた街道を保護するための規定ができた後、初めての伐採となった2002年から2003年の時には、すでに周辺の森は破壊された状態だった。「この辺りには古くからの原生林があったんだよ。我々は、ちょうど地面をひっくり返さんとするばかりのときにここに到着したんだ」とキンヌネンは言う。苗木を植え付ける前には、地面の高さを一定にするために掘削機で土地をひっくり返すが、その作業の直前だったというわけだ。

ここから離れたところでは、土地はすでにひっくり返されていた。その辺りは、冬戦争で戦死した赤軍兵が埋葬された場所だった。キンヌネンは、子どもの頃、父親に連れられて、その辺りを通って魚釣りに行っていた。樹木に残っている戦争の痕跡や、戦死者の墓碑として十字架の印が木に彫られているのを見て、これはいったい何なのだろうと不思議に思ったという。しかし、そうした木も伐採されてしまっていた。

この伐採作業からすでに15年の年月が流れている。新たに行われた伐採作業については、規定があることを知らなかったという理由はあり得ないとキンヌネンは考えている。

街道は湿地帯沿いに延びていて、2014年に保護指定されたカレワラ公園内の領域にある。ヴォッキ・白海街道のすべてが、自然保護地域にならなかったことをキンヌネンはとても残念に思っている。ユリヴオッキにあるレジャー向け森林地域を通る道は、2つのカレワラ公園［フィンランド側は、ロシア国境近くのカイヌー県内にカレワラ公園という名称の自然公園があり、ロシア国境を挟んだ東側には、ロシアのカレワラ国立公園がある］をつなぐ生態系にとって重要な通路になっているとキンヌネンは言う。

＊＊＊

農村女性諮問機関は、2017年、スオムスサルミの土地所有者であるペンッティ・キンヌネン及びパウリ・ヘイッキネンとユハ・キンヌネンに対し、街道の「多角的で持続的な景観維持活動」を評価して景観管理賞を贈った。同年、白海街道は、「スオミ100の真珠」の一つにも選ばれた［フィンランド独立100周年に当たる2017年、「フィンランド100」をキーワードにあらゆるイベント、賞の授与、プロジェクトがあった］。フィンランド国内では、街道の価値の認知度が徐々に上がっている。キンヌネンは、ただ、手遅れにならないで欲しいとだけ祈っている。

ヴォッキ・白海街道は、複合的な価値がある場所だ。ただ、〝フィンランド・セクター〟［筆者がフィンランドの官庁を総称してこう呼ぶ］は、複合的なものに対し柔軟に対応できていない。そのため、「自然保護という観点において問題が発生する」となれば農村女性諮問機関のように景観維持の動きに結びつく、と自然保護の専門家であるマリコ・リンドグレンは指摘する。古代遺跡（旧跡）法は、その道が森の中を通っていようが、伐採された原野のど真ん中を通っていようが、周囲の環境には関係なく道だけを保護する法律である。もし街道が文化史的な地域にあり、観光業界がそれを活用したいと考えるなら、街道沿いや周辺地域は単調な森だけでない方がいいはずである。

リンドグレンの専門は景観生態学である。街道沿いの自然の評価は良好だが、高評価できるほどではなく、街道が通っているため、とりあえず現行の保護基準に則って保護しているに過ぎないという状態なのだという。また、街道を保護したからといって、観光業界が活気づくということもあり得ない。なぜなら、まだ観光を生業としているところもないからだ。「この地域がダメになってしまえば、観光業が進出してくることもないだろう」

この地域を生かすには2つの選択肢しかないとリンドグレンは指摘する。「街道周辺地域をこれまでと同じ方針で伐採し続け、観光業で活用する道を閉ざすという選択肢。街道

◀カイヌーを通る古代の道は、湖岸や砂丘をたどる道だった。ヒュリュンサルルッカ砂丘（スオムスサルミ）

のたどってきた歴史がどれだけ価値のあるものだったとしても、荒廃しきった場所に出かけようとする人はいないはずです。けれど、そうなればこの地域は駄目になります」。もう一つの選択肢は、へき地に通る街道に光を当てること。しかし、「これには、誰かが声高に断固伐採反対の意思を示し、街道の意義を高める必要があります」

キンヌネンは、もう一つ考えを温めている。それは、ユネスコ世界遺産への登録である。ヴォッキ・白海街道は、オウル川で唯一、近自然工法による河川整備ができているところであり、源流は全く手つかずの状態を維持していることがその理由である。街道の保護に関しては、すでにロシアの共同作業チームとの交渉が始まっていて、2018年秋に、フィンランド代表団が、街道のロシア側国境通過地点を訪ねている。その際、街道がどこで国境を越えたのか、その印が残っているところも探し当ててあるという。

ロシア側にある街道はおよそ40キロメートルで、この街道の全長はおよそ70キロメートルになる。リョンロートは、この街道沿いでアルヒッパ・ペルットゥネンの詩を見つけた。今、アルヒッパ・ペルットゥネンのお墓がこの街道脇にある。

ヒュリュンサルッカ砂丘

湿地帯が多いカイヌー県の街道は、以前は湖岸や川岸、砂丘のてっぺんを通っていた。

キンヌネンは、大股でヒュリュンサルッカ砂丘の土手を上へ上へと調子よく登っている。ここからロシア国境線まではわずかに2キロメートル。砂丘の斜面の中腹を通る細い街道を縁取るように立っている背の高いヨーロッパアカマツの木々は、陽の光を浴びて黄金色に輝く。エメラルドグリーンのトンボがふわふわと揺れながら行き交っている。目の前には木に覆われた丘が広がる。「この砂丘をいろんな人や物が行き来したんだ。人の手が入っていない自然の状態であれば、きっととても素晴らしいところに違いないよね。まだ手つかずの場所が残っているところがあるのが何よりだよ」とキンヌネンは言う。砂丘に残った遺物、たとえば、はるか古(いにしえ)の時代の動物を捕獲するための落とし穴があったら、どんなモノたちがこの道を通過していったのかを知ることもできるのである。

古代ではこうした街道は馬で通っていたはずだから、とヴォッキ村の関係者たちは将来、ヴォッキの街道でハイキングや乗馬を楽しめるようにすることを目標にしている。もちろん、この計画の実現には、街道とそれを取り巻く自然環境が作り出す景色に、それ相応の価値が見出せなければならない。何もない原野、伐採跡や苗木を育てている場所がだらだらと続くようなところで、ハイキングをしたいと思う人などいないだろうから。

キンヌネンは砂丘のてっぺん辺りをしばらく歩いてから、先導するように尾根伝いに下(くだ)っていった。眼下には、リョンロート研究をしているヘイッキ・リュトゥコネンと数年前

に一緒に忘れがたい発見をしたポッラス川が流れている。キンヌネンは小さい頃からずっと、川沿いにある2つに枝分かれして倒れている古い「記録の木」の話を地域の老人たちから聞かされていた。カレワラの第2章［民族叙事詩『カレワラ』の第2章では、木のない土地に種をまいたが、1度目は樫の木にならず、2度目は巨大に育ち、大きく枝を広げ月と太陽を覆い隠したという韻文がある］に書かれている巨大に育つ樫の木のように、この木のことをサタラトゥヴァ（百に枝分かれした木）と呼んでいた。

10月の或る日、キンヌネンは、この有名な木を探しに出かけた。みぞれが降り始め、陽も落ち、辺りが暗くなる頃になっても木を見つけることはできなかった。

みぞれが続く中、太陽の光を見たときには望みもほとんど消えかかっていた。ところがその太陽の日差しが、水底に横たわった丸太の側面に刻まれた印にまっすぐに当たったのである。「その光景は本当に美しいものでね。丸太も、まるで『ここにいるのを見つけて』とでも言うように、うまい具合に刻印が上に向いていたんだ」と当時の様子をキンヌネンは話してくれた。

今、砂丘の斜面下方の川岸には屋根がかけられている。その下には、表面に1685という西暦が彫られたシルバーパインがまっすぐに立っている。川の中から見つかった木はサタラトゥヴァのようで、確認できる範囲では、フィンランドで最古の「記録の木」であ

ポッラス川の河岸から見つかった「記録の木」は、1500～1600年代のものだ►

る。東フィンランド大学の研究によれば、１５００～１６００年代に入る頃に芽吹いた木だろうという。[9]

木の幹に彫られたこの西暦が、どのような出来事に関わるものかは、まだ推測でしかない。だが、文字として木に残されたこの記録は、この街道が長い歴史のある道だということを証明するものである。

それより枝はひろがりて、その葉は厚く茂り合い、
その頂は天まで及び、葉は空中にひろがりぬ。
それは雲の往来をはばみ、雲の流れを遮りて、
陽のこうこうたる光を隠し、月の光明を蔽（おお）いたり。
――
この槲（かしわ）の樹を倒すべき者は無きや？
この巨（おお）いなる木を倒すべき者は無きや？[10]

『フィンランド国民的叙事詩カレワラ（上）』森本覚丹訳
講談社学術文庫より

＊＊＊

ヒュリュンサルッカ砂丘にいると、リョンロートがどのような風景の中を通って東方へ向かい、吟遊詩人たちの住む家々を訪ねていったのかを推し量ることができる。冬の間、そこには近隣の住人たちが、家畜の餌にするための牧草をたくさん刈り込むことができる、広大で青々と生い茂った牧草地が広がっていたことだろう。まるで血管のように張り巡らされた水の流れのある土地を、西はオウルからその向こうの海岸線まで、東は白海を目指して行商人や旅人たちは移動したに違いない。

道沿いにある木々は、100年以上の間そうであったように、まっすぐに枝を空へと伸ばしている。大樹は、ここで起こったことを見守っていたはずだ。だから、後は想像の世界に任せるだけである。

向かう先は、次なる伐採[1]

オリエンティア、ミンナ・カウッピ、瀕死の苔むした森に途方に暮れる

――アンナ・ルオホネン

パイヤット＝ハメ県のアシッカラ

地図上にある黄色は、農作物を育てている土地、もしくは、伐採によって開けた場所を意味している。緑色は、通り抜けが不可能なほど植物がうっそうと生い茂っているところ。白い背景で細い緑が帯状になっているところは、簡単には通り抜けられないところだ。

白の地域は、オリエンティア「オリエンテーリングの愛好者」たちが好きな場所である。そこは、大きな木の間を走ってすり抜けられるところへ簡単にアクセスできる森を示す。

世界選手権を9回制した元オリエンテーリング選手ミンナ・カウッピは、選手をしていた時代にオリエンテーリング用の地図、いわゆるO－MAPが変わったと言う。「少しずつですが、森は庭のように変わっていきました。まずわずかの変化があり、しばらくするとまた少し変わる。こうして徐々に地域全体が変わっていきました」

オリエンテーリングの地図上の白い地域、つまり伐採されていない森は以前よりも少なくなっている。代わりに地図上には、黄色やさまざ

ラハティにあるサルパウスセルカの苔むした森を走る、元オリエンテーリング選手のミンナ・カウッピ

まな種類の緑色でカラフルな囲みが増えている。カラフルになった場所は、人がその土地に手を加えたことを意味している。

カウッピは、保管している古いO－MAPと今の地図を比べてみた。地図は自然林が伐採跡や若い人工林に取って代わられた、その変化の真実を表す何よりの証拠だ。「今も以前と同じようにあの森やこの森に立っていた大きな樹木が残っていてくれれば、とオリエンティアとしては思います。オリエンテーリングで走るとき、こういう地図上のカラフルな部分の縁辺りから、方角を簡単に捉えることができてしまうんです。そうなると、なんというかちょっとした小径がすでにそこにあるという感じなんです」とカウッピは言う。地図は、小径を走ることを示すだけではない。たとえば、黄色の場所、つまり伐採で開けた場所は、ヤナギランやヨーロッパキイチゴが生えていることを表しているし、林業用の機械が土を掘り起こしていれば、その跡には大きな石が転がっている。つまり、オリエンティアにとって、前へ進むのが困難な場所だということになる。

フィンランド南部のほぼすべての森にはO－MAPがある。地図は、何かしらの変更があれば更新されるが、その変更理由は伐採だ。カウッピが現役の頃、地図があまりにもカラフルになり、その森ではオリエンテーリングをしたくないと思うほど変わってしまったところもあるという。「なんというか、もうこれは明らかなことなんですよね。広大な森は、以前と比べてかなり少なくなっているんです。オリエンティア仲間の間では、伐採された場所へオリエンテーリングをしに行くべきじゃないという声があって、それは残念なことなんです。私も、そういう場所でのトレーニングはもうやりたくないですね」

環境が変わった森の一つに、カウッピの故郷アシッカラにある、彼女自身がオリエンテーリングのトレーニングを積んだアウリンコヴオリの森がある。「アウリンコヴオリは、私が子どもの頃は森でした。でも、今はいろいろな種類の囲みが地図上にあるんです。中には、ヴェシ湖やパイヤンネ湖の方まで見渡せるから素晴らしい、と言っている人もいるんですけどね」。カウッピは、アウリンコヴオリでは、ジョギングやクロスカントリー用に整備された道を走ることはあるが、オリエンテーリングはやらないという。

人の手が加えられた痕跡から逃れることは難しい。すでに森の中で小径がない場所を見つけることが困難なのだ。夜間や方向を見失えば話は別であるが、伐採で開けた森や林道で寸断されている森では、迷うことはほぼない。

カウッピは、人の手が入っていない森は宝物だと表現する。そういう森の存在も、きちんと把握しており、たとえその場所が1分で通過できるような、ごく小さな場所であっても、そういう場所を楽しんでいる。彼女が今でもときおりオリエンテーリングを楽しむ、比較的大きな森が残っている宝物と呼ぶ場所の一つがアシッカラにあるサロンサーリだ。「フィンランド南部で、10キロメートルの距離を林道で寸断されることなく走り回ることができる森を望むのはもう無理なんです」

カウッピは、どちらかと言えば樹木があまり生えていない自然林でオリエンテーリングをすることが好きだという。特に苔むしているような古い森がよいそうだ。「苔がいい具合に生えている、そういう森が宝物なんです」

フィンランドの森は、どこも同年代の若い森である。今は森がそういう若い年代のサイクルに当たっているのではないか、とカウッピは感じている。森だって生きているのだから。フィンランド南部の80%以上の森は、樹齢80年以下の森である。「おそらく20年、30年、いやもっと、40年もすればまた、フィンランドの森でオリエンテーリングが楽しめるようになるでしょう」

言葉にしてはいけないこと

ネイチャートラベルとログハウスメーカー、
自然のフィールドと樹木を失った顚末――イェンニ・ライナ

カイヌー県ヒュリュンサルミ

パイヴィ・サイニオ＝ローナーは、伐採で開けた場所をえっちらおっちらと歩いている。今年の7月はヒュリュンサルミも異常な暑さだった。なだらかな土手伝いを歩いていくが、伐採で開けた場所では熱が地面からはね返ってくる。

ふと立ち止まり、「もう、がまんならない」と一言。枯れ枝や落ち葉を大股で踏み歩き、間伐された森の中へと入っていく。森の中には焚火ができる場所があり、丸太でできたベンチが囲んでいる。そこからはマタラ＝コッコ湖方面が見下ろせる。近くで行われている

マタラ＝コッコ湖へ向かうトレッキングルートは、伐採で開けてしまった場所を通過する。パイヴィ・サイニオ＝ローナーが立っている場所は、かつて自分たちが経営していた会社の差し掛け小屋が建っていた場所だ►

伐採作業が、間伐された森の向こうにぼんやりと見えている。枯れ枝、落ち葉、切り株が休憩場所を取り囲む。

彼女は、何かおまじないのような言葉を唱え始めた。しばらくすると、ののしりの言葉が飛び出し、その声は、土地の形がすっかり変わってしまった向こう側へとこだましている。やがて、まるで信じられないという様子で頭を振る。こうして怒りをなんとか消しても、後に残るのは哀しみだけだ。

焚き火場のすぐそばに、以前は差し掛け小屋［仮設に多い一方向に傾斜した屋根の建物］があったが、昨年の春、スイス人の夫マインラート・ローナーがその小屋を解体して売り払った。14年前の冬、ここに小屋建設用の丸太を運んだ日のことを、今でもはっきりと覚えている。一台のそりに、1歳と4歳と5歳の子どもを乗せていた。「心に秘めた、希望に満ちた熱い気持ちがあったことを覚えているの」

その当時二人が描いた未来予想図は、とても強い思いの賜物だった。その思いだけで、スイス北東のアッペンツェルから、莫大な費用と辛抱を要するのもいとわず、カイヌー県のヒュリュンサルミへと転居してきたのである。二人は学齢期に差しかかった子どもたちをフィンランドの学校に通わせたい、また、自然と広大な場所が確保できるところに住みたいと考えた。このヒュリュンサルミには、その両方が揃っていたのだ。

パイヴィ・サイニオ＝ローナーは、若い頃カイヌー県に住んでいた。マインラート・ローナーとは、ソトゥカモ近くにあるナープリンヴァーラの娯楽センターでダンスに興じていたときに出会った。ローナーは、スイスで森林分野を学び、研修生としてカイヌー県のソトゥカモへ来ていたのだ。経済学を学んだパイヴィは、カヤーニの商工会議所が取り組むプロジェクトでマーケティング担当として働いていた。

それから二人のつきあいが始まり、1997年、パイヴィはマインラートが営む木工会社のあるスイスに移り住んだ。そして2004年、今度は家族でフィンランドへ移住したのを機に、会社の拠点もカイヌー県へと移したのである。その他にも、二人はネイチャートラベルの会社を興した。中央ヨーロッパからカイヌー県のど真ん中へ旅行者を呼び寄せようと考えたのだ。

ハコキュラに建つローナーの自宅の庭から、差し掛け小屋があったこの場所まで、小径が続いていた。二人は国有地に建てた差し掛け小屋の地代をフィンランド森林庁へ支払っていた。一方、フィンランド森林庁は、二人に対して差し掛け小屋とトレッキングルートの周辺の森は、トレッキング用の森として扱うと口約束していた。

生温かい風が間伐で開かれた地面と木がまばらになった森を通って、土手の斜面に吹きつけている。「ここへ、旅行者を連れてきたい、と考えていた矢先だったんです。こんなことがなければ、どれだけ多くの人をここに案内できたでしょう」と苦笑した。

⁂

ハコキュラにあるローナー一家の家は、ハコ湖岸に建つ1950年竣工の旧校舎だ。庭を挟んで向こう側にあるアルッピサルヴォス木工所の大きなオープンホールには人が集まっている。注文を受けたボートハウスを明日の朝までに仕上げなければならないからだ。マインラート・ローナーの緑色のショートパンツは木くずで真っ白だ。「ここに建物と周辺の様子を見に来たのは2003年でした。まるで天国のような場所だったんですよ」と当時のことを思い出しながら話してくれた。

彼らの会社では、木造建築物を建てている。そのため、太い丸太が必要となる。丸太が取れる木は、古い自然林で見つけることができる。何年もの間、フィンランド森林庁の地域代表者は、ローナーに伐採予定の印が付けられた木の情報を常に遅滞なく教えてくれていた。だから、その中から建材に適した木を選ぶことができたのである。実際、伐採から運び出しを行うのはアルッピサルヴォス木工所で、フィンランド森林庁に契約した金額を払って事業を行っていた。

こうして会社は軌道に乗り、規模も大きくなり、従業員を5人雇用するまでに成長した。ネイチャートラベルの方も参加者を呼び込んでおり、リピーターも出るほどになっていた。

⁂

コーヒータイムに、夫妻は住居として使っている旧校舎へと誘ってくれた。校舎内の教室は、ログハウスの建て方を学ぶ授業用に改装されていた。教室には、受講生用の2段ベッドも用意してあり、別の教室には、机がきれいに並べられていた。とても美しく整然と整えられているのに、使う人はもういないのだ。

一家の生活が大きく変わらざるを得なくなったのは、2016年11月のことだった。サユナヤ沼からマタラ沼の湖沼保護地区に隣接するシュヴァヤルヴィの森の伐採を、フィンランド森林庁が計画したからである。この計画に夫妻は戦慄を覚えた。なぜなら、そこはカイヌー県一の広さがある森林地域で、かつ鳥類にとっては大切なフェンと呼ばれる湖沼地帯だからである。

ローナー夫妻は、長い間スオムスサルミの湖沼保護区域へも旅行客を案内していた。二人はヒュリュンサルミで開催された伐採説明会に出席し、その場でマインラートは発言した。「トレッキングエリアの伐採はするべきではない、と言ったんです。伐採すると、景色の形状が変わるし、どこかに人の手が入っていない自然を残さなければいけないと思っていたからです。もちろん、森には、厳しい伐採目標があることも理解していると伝えました。そして、フィンランドから十分な幹の太さがある木がじきになくなってしまうことに、我々だけでなく他の人たちも気づくだろう、と言ったんです。でも、ちょっと強く言いすぎました」

パイヴィ・サイニオ＝ローナーは、伐採反対の署名活動を始めた。高校の生徒会で書記を務めている娘のサンナは、高校生たちが伐採に反対しているという意見を書き、それが地方紙の投書欄に掲載された。

新聞記事が出たのと同じ日にパイヴィの電話が鳴った。それは、フィンランド森林庁からの「話がしたい」という電話だった。電話から2週間後に話し合いが持たれたが、このとき、ローナー一家の人生が変わったのである。「材木の入手が、以前のようにはできなくなったのです。彼らは地図を持参していました。その地図には、今後4年間に私たちが住む場所の近くで行われる予定の、伐採計画が示されていました。話し合いの後はもうボロボロでした」とマインラート・ローナーは振り返る。

伐採計画には、差し掛け小屋を含む地域とその周辺の森も含まれていた。つまり、フィンランド森林庁が下した計画は、会社経営を継続することができないということを意味していたのである。会社を継続するためには太い幹の木が必要になるが、私有林からの木材の仕入れは不安定なため、そこからの仕入れは当てにできない。さらにフィンランド森林庁は、今後、木材の販売は入札で行う、と伝えてきたのだ。

***

フィンランド森林庁が販売する木材は、誰もが購入できるようにしなければならないから、国は販売方針を変更したのだとメッツサタロウス株式会社のポホヤンマー・カイヌー支社長のアルト・トロネンは説明している。顧客はみな、販売対象となる地域に生える立派な幹の木を欲しがっているのだ。「今後は、彼ら［アルッピサルヴォス木工所］のために確保している地域の木を購入できる機会を、他の人にも提供しなければいけない、と説明しました。彼らは特に堅い幹の木が必要だと言っていますが、そういう木を探し出すのはとても難しいことなのです。今までは希望に沿うような木を提供できていましたが、今では条件に合うような木を探し出すこと自体がたいへん難しくなってきています」とトロネンは言う。

しかしこの決定は、アルッピサルヴォス木工所向けの木がなくなったということではない、ともトロネンは言っている。「木を売らずに、彼らのために確保している土地がまだ2、3カ所あります。ただ、その区画で育っている木が、彼らが求めるような太くて堅い木かどうか、つまり木の幹の胸高直径が40センチメートル以上ある木がこの先も確保できるかどうか、保証はできません。このやり取りには、逆説的な面もあります。自然保護団体などは、そのような樹木は伐採すべきではないと言うのですから」

トロネンによると、アルッピサルヴォス木工所周辺を伐採制限できたのは、ローナー一家がヒュリュンサルミへ引っ越してきたときの口約束に基づいている。「我々は彼らのビジネスをかなり長い間、助けていたと思っています。その間に生じた見解の相違なども、一つ一つ調整しながら進めてきました。15年にわたって、彼らのために太くて立派なヨーロッパアカマツを、伐採せずにきたわけですから。その他、小規模の伐採は共同で取り組みましたし、計画を変更して皆伐を間伐にしたこともありました。数年ほど前から交渉は始めていて、この先森を維持することは難しいということは伝えていました。それでも、この先もずっと彼らの会社の近くの森を何の補償もなく、伐採せずに我々が維持していかなければならないと思われますか」。トロネンは、こう投げかけてきた。

パイヴィは、大きくため息をつくと、いらいらした様子で爪を噛んだ。「私がどれだけここが好きで、どれだけ哀しい気持ちでも、なにもすることはできないわ」

スイスでは、森の育成方法に関してさまざまな意見があり、その中から建設的な方法を考えるため、今の状況はマインラート・ローナーにとっては珍しいことではない。「今、僕はいろんな人に言っているんだ。何についてどんな発言をしたら、自分に何が起こるのかをよく考えるようになってね。ただ、こういうやり方には僕は反対なんだ。これまでの45年の人生では、まず物事について現実的な意見を述べて、それから話し合いをする、というふうにやってきたから」

スイスで伐採を行う場合、2つのことを考えなければならないという。一つは、成長量、そしてもう一つは樹齢だ。伐採時、どの区画をとっても、いろいろな樹齢の木がなければならないと考える。さらにその区画は広大であってはいけない。「僕の生まれた国には、林業として利用する森と観光業が使っている森がとてつもなく多い。ツーリズムが伐採の上限ラインを下げてしまうから、この2つを共存させるためには、伐採量を減らさなければばならないんだ。フィンランドの政治家たちは、観光と林業をうまい具合にミックスできるって言っているけれど、それは、夢物語なんだよね」

気候も土壌も、育つ樹種も違うフィンランドとスイスの森の対比は難しい。フィンランドは、ヨーロッパの中でも丸太換算の単位重量はトップクラスである「それは樹木の成長が遅いことを示している」。森林面積は、フィンランドの方が大きいものの、1ヘクタール当たりの森林成長量の平均値は、スイスに比べて半分ほどしかない。[1]

フィンランドとスイスの違いは別にしても、フィンランドは、人工林の循環期間をもっと長く設定する地域があってもよいのではないかと、ローナーは考える。そうすれば、森の風景が保護林なのか経済林なのか、白黒がはっきりした状態になってくるという。保護を優先するのか、森林の経済効果や森林からの収入を最重要にするのか、についてはすでに長い間話し合いが持たれている。まさに二極化であるが、林業界と政治家たちはうまくやっている、とローナーは感じている。彼らは、発言やキャンペーンの中で「樹木の成長量よりも伐採量の方が少ないという言葉を人びとに伝え、人びとはすべてがうまくいっていると信じていますから」

皆伐後、森は力強く成長するものの、60年後には成長速度は落ちるということをローナーは指摘している。「この辺りの森はすべてがちょうど力強く成長している時期にあるんです。もっと森から収入を得ることは可能だと思います。でも、その状況も徐々に大きく変わるはずです。古木が全くありませんからね。誰もこのことには触れませんが」

⁂

パイヴィ・サイニオ＝ローナーは、子どもの頃から大人になるまでずっと、林業を身近に感じながら育ってきた。祖父はケミ株式会社の製紙工場に勤めていたし、父と兄弟は製材会社で働いている。それ故、森を経済目的で活用することの意味は理解しているが、今のフィンランドの状況は持続的な伐採の限度を超えていると思っている。特にこの14年間に起こった変化は、誰もが認めざるを得ない。樹齢の高い木のある自然林は、紐のように細くしか残っていないのだ。

パイヴィ・サイニオ＝ローナーがスイスにいたときに懐かしんだフィンランドの森は、もうない。「身体のコンディションを整えようと自然の中に入っていこうと思っても、怒りで顔を真っ赤にして戻ってくることしか想像できないんです」

見慣れた風景、ビルベリー［ブルーベリーの一種］が摘める場所は消えてしまい、彼女が生きている間に回復することはないだろう。身の回りの森には何も魅力を感じなくなっている。反対に今、周囲の森を見ると失われてしまった過去の森を思い出す。

神学者のパヌ・ピヒカラは、環境から感じる苦痛について書いた著書『地獄へ？ 環境不安と希望』（2017年）の中で、ある土地を懐かしむことをソラスタルジア（Solastalgia）という言葉で表している。[2] ソラスタルジアという言葉は、solace（慰め）とnostalgia（ノスタルジア・望郷、郷愁）という言葉からなる合成語だ。自分を取り巻く環境が荒廃していることに哀しみを感じる人のことを、ソラスタルジアを感じる人と表現している。ソラスタルジアを感じているときは、たとえ自分の家にいたとしても懐郷（ホームシック）を感じているのだ。土地というのは、私たちが考えている以上にそれぞれの心と深く関わっているのではないかと、ピヒカラは考えている。人が、その場所で活動し、住んでいるのではなく、土地が人を形作っていると彼は言う。この言葉に、パイヴィ・サイニオ＝ローナーは、深く考えさせられた。森が変わっても、若い世代は、自分たちに何が足りないのか気づかないだろう。彼らは、森がどういうものかということさえも知らない。「みんな、これが普通だと思っているんですよね」

研究者のピーター・カーンは、「環境に関する世代別忘却」について言及している。自分にとって自然とは何かを考えるときは、一般にその人が育った頃の状況に当てはめて考えるものである。ところが変化が起こり、その人にとって普通だったものが、部分的に変化すると、少し前の状況は忘れ去られてしまう。こういう忘却が起こるということに気づかなければ、問題がなくなることはないだろう。[3]

＊＊＊

ローナー一家の自宅の周辺環境は今も変わり続けている。郵便ポストの反対側にある森はほとんど伐採されてしまった。同様に、差し掛け小屋の脇の森も部分的になくなっている。ここが変わっていく様子を見続けようとは考えていないし、見続けることもできない。ここを離れる最大の理由は、二度と苦くて哀しい思いを繰り返したくないからだ。「もう、この状況、やっていられないんだ」とマインラート・ローナーはぶっきらぼうに言うと、癖のないフィンランド語でののしるような言葉を吐いた。

「もしも、ここにずっと住み続けるのであれば、とても嫌な人間になってしまうことに気づいていたんです。何か手を打たなければいけない、ということはわかっていました。そうしないと、子どもたちの負担にもなってしまうと。それに、積極的に動いた方がいいとも思ったので」とローナーは続けた。

体調が思わしくないときでも、前向きに考えることで、森は気持ちを前向きにしたという。そして、一家はカイヌー県に住み続けることにこだわらない、ということをよしとしたのである。それからローナーは、木材製品以外でも森とつながりを持てるような場所で家探しを始めた。森とつながるとは、たとえばトナカイの飼育やネイチャートラベルなどであるが、それと木材製品を作り出すことの両方がかなう場所がスウェーデン北部のヨックモックに見つかった。15歳になる息子アーポと、勉強のために家を離れた娘のサンナとヴェンラも両親が引っ越すことを応援している。

　ローナー夫妻は、カイヌー県では材木に適した木が見つからなくなることや、旅行者が喜ぶ景色がもう見つからないかもしれないという不安を抱いていた。人を呼び寄せるためのスペースはあるのに、だ。近隣の森で、もし持続的な林業を目的とした伐採をするならば、彼らが使う木はこの先も長い間十分にあり続けただろう、とパイヴィ・サイニオ＝ローナーは言う。スイスで行う持続的な林業経営のための伐採の理由は、まず木の病害虫による枯損だ。マインラート・ローナーは、持続的な林業の方法は、当初は、伐採そのものを自制する必要があるし、伐採目標も低く設定する必要があるが、今だからこそフィンランドでも有効だと考えている。

「理想的な森になるには時間がかかるものです。スイスで優良な林業地と呼ばれている場所は、３００年間、同じスタイルで持続的な林業経営が行われている恒続林のことを指します。森林生態系の維持を考えて手入れをしている森と、おそらく同等以上の高い生産性があるでしょう」。フィンランドで持続的な林業のための伐採に移行するには、最初のうちは伐採目標を低く設定する必要がある。「林業界の人たちは賢いですが、掲げた目標が壮大すぎるので、それを実現できるかどうかわかりません」

パイヴィ・サイニオ＝ローナーは、この地域の将来を憂えている。カイヌー県は変わってしまい、その変化は決していい変わり方ではないと感じているからだ。「とりあえず保留という状態になるのではないでしょうか。たとえば現在、カイヌー県ではインターネットは問題なく稼働しているけれど、他の面では困難なことが多いように、生活環境が整っていないのに、なぜここに住まなければいけないのか、というのと同じ状況だと思います」

家族がこの土地に馴染むまで、そして、その後の日常生活を送るためには、地元の人たちの存在はとても大切だった。しかし森林議論が起こったときは、一人取り残された感じがしたとパイヴィ・サイニオ＝ローナーは言う。「ここの人たちは、私たちがここを出ていくことを残念だと言ってくれるけれど、森のこととなると孤立無援だったのです」。ここを離れる理由を伝えると、「ああ、なるほど、そうよね」という感じなのだという。それ以上でもそれ以下でもなく、彼らには今のこの状況がちゃんと見えていないようだ。

マインラート・ローナーは休憩を終えて仕事に戻った。ここでの最後の注文品を納期に間に合うように仕上げるため、今晩も遅くまで仕事になるに違いない。

扉を開けると中央ヨーロッパにいるかのような気温の夏の日だ。ニワトリが鳴いている。大きな庭の向こう側ではハコ湖の水面が揺れて、湖岸のサウナから桟橋が湖へと張り出している。パイヴィ・サイニオ＝ローナーは、ニワトリの餌の時間に合わせてニワトリ小屋の扉を開けた。こんなまったりとした7月を過ごすと、ここを離れることはより辛く感じる。

***

2004年に、なぜここへ移り住むという愚かなことを決行したのだろう、と時々考える。「ババ抜きでジョーカーを引いてしまったんです。仕事と収入源を失ってしまったんだものね」。今までやってきた仕事の成果や、旧校舎やその敷地にかけた費用は全くの無駄になった。彼らが陥った困難がどうであれ、皆伐して、自宅周辺をぐるっと囲むように若木を植え込まれるという状況が変わったわけでもない。

一方、こぢんまりとしたスウェーデン北部のヨックモックの転居先は、彼らを温かく迎え入れてくれている。地方行政の担当スタッフに手伝ってもらい、すぐに工房にうってつけのホール状の建物も見つかった。地元の共有林は、アルッピサルヴォス木工所との共同事業を始めていて、かの地では、彼らが必要とする材木用の木も十分に確保できる。スウェーデン北部でも効率的な大規模林業が行われているが、伐採する循環期間は90年とフィンランドより長い。マインラート・ローナーが、ヨックモックのことを高く評価する一番の理由は、対話する文化があることである。森の手入れをする管理人と、伐採計画担当者、高性能林業機械の運転手と一緒に現地の伐採現場へ行った。「3人ともが気持ちがもやもやしている、と言うのです。この森は、鳥の楽園だったのに、伐採で激変させなければいけないからと。こんな言葉をフィンランドでは一度も聞いたことがありませんでした」

マインラート・ローナーは、フィンランドの林業は変わると信じている。「このフィンランドの北部一帯は新しい管理方法を編み出さなければいけない状況にあるはずです。細かく、小さな目標を立てて林業を行えば、おそらく何でもできると思います。けれど、これだけ大きな森林伐採目標では、皆伐以外にできることはないんじゃないかな」

フィンランドも必ず変わるはずだ。しかし、パイヴィ・サイニオ＝ローナーもマインラート・ローナーもその変化を待とうとは思っていない。

軟弱な木

まともな建材がなくなったのは、
森づくりを急かせたからだ
——イェンニ・ライナ

フィンランドは、ヨーロッパ随一の森林国である。しかしニュースでは、フィンランド国内で高品質の木材を見つけるのは難しくなった、と繰り返し報じられる。[1] 窓枠に必要な木目の細かな木材が取れなくなったのだ。[2] あまりにも早く樹木を成育させたため、ヨーロッパトウヒの年輪は開き、強度が下がったからである。この事態は、フィンランドの林業と木造建築の将来に影を落とすものだ。[3]

イナリに住むヤルモ・ピューッコは、2013年、室内空気の化学物質汚染で健康被害を発症した人向けに、丈夫な無垢材で作る住宅を提供するという大いなる計画を携えて、エコイナ株式会社を設立した。この会社そのものは、今も存在する。しかし、元森林活動家である彼は、自分自身が古くからの森やその活用方法に関する議論には巻き込まれたくないという理由から、会社を成長させていない。

エコイナ社は、建材用途に適した樹木の量が減少していることが明らかなロヴァニエミの北側にあるメルタウスの森から樹木を購入していた。「会社の成長は、この場所では望めないことに2、3年前に気づいたんだ。フィンランド東部とフィンランド北部では、建材用に適した丸太はそろそろ取れなくなるからね。、機械を導入した時代の林業では、建材用の丸太は一回も伐り出せていないんだよ。たぶん、今後も望めないね。今ある木材は、現在林業として実施されている方法よりも前の時代に成長したものなんだ」

フィンランド北部では、樹齢80～100年というあまりにも若い木を伐採していることをピューッコは批判している。丸太で作る建物に適した木は、がっしりとして高く成長していなければいけない。1800年代中頃、フィンランド経済協会は、ヨーロッパアカマツの成木は樹齢180～200年のものとしていた。そして建材として適しているのは、樹齢140～150年のものだろうと想定した。[4] その後、建材に適した木に求める堅さは、時代を追うごとに弱くなっていった。『フィンランドの原生林』（2010年）では、現代の4つの最低基準を満たしている丸太の木材体積は、1850年代の最低ラインとされる体積と数値上は同等である、と記されている。

老木は堅さだけでなく赤みもあり、あらゆる気候条件にも対応できる芯材となっている。フィンランド北部では、樹木はゆっくり成長する。つまり、南部で成長する木に比べ、木の大きさに対してより木目が詰まった材となり、また、木そのものも美しい形に成長する。これと正反対の木は、植樹して成長が早くなるように促して作られる木で、「とろとろ木［ゼリー樹木］」と呼ばれている。年輪の輪の間隔は広く、この同心の輪の間隔が広ければ広いほどヨーロッパアカマツの木は柔らかくなる。その上、年輪の間隔が広い木は、狭い木に比べ簡単に亀裂が入ってしまうのだ。[5]

森林研究所は、天然に成長した森と植林や種まきから育てられた森の品質の違いを、

2009年から2013年にかけて実施した樹木研究プログラムで実証した。今、伐採している、人工的に育てられた木の樹幹は、自然に成長した森の木と比べると、木目の細かな丸太の量も少なく、建材としても弱いという結果がはっきりと出ている。[6]

建材用の丸太として重要な条件には、木が成長する環境と時間の他に、伐採する時期もあるとヤルモ・ピューッコは説明する。木を伐り倒すのは、木が休息状態にあり、水分や養分が吸い上げられずに根に集中し、容易に腐る心配のない真冬がいいという。「今、木材を集めると、いろいろな季節に育ったものが混在して入ってきてしまうんだ」

失われるのは木だけではない。ログハウスを建てるための知識や技術も消滅しつつあり、なかにはすでに消えてしまったものもあるという。

「丸太で角を組む方法や建物を長持ちさせるために複雑な構造で建てる組木の技術を必要とする建て方は消滅している。その方法は、かろうじて古い書物から見つけ出すことができる」とピューッコは言う。

こうした事態がいかに深刻かということにピューッコが気づいたのは、スイスからカイヌー県ヒュリュンサルミに移り住んできたマインラート・ローナーと話をしていたときである。

「マインラートは、皆伐をせず、木に敬意を表し、うまく使いこなすことができる人たちが住む場所からやってきたんだ。中央ヨーロッパでは、堅い材木を間断なく使い続けており、常に発展も続けているからね。中央ヨーロッパでは組木技術は、今でも使われているし、つなぎ目の加重強度は、コンピュータプログラムで計測している。フィンランドでは、コンピュータプログラムで計測するのは集成材の強度だけなんだ」

2019年春、ランネン・メディア［ニュースを配信するフィンランドの通信社］はフィンランドの建材の強度が弱くなっているのは、林業が数十年にわたって木の育成期間の短縮化に取り組み、森の生産効率を可能な限り引き上げたためであるとニュースで報じた。しかし実際の報道目的は、品種改良と森の保全管理により、ますます木の成長を促進させることを意味している。自然資源センターの樹木研究員ヘンリック・ヘラヤルヴィも、森林所有者にとっては、質の悪い木をたくさん育てることの方が、時間をかけて質のよい木を育てるよりも、経済的に理にかなっていると焚きつけている。[7]

状況が変わって、建材の評価がこれまでよりも上がって欲しいとピューッコは期待している。未来の森の持続的な成長と、皆伐された森で育てられた建材ではないこと、この2つが今、ピューッコが関心を寄せていることである。「理屈では、森林所有者は木の質にこだわる、つまり、ログハウスに使えるような木を育てることに注力する方が経済的に理にかなっているんだ。そんな世界で生きていきたい」

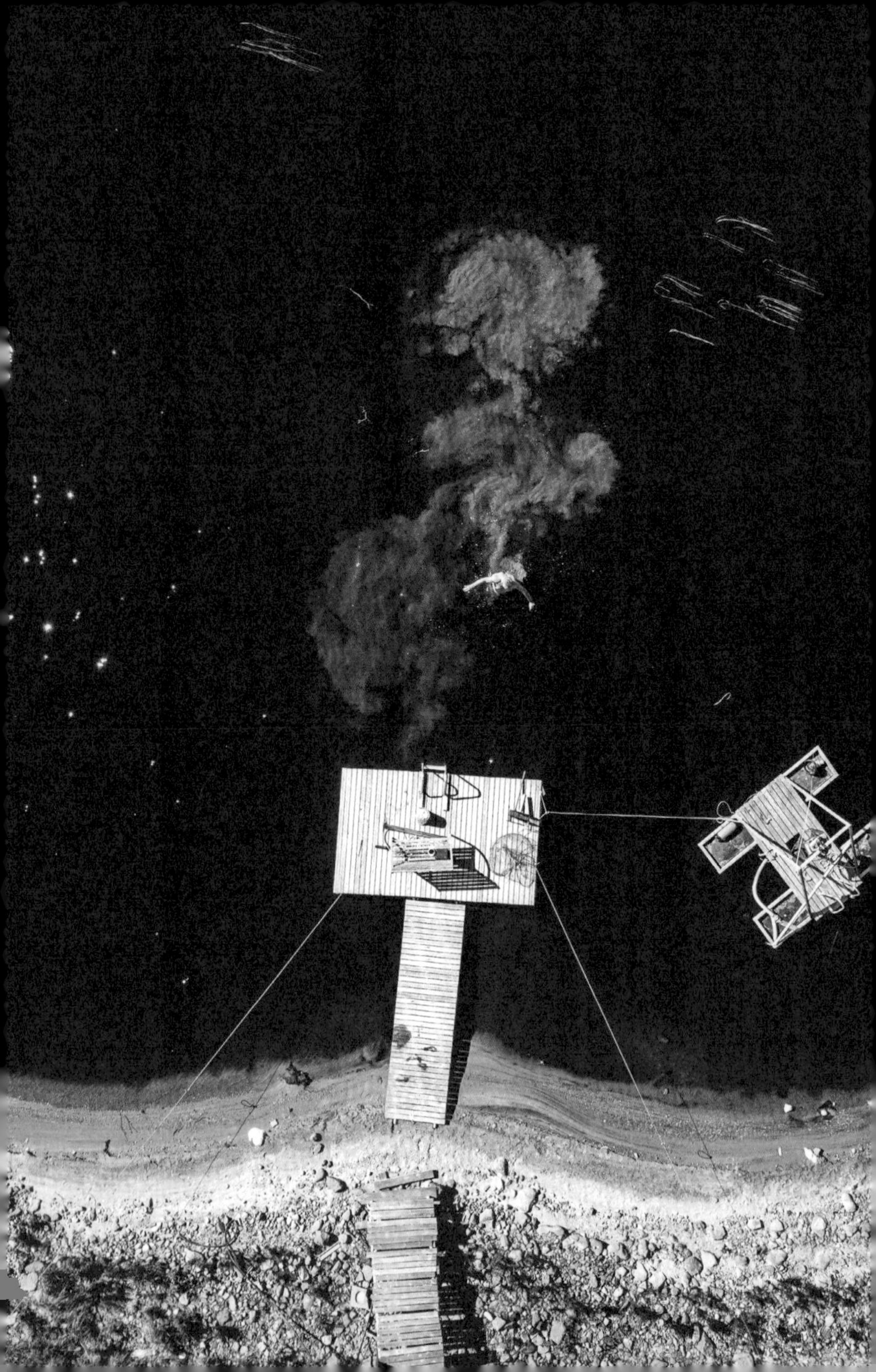

黒い水が出た

森から流れ出た水が水源となる湖とエリマキシギの住む湿地帯とブラウントラウトの棲む急流の生息環境を、林業が破壊した。環境破壊の広がるありさまに研究者たちも絶句している――ペッカ・ユンッティ

私たちは、排水事業を信頼しすぎた。ラップランドには、明らかに間違った方策だったと考えられる湿地がたくさんありすぎる。
ハンヌ・ヨキネン　フィンランド森林庁　森林産業営利部門長[1]

プダスヤルヴィにあるナイス湖

カリ・メリライネンは、コテージの桟橋から湖へ飛び込んだ。タイヤが湖面をすべり、

コテージの桟橋から泥で濁ったナイス湖へ飛び込んだカリ・メリライネン►

桟橋はぷかぷかと浮かんでいる。夏の風が湖岸の木々の間を吹き抜けていく。北ポホヤンマー県のプダスヤルヴィにあるナイス湖は、フィンランドらしいコテージのあるのどかな風景に見えるだろう。

ところがメリライネンが泳ぐと幻想が壊れる。メリライネンの後ろに茶色い泳跡波（えいせきは）が現れるのである。湖底の沈澱物が水面に浮かび上がるのだ。こんなことは以前にはなかった。茶色い物質の主なものは腐植土で、泥炭がバラバラになるときに発生する酸化した有機物である。ナイス湖の沈澱物の大部分は、林業活動、殊に1960年から1980年代にこの辺りでも盛んに行われた干拓に端を発するものである。

林業を担う人たちにとって干拓は、林業的専門用語で表現すれば、森林改善事業であった。湿地で樹木の成長を妨げる最大要因は水である。排水路は、泥炭地の水問題にとっては良薬とみなされていたのだ。排水溝が水を流し出し、土地は乾いた。木が成長する場所の環境はよくなり、森では木の生産、植樹が始まった。

⁂

カリ・メリライネンが湖から上がってきた。皮膚には、細かな土の斑点のようなものがきらきらついている。「沈澱物はあちらの湿地と森から来てるんだ。イイ川の辺りから来ているのかと思うと、とてつもなく遠くから来てるなって思うよ」

沈澱物が積もった湖の中でも最悪の状況にある湖の一つがナイス湖だ、とユヴァスキュラ大学のバイオ・環境学科名誉教授のヤルモ・J・メリライネンは言う。彼はカリ・メリライネンの兄弟である。ヤルモ・J・メリライネンによれば、排水路の影響は、南ポホヤンマー県のラッパ湖でもはっきりと見られるそうだ。ラッパ湖の方では沈澱物が林業由来のものか農業由来のものかに分けるのは不可能だという。

ナイス湖で沈澱物が出たことは水の規制を強化するきっかけになった。イイ川は堰き止められ、ナイス湖の水面の高さは3メートル変動した。水面の高さが変わったことで湖岸の浸食が進んだ。つまり、岸辺から土壌が湖に流れ込んだのである。

「この原因は排水のためか、あるいは湖面の高さが変わったことによる浸食なのか。おそらく両方だろう。どちらが状況をより悪くしたのかと断定することなどできないが、いずれも影響していて、その組み合わせが悪いんだ」とヤルモ・J・メリライネンは言う。

メリライネン教授によれば、フィンランドのラップランドの最北端で排水路を作っていない地域を除いて、ほぼすべての湖で排水路の影響を確認することができるという。フィンランドは、世界のどの国よりも湿地帯に手を加えて、徹底的に水を抜いた森林排水路超大国で、これは驚くことではない。フィンランドの表面積の3分の1は湿地帯で、そのうちの約半分に当たる560万〜600万ヘクタールは排水して乾燥させた。別の推測値によれば、森の排水路は130万〜140万キロメートルあり、地球と月の距離、2往復分に相当するという。[2]

地球上の森林の排水路のなんと3分の1は、フィンランドに作られているのである。[3] INTERREG［国境を超えた地域間協力の促進を目的とする戦略的プログラム］バルト海プログラムが資金提供するプロジェクトでは、ヨーロッパで泥炭の占める割合が高い6つの国（フィンランド、スウェーデン、エストニア、ラトヴィア、リトアニア、ポーランド）の排水路について確認作業が行われた。その結果、排水路の長さはフィンランドが断トツ1位で、第2位のスウェーデンより6割も多い。ちなみに、スウェーデンで排水された土地は、86万ヘクタール、150万〜200万ヘクタールと推計されていて、第3位のポーランドは、86万ヘクタール、エストニアは約50万ヘクタールの湿地帯を排水して乾燥させた。[4]

積極的に排水事業が行われた時期は1960年代から1980年代で、特にナイス湖がある北ポホヤンマー県を中心に事業が進められた。湿地帯の乾燥化は合わせて100ヘクタール、この地域の全湿地帯の62％に当たる場所で行われた。[5] 1986年の時点で、北ポホヤンマー県に掘られた排水路は20万8363キロメートル、排水路を1本につなぐと地球を4周以上する距離になっていたのである。排水事業最盛期の1969年と1970年には、年間8万キロメートルにも及ぶ新しい青色の排水路がフィンランドの地図に描き込まれた。[6]

＊＊＊

メリライネンが、美しいナイス湖を初めて見たのは1977年のことだ。ナイス湖の名前は、遠い昔、この湖で溺れてしまった姉妹に由来していると聞かされた［ナイス湖のナイスは、女性という意味を指す言葉ナイネンから来ている］。メリライネンにとっても、女性という意味が重なる湖の名前は、意味深いものがある。メリライネンの生涯の伴侶で、今もコテージであれやこれやと立ち働いているエーヴァがこの湖畔の生まれなのだ。コテージとその周辺の土地は、エーヴァの一族の土地だ。

「僕らが出会った頃、湖の底は砂地で、腐植土など全くなかったよ。水だって澄んでいて底まで見えたんだ」とメリライネンは当時を思い出しながら話してくれた。湖の状況は、急速にかつ激しく変わった。1980年代に生まれた子どもたちは、腐植土がないナイス湖を覚えていない。これも変化の速さを表しているだろう。「子どもたちにこのことを話したけれど、自分たちに影響があるとは思っていないのか、特に関心を示さないんだ」

2000年代に入って、ELYセンター（経済開発・運輸・環境センター）がナイス湖の調査をしたときは、腐植土の厚さは平均して70〜120センチメートルほどだった。時間の経過とともに腐植土層は分厚くなったのである。ある時、メリライネンは、モーターボートで移動中、以前紛失した梁（やな）に引っかかったことがあった。網がスクリューに巻きついたので、梁を切り裂いてスクリューからはずすには湖に飛び込むほかなかった。「泥の量があまりにも多くて、胸の辺りまで沈んだんだ。途中、ボートに捕まって、自分の体を持ち上げないといけないこともあったよ」

＊＊＊

国は、すでに1900年代初頭から排水路を掘り始めていたが、その数が一挙に増えたのは、フィンランドで森の伐採量が成長量よりも多いことが判明した1960年代に入ってからである。つまり当時の問題［森林が消失してしまうという問題］を、森を育てる土地を増やすことで解決しようとしたのである。こうして大型森林プログラム期が始まった。いろいろあった林業関連プログラムの中でも大型のものは、1965年から1975年に実施された3つのメラ（Mera）プログラムである。メラという名称は、林業に携わる非公式な森林産業資金調達委員会という言葉を短縮したものだ。[7] メラ・プログラムで取り組んだのは、私有林の成長を改善することである。森を改善するためのツールとされたのが、施肥、植林、製材加工、土地の造成、そしてフィンランド森林研究所幹部のエリヤス・ポホティラが1990年代終盤に提案した「最大級のプロジェクト」、森の乾燥化だった。[8] メラ・プログラムとは別に、フィンランド森林庁と林業に携わる企業は、可能であればさらに効率的に森林から水を抜いていった。[9]

木の成長という観点では、森林の排水は大成功であった。1960年、フィンランド国土で森林が蓄積した木の量は、15億立方メートル以下だったが、2017年には25億立方メートルまで増えたのである。[10] 2010年代の森の年間成長量は、1960年代の約5000万立方メートルの2倍以上である1億7000万立方メートルになっていた。[11] 複数の推計資料によれば、この森林成長のうち、2000万～2600万立方メートル、つまり4分の1以上は排水した元湿地で成長した樹木だという。[12]

国を挙げて排水に取り組むことが適当でない理由は、制御できなくなることにある。フィンランドでは、森林改善の進捗具合を、どれだけ排水が進んだかで測定していたのである。つまり、排水の速度を速めることはできたが、計画で決められた限度は忘れられたの

◀フィンランドは湿地干拓大国である。世界中で行われた湿地干拓のうち3分の1はフィンランドで行われた。ロヴァニエミ近郊のピッシオヤの森

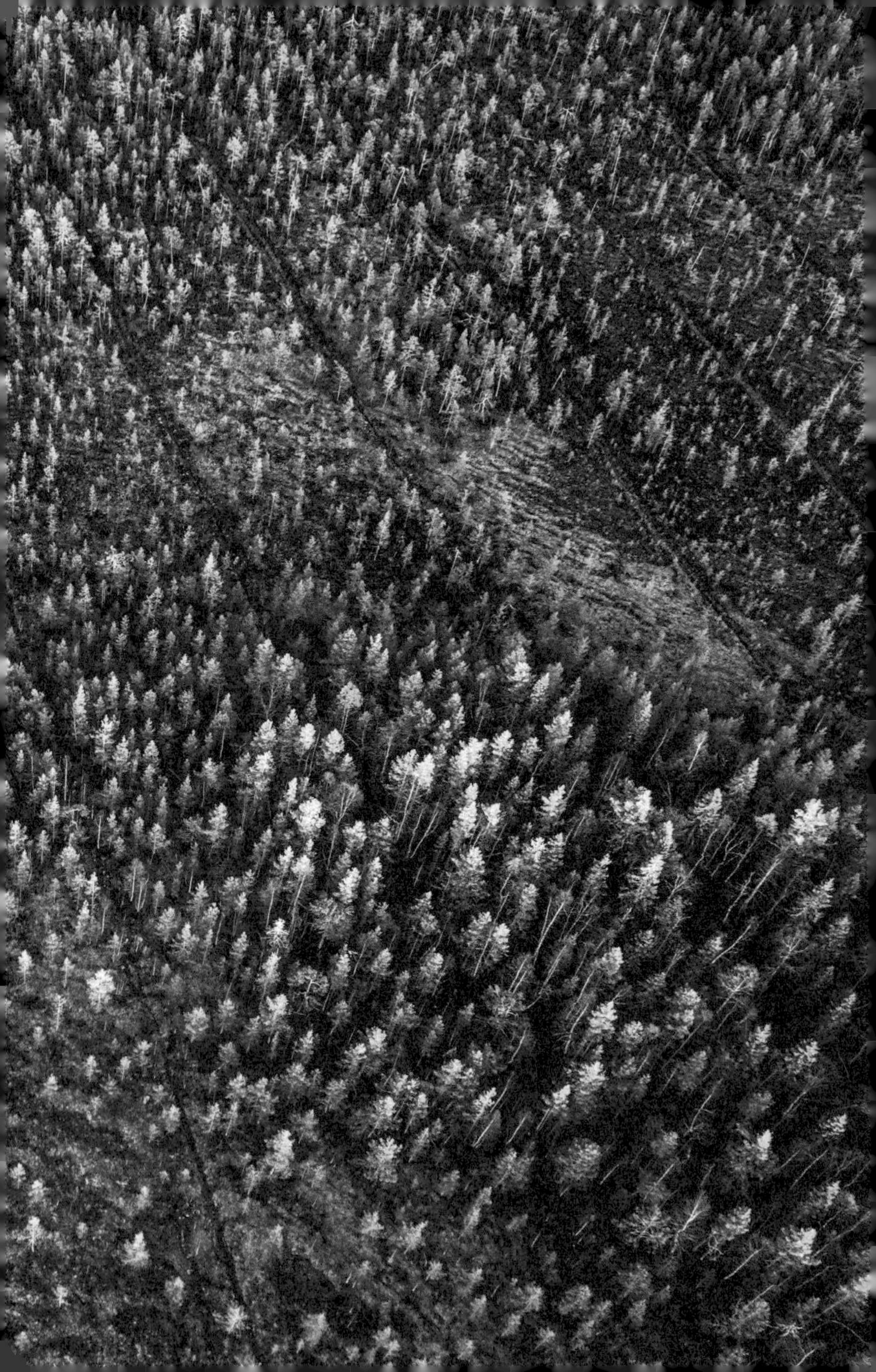

った。排水費用が予想以上に安価だったため、小規模な荒れ地にも排水路を作ってしまった。森林化する必要のない、樹木の全くない湿地帯にまで、排水路を拡張したのである。排水路の5分の1に当たる約100万ヘクタールの排水は無駄だったとする推計も出ている。環境被害を引き起こす以外に役に立たない森林改変地帯をすべて合わせると、ウーシマー県全域の面積に相当する広さになるという。自然資源センター研究員のミカ・ニエミネンによれば、不毛な湿地の排水以外にも、土地がやせていて木が育たないうえに、水分が多く苔しか生えないような何百、何千ヘクタールという湿地帯も排水された。このような湿地帯では、繰り返し施肥する以外、木が成長することはない。一方、施肥を繰り返すことで木の育成費用は高くなる。

森林生態学修士ペトリ・ケト＝トコイと森林生態学の講師ティモ・クールヴァイネンは、この森林改善事業を「機械的な最終破壊型土地改良」と名づけた。数千年かけて作り出された フィンランドの湿地と小規模水域の生物多様性は、この30年ほどの間にほとんどが破壊されたのだ。[14] 研究によれば、フィンランドの湿地帯の自然は徐々に痩せ始めている。2019年に実施した絶滅危惧評価では、さまざまな生息環境の絶滅危惧種の57・5%を脅かしている最大の理由が、排水路と泥炭除去事業ということが判明した。湿地帯を生息地とするものに限定すると87・7%が絶滅危惧種に当たるという。[15]

たとえば、湿地帯に生息する鳥類は、この30年の間に年間2％減少した。現在フィンランドの水鳥の数は、北ヨーロッパで最も少ないと言われている。フィンランドの水鳥の生息環境を脅かしている最大の要因は、湿原の乾燥化である。隣国に目を向けるとその状況はまだましで、スウェーデンやノルウェーの湿原地帯に生息する鳥類の減少速度は、年間1％。一方、ほとんどの湿原を保全しているエストニア、ラトヴィアでは、水鳥の数は逆に年間1％の割合で増えている。フィンランドでは、1981年から2014年の間に水鳥はおよそ半分まで減少したが、エストニアとラトヴィアでは、その数は40％増えた。[16]エリマキシギは、排水事業によって窮地に追い込まれた種の一つだ。この鳥は、激減が確認された2000年に準絶滅危惧種に指定された。2015年、エリマキシギは超危機的な状況に陥っており、最近の絶滅危惧評価でも状況は変わらない。この状況がもっと悪くなれば、待っているのは絶滅だけである。[17]

＊＊＊

今日は暖かく、空は青く、風さえも吹いていない。桟橋でカリ・メリライネンは日焼けするために寝っ転がり、太陽が肌を乾かすに任せている。ペウカロイネン岬［ナイス湖の岬の一つ」の先からいくつもの方向へ分かれていく、変化に富んだ湖の景色を愛で、「すっごくきれいだよな」と言ってそっと笑った。

桟橋の脇には浚渫用機器が湖面に揺れている。こんな夏の日に湖に浮かんで過ごすことができるようにと、メリライネンはこの機械を買い求めた。毎夏、3回、泳ぐ区域の泥を浚っている。泳ぐ区域を超えた先は泥が溜まっていて、水深はわずか数十センチメートルしかない。今、ここからは舟で漕ぎ出すことはできないのだ。湖全体を浚渫するという話も出たのだが、あまりにも大規模な作業になる。なぜなら、この湖面の面積は4・4平方キロメートル。1・5メートルの深さとすると660万立方メートルで、つまり大型タンクローリー10万台分の泥がある計算になる[18]。

このように湖全体の浚渫は不可能なため、再び余暇を楽しめるように、メリライネンは水面を高く維持しようと考えた。つまり泥を圧縮すればよいのだ。水面を上げるということは、河口に隣接するコッラヤ村の端に堰を作るということを意味した。堰の造成には川を所有する会社との交渉が必要になる。「でも、電力会社は何も言わないんだ。話し合いにさえも応じなかったよ」とメリライネンは、苦々しそうに言った。

初夏の頃、サマーコテージの桟橋で釣り糸を垂らしていたエーヴァ・メリライネンの釣り針にナイス湖の不思議、シナノユキマスがかかった。その昔、ナイス湖はシナノユキマスが獲れるよい湖だった。カリ・メリライネンによれば、1970年代にはシナノユキマスを漁網で獲っていたが、今は泥の上で元気にしているのは、カワカマス、ヨーロッパパーチ、そしてコイ科の魚だけだという。こういった話はフィンランドではごく当たり前に聞くことである。かつては、シナノユキマスがよく獲れたという場所が国中にあふれていた。この魚の減少の要因の一つに林業がある。

排水した森林と皆伐し造成した森林からは、窒素やリンといった栄養分が水に流れ込む。水は富栄養化し、コイ科の魚が増え、在来種が減った。そして腐植土が水を黒くし、湖の水が酸化する。水が黒くなった湖では、人間にとって有害なメチル水銀が発生し、特に大型の捕食魚に蓄積する。また同時に水が黒くなった湖に生息する魚は、生息に大切な脂肪酸の量が減少する。東フィンランド大学の研究者たちは、この周辺の湖で獲れた魚を食べることは、身体への悪影響の方が大きいと評している。[19]

腐植土はまた、在来魚を増やすことを難しくしている。たとえば、腐植土はカワヒメマス産卵場の表層を柔らかくしてしまうため、産卵した卵は腐植土に沈み込み、窒息してしまうのである。排水した森林が産卵場へ与える影響は、すでに海の生態系でも確認されている。ボスニア湾北部に生息し、海中に産卵するヨーロッパスズキ（シーバス）の個体数の減少は、急激だった。

ヨーロッパスズキの数は多く、数十年前には釣り好きに人気の魚だった。ところが、昨今、ボスニア湾北部のフィンランド側で確実に産卵できる場所は、クルンニ〔ボスニア湾岸の町、コッコラ近くにある島〕だけである。自然資源センター研究員ラリ・ヴェネランタは、フィンランド森林庁の『トゥイッキ』誌（2019年）で、魚を見かけない理由として、フィンランドの森林干拓によって流れ出る腐植土を原因の一つに挙げている。ボスニア湾北部に流れ出る腐植土の影響は、河口から80キロメートル先にまで達していることが確認されている。[20]

ボスニア湾北部のスウェーデン側のヨーロッパスズキは、比較的よい状況で、個体数が増えている。おそらくスウェーデン沿岸は、排水路の影響が少ないからであろう。

排水の痕跡は不毛でしかないが、最悪の状況を迎えるのはまだこれからだ。

***

2017年までは、排水による養分浸出は、排水から10〜20年経過すれば天然湿地のレベルにまで低下すると考えられていた。しかし新しい研究によれば、状況は劇的に悪く、予想とは正反対の状況でさえあった。自然資源センター研究員ミカ・ニエミネンの研究グループとフィンランド農林経済省が融資する森林経済追跡ネットワークが2年間かけて行った第1期調査の結果では、リンと窒素の浸出は予想量よりもはるかに多く、当初考えていたよりも相当に長期にわたって残存することが示された。特に窒素は、排水が終わってからの経過時間が長いほど、排出量が増加するという結果が出ている。「考え方は全面的に変わりました。2017年当時でさえ、林業が水質に及ぼす影響は、農業分野のわずか5〜10%に過ぎないと言われていました。しかし窒素に関しては、フィンランド全土で見ても、農業が及ぼしたとされていた影響の約半分が実は林業によるものだと言われています」とミカ・ニエミネンは言う。

フィンランド南部では、水系に最も負担をかけているのは農業とされている。ところが、ニエミネンによれば、ポホヤンマー県や北ポホヤンマー県など、湿地の90%以上が排水された地域では、最も負担をかけているのは林業だとする新しい見解があるという。フィンランド環境センターとオウル大学の研究結果も同様の見方を示している。排水を行った泥炭地の下流域では、窒素、リンと腐植土の割合が高いのだ。[21]

古くからの排水地域では、富栄養化の原因は泥炭消失によると考えられるとニエミネンは言う。排水した土地では樹木がよく成長し、また多くの水を吸い上げた。水の吸い上げが増えることで地下水の水位も下がり、より深くにあった泥炭が酸素に触れて消失し始め

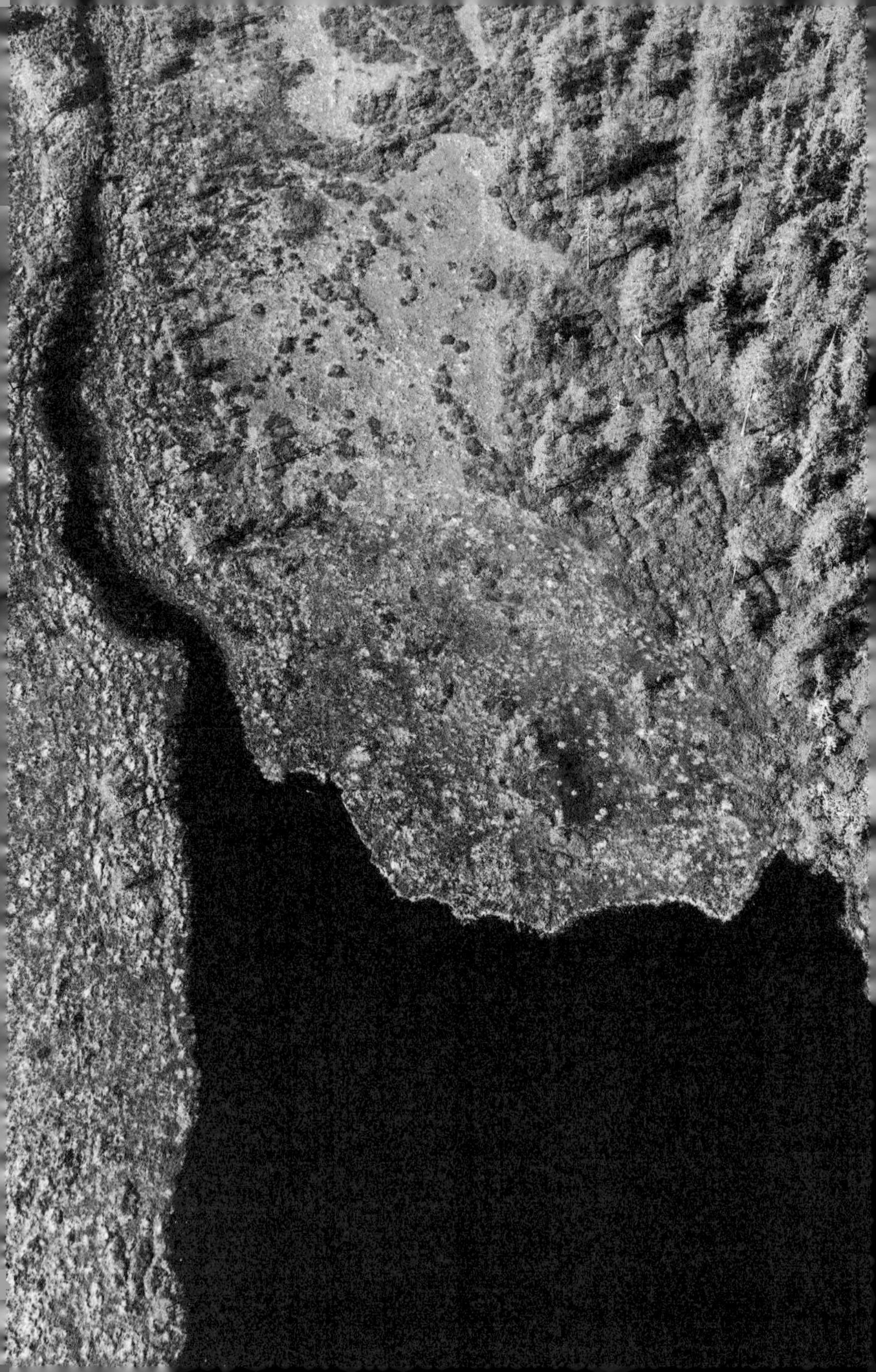

た。泥炭が消失すると、養分が流れ出て浸食が進む。そして、最終的には雨水が養分を流し出すという結果になったのである。

多くの場合、養分は水に溶解した状態で水系へと流れ出る。こうなると、排水路に掘ったかす溜まりや水路に作った溜池は役に立たない。なぜなら、水がかす溜まりや貯水池に留まると固形成分は底に沈むが、水に溶解した養分はそのまま流れていってしまうからだ。養分を留まらせるには、水をあふれさせて遊水池や湿地帯を透過させるのが唯一の方法になる。

ミカ・ニエミネンは、岸近くでは遊水池や湿地帯を作るのは実際のところ難しいという。土地に十分な傾きがないため、水を湿地帯や遊水池へ引き込むことは、単に排水路を満水にし、土地を乾燥させる効率を悪くするだけになる。

古くからの排水地域は伐採期が近づいており、富栄養化問題は、林業にとって関心の高い話題の一つである。ニエミネンによれば、泥炭地を皆伐し造成すれば、荒れ地を伐採するときに比べて10倍以上の栄養分が水域へ流出するという。栄養分の流出を引き留めるため、自然資源センターは泥炭地で樹木を間断なく育成することを推奨している。泥炭地で継続的に樹木の伐採と育成を繰り返す方法は、樹木が水分を吸い上げるため、排水路の手入れ作業を減らすこともできるので、泥炭地には適しているのだ。

ラヌアにあるアスムンティン湿地——ランミン湿地保全（保護）地区►

すでに研究で得られた情報が長期間提供されているにもかかわらず、水質を守る活動や継続的な樹木の育成方法へは移行していない。そこには、林業の実態と木材調達に対する過剰な対応があるのかもしれない。「伐採量を1000万立方メートル増やそうとすると、そのうちおそらく500万立方メートルは、元湿地の植林地に割り当てられるだろう。アーネコスキにあるバイオプロダクト工場は、バイオエコノミーを牽引している代表格であるが、木材製品の半分以上は元湿地の森林に原材料を求めている。林業にとって森林化した湿地は大きな存在なのだ」とニエミネンは言う。

伐採への圧力が強くなったことと、排水が水系に及ぼす悪影響についての近年の研究結果は、政治家への注意喚起にもなった。フィンランド農林経済省は、排水による湿地帯の水系への負担に関し、公式の評価を実施するために、新たに「沼・水ワーキンググループ」を立ち上げた。このワーキンググループは、タピオ社、フィンランド森林センター、オウル大学、フィンランド環境センターと自然資源センターの水系保全専門研究員で構成されている。

結果が出るまでの間も、フィンランドでは湿地の掘り起こしが継続されている。新しく排水は行っていないが、すでにできあがっている排水路の手入れは盛んに行われているのである。ここで言う排水路の手入れとは、すでにある排水路の掘り起こしと、補完排水路を作って水路を2つに分けることだ。ミカ・ニエミネンによれば、フィンランド南部の私有地で、無駄以外のなにものでもない排水路作りが行われているという。「樹木は十分に育っているため、地中水の水面は低く維持しています。このような場合、排水路は必要ないという調査結果もあります」

排水路を作ることに懸命になるのは、国が支払うケメラ（Kemera）補助金と、補助金を受け取る基準に理由があるのだろうとニエミネンは言う。なぜなら、森林保全協会や森林サービスを提供するオッソなどの森林サービスに取り組む組織は、できあがった排水溝の量に応じて補助金を受け取っているからだ。「手入れをしていない排水路があると補助金が減額されるのです。その量は長さで測られるため、掘り起こし作業に熱心になるのです」

国が補助金としてプロジェクトに支払う金額は、実費の60％にもなる。支払いは森林所有者になされ、そこから現場作業を担ったものに支払われる仕組みである。たとえば、森林保全協会が計画を立て、実際の仕事も協会が請け負う完全パッケージを森林所有者に購入させることも可能だ。[22] つまり、森林保全協会が森林所有者に対し、排水路を作ることが必要だと進言する。そして協会は、森林所有者と国のお金で働くことになるのである。

ニエミネンは、排水路の手入れ作業にはあいまいな点が多いと見ている。調査結果では、排水路を無駄に作っているだけでなく、堆積物の掘り出しや溜池掘りなど、有益性の全くない形骸化した水利事業にも補助金は支払われている。排水路の水深を深くし続け、幅も広げ続けることも理解できないという。大型の排水路は、樹木にとって役に立たないばかりでなく、水系にとっては大きな妨げになる。「国が行っている排水路作りへの補助金制度は、森林所有者のためというよりも、森林整備を請け負う組織のためのものだと考えるようになりました。こういう組織を生かすための補助金ではないでしょうか」

それでも、フィンランド森林庁と林業関係企業の状況は、まだよい方だとニエミネンは言う。彼らにとって排水路を作ることは単なる出費にしかならないため、本当に排水路を作らなければならないところだけ作っているからである。

＊＊＊

エーヴァ・メリライネンが食器の音を立てながらサマーコテージからコーヒーの道具を持って表に出てきた。カリ・メリライネンは、桟橋から腰を上げるとテーブルのそばに座った。コーヒーカップがきらきらと反射し、コーヒーの香りが立ち上っている。

メリライネン夫妻は、どうしようもない状態にまで破壊されたナイス湖を前にして穏やかだ。二人とも湿地帯のある森を乾かしてしまった森の所有者を責めるつもりはない。森を成長させなければならなかったことを理解しているからだ。「湖が直面している現状について、30年前に尋ねられていたら、おそらくとても攻撃的な言葉を放ったでしょう。でも、人がたどる曲がりくねった道を考えれば、とても些細なことではないかと思うのです。それに、どれだけ地団駄を踏んでも、事態は変わらないだろうからね」とカリ・メリライネンは締めくくった。

夫妻は、ナイス湖でこれまで同様サマーコテージ暮らしをしたいと思っている。ここの景色と穏やかで素晴らしいペウカロイネン岬の突端という場所を満喫しながら。

それでもやはり、サマーコテージも夫婦二人もまだ若く、シナノユキマスが網の中できらきらと輝いていたときのことは忘れられない。「本当にここは楽園の地だったんだ」

マダニのヘラジカ祭り

人工林は、マダニの宿主になる野生動物が生息しやすい住環境を作り出した――イェンニ・ライナ

北ポホヤンマー県イイ

イイの公民館のホールは人でひしめき合っている。用意されていた150席はすでに予約でいっぱいだというのに、机とイスが次々とホールへ運び込まれている。北イイ狩猟協会の50周年を祝い、友情、皆で倒した何百頭ものヘラジカ、そしてこれまでの会の歴史に思いを馳せたいと、たくさんの人たちが集まってきていた。

ヘラジカは8000〜9000年もの間、フィンランドの地に生息している動物である。そして前史時代以降、狩猟の対象であった。ところが1868年、フィンランドではヘラ

ジカが絶滅の危機に瀕しているとされ、その後、数十年間保護動物に指定されたのである。1930年代終盤、ボスニア湾北部、オウル州北部地方のイイでは、ヘラジカの個体数はまだ少ないままだった。森のはずれでヘラジカの足跡が見つかると、しばらくはその話でもちきりだった。なぜならヘラジカの密猟が続いており、個体数は増えていなかったためである。1935年、フィンランド全土で確認されたヘラジカの個体数は約3500頭であったと言われている。[1]

ヘラジカの数が増加に転じたのは、戦後1950年代に入ってからである。1970年代初頭、冬季のヘラジカの数は5倍以上に増え2万頭を数えた。その後の10年で個体数はさらに5倍増となり10万頭を数えるまでになった。[2]個体数が増えたことで、北イイの狩猟協会の活動内容も変わってきた。狩猟協会の規模が大きくなったのである。ヘラジカの個体数が爆発的に増えたことに伴い、狩猟用の新しい小屋を建てるために組んだローンは、ヘラジカ肉を売ったお金で返済できるほどだった。

ヘラジカ猟の背景には若い森がヘラジカの住環境に適していることがあると、フィンランド自然資源センター研究員アリ・ニクラは言う。つまり、フィンランドの森の変化がヘラジカに適していたのだ。ニクラの博士論文のテーマは、「ヘラジカが好む森林のタイプとヘラジカが森に及ぼす悪影響について」であった。「戦後、フィンランドの森の成長具合は、林業にとっては最適ではありませんでした。森の再生を皆伐と開墾という方法で取り組み始めた理由はここにあります。たくさんヨーロッパアカマツの苗木を作り出したのもそのためです」。冬は動物にとっては厳しい季節で、自然の中で探し出せる食糧が減るため、ヘラジカの自然淘汰にもつながった。ところが、植樹したヨーロッパアカマツの苗木がヘラジカにとっての命綱となり、冬場も森には食糧倉庫がある状態になったのである。ニクラは、「ヨーロッパアカマツの植林地がヘラジカにとって無尽蔵な食糧庫になっている」と言う。

森以外にも、狩猟行為そのものがヘラジカの生命力の維持と繁殖力を保持する役目を果たしており、それが狩りをする目的でもあった。つまり、ヘラジカの子どもを大量に捕獲したが、繁殖力のあるメスのヘラジカの個体数は維持したのだ。

2018年、フィンランドで越冬したヘラジカの数は約8万8500頭。ニクラによれば、ヘラジカの個体数はゆっくりと増やしたいのだという。「個体数に対しての危惧は、どんなときもどこかの段階で始まるものです」。長きにわたりヘラジカ研究に携わっていたトゥイレ・ニュグレンは、ユレ(YLE)[フィンランドの公共放送局]のラジオの番組で、もし狩りをしなければヘラジカの個体数は3年で4倍に急増すると推測している[3]。個体数が増えたままだと自然の淘汰が働くため、個体数は減少しだす。また、狩猟を難しくしているのは、へき地の人口減少と高齢化という面もある。この現象は、北イイの狩猟協会でも起こっている。会長のアーロ・パーッコラによると、会員の平均年齢はすでに50歳を超えているだろうとのこと。「若い人たちは、望んでヘラジカ猟のグループに入ってはこない。まずは小動物から始めるんだよ。それに、新しいメンバーにならないかと無理強いもしたくないんで。もちろん、入会希望者はみな受け入れるけどね」

一方、ヘラジカの個体数は抑制しておかないと、交通網に問題を発生させることになる。ヘラジカが要因となる交通事故数は、2001年のピーク時に比べ40％減少しているものの、2011年以降はまた増加傾向にある。2017年、フィンランドのヘラジカによる交通事故は実に1824件発生し、3名が死亡、負傷者は145名を数えた。事故による数字上の損害は、6350万ユーロに上っている。[4]

ヘラジカの数が多くなると森の維持費もかさむことになる。森林の育成を促すと、ヘラジカの個体数に影響を及ぼすという逆説的なことが起こってしまうのだ。

ニクラによれば、ヘラジカ被害を受けた個人の土地所有者は、年間10万5000ユーロから約200万ユーロの補償金を受け取ることができるという。ただ、実際に補償金請求をしているのはごくわずかの森林所有者で、国や企業は請求することができない。「仮に深刻な被害を被ったケースだけを計上した場合、少なく見積もって被害総額は年間200

0万ユーロほどになります。ヘラジカが起こすトラブルはもっと広範に及びますし、二次的被害もあるので、実際の被害額はもっと大きくなるはずです」

ヘラジカがヨーロッパアカマツの新芽を食べてしまうため木の成長は遅くなる。被害が最もひどい場所ではヘラジカが苗木を食べ、枝を折るため、苗木そのものが枯れてしまっている。ところが、ヘラジカ被害の実態は10年先にならないとわからないという。つまり、ヘラジカがヨーロッパアカマツの苗木の新芽の部分を食いちぎっただけだと、アカマツの苗木はそのまま成長し続けるため、表面上の被害がすぐには見えてこないということだ。ただ苗木にはわずかな歪みが残るため、材木としての品質は落ちてしまう。

ヘラジカは特に植林された苗木を好むという研究結果が出ている。植林した木の方が成育がよいからだろうとニクラは考えている。苗木が生き残るか否かは、植樹場所によるところも大きいことがわかっている。「これまでヨーロッパトウヒが育っていた場所に植えられた苗木は、植樹場所の特性とは関係なく植樹されていました。もともとヨーロッパアカマツの苗木は場所に植えられることもありました。ヨーロッパアカマツの苗木を緑豊かな土地に植えると、栄養過多に陥るか、水分が多すぎたりすることになります。いずれの場合も、苗木の免疫構造に影響が出ると思われます」とニクラは言う。

ヘラジカの個体数が多いと生態系に影響が及ぶ。ヘラジカは、セイヨウヤマナラシ、ナナカマド、バッコヤナギといった森の多様性にとって重要な広葉樹を好んで食する。ヘラジカがヨーロッパアカマツの苗木を好むという傾向は、自然林の中での様子を観察してもわかることだ。「ヘラジカは、国立公園や自然公園の樹木分布に過剰なまでに影響を与えます。つまり、ヘラジカはヨーロッパトウヒを全く食べないため、森の中は結局、ヨーロッパトウヒだらけになってしまうんです」とニクラは言う。

ヘラジカが樹木に及ぼすこうした影響の結果は、別の面でも見て取れる。ニクラによると、森林所有者たちはヘラジカが好まないヨーロッパトウヒを植えることに熱心になっているというのだ。一方で、オジロジカ、別名シラオジカは、ヨーロッパトウヒの苗木を食している。

ヘラジカ被害は、農薬や物理的な仕掛けで防ぐこともできるが、何千本もの苗木を人の手で守るのは、重労働な上に経費もかかる。それだけでなく植林地は高価な柵囲いもしているのである。研究によれば、ヘラジカ対策で効果のある方法の一つに、ヘラジカを惹きつける広葉樹を植林地から排除するという方法があるという。他方、切れ目なく森の育成を行うことで、ヘラジカ問題を解決できる研究結果は存在しないとも指摘している。「植林した森で成長する新芽は、量的にヘラジカが食糧として食べる量よりも少ないかもしれませんが、苗木がある限り、ヘラジカは新芽を食べ続けます」

人工林と植林用の苗木を好むのはヘラジカだけではない。オジロジカやノロジカにとってもありがたい餌場である。こうした動物が棲みつく土地で増殖するのが、人にとって危険なマダニなのだ。

シモ、マクスニエミ村

ある気温の高い夏の日、生後5カ月になったばかりのエルサは、テラスに置いたバギーで昼寝をしていた。エルサをバギーから抱え上げたハンナ・ペッリネンは、赤ん坊のふさふさした髪の毛の間でマダニが動き回っていることに気づいた。このときは幸いにして、マダニが食いつく前につまみ取ることができた。子どもが6人いるペッリネン一家は、マダニに慣れざるを得なかったとはいえ、2年たった今でも思い出すと身震いすることがあるという。

ペッリネン一家は、ラップランド地方最南部、ボスニア湾に面したシモに住んでいる。2017年、ラップランド南部の町シモと南西スオミ県の町パライネンは、ダニ媒介性脳炎に罹患する確率がフィンランド国内でも高い危険地域とされていた。ペッリネン一家が居を構えるマクスニエミ村は、この疾患が最も多く確認されている地域の一つと指定されていた。

この地域の状況の変わりようは急速だった。ハンナ・ペッリネンの弟の脇の下からマダニが見つかったのは2001年のことだった。そのとき、弟は7歳。その当時、弟の皮膚に取りついた小さな生き物が何なのか、家族で知っている者はいなかった。2009年以降、毎春この地域ではダニ媒介性脳炎のワクチン接種を行う移動バス、通称「マダニバス」がやってくるようになった。[5] 2016年になると、シモの住人とシモ周辺地域のサマーコテージで夏の間の数週間以上を過ごす人たちにも、国が無償でワクチン接種を始めた。[6]

ペッリネン一家の子どもは、みなマダニに取りつかれた経験がある。エルサの姉であるサンナの頭部から見つかったマダニは、調査のためトゥルク大学まで送られた。その結果、シュルツェマダニが拡散しているという実態が判明したのである。調査は、その規模からして例外的なものだった。フィンランドでは長い間、マダニの増加に対しての追跡調査は、罹患者の数から拡散状況を把握していただけであった。1997年にフィンランド健康保健局（THL）に報告された罹患者数はライムボレリア症［細菌に感染した野ネズミや鳥を吸血して病原体を獲得したマダニがヒトを刺すことにより感染し、刺されてから数日～数週間で発病する人畜共通感染症］が約500件であった。それが20年後の2017年には、報告件数は2400件近くに上った。おそらく実際の罹患者数は、もっと多いとされている。なぜならTHLに報告される罹患者数には、発症の初期段階でラボでのテストを受けずに、ただ感染症と診断されたケースは数えられていないからである。[7]

マダニが媒介し感染が広がる疾病に、ダニ媒介性脳炎やライムボレリア症があるが、ライムボレリア症の方が圧倒的に一般的な疾病だ。治療されずに放置されるライムボレリア症の症状は、皮膚病、神経性の症状、筋肉に現れる症状など多様で、その症状が数年にわたって続く可能性もある。一方、脳炎は主として熱、頭痛、首の凝りが症状として現れる。脳炎に罹患すると、筋肉機能の喪失、集中力がなくなるなどの中枢神経系に後遺症が残る可能性がある。[8]

子どもに取りついたマダニをつまんで取るたびに、感染症にかかるという恐怖心が渦巻くとハンナ・ペッリネンは言う。「2017年の夏、マダニが群がってきたときは、もうこれ以上ここでは生きていくことができないかもしれない」と思ったと、ため息まじりに言った。でも、翌2018年は酷暑で、マダニに遭遇する数は減少した。

***

フィンランドでマダニが媒介する疾病の存在は目新しいことではない。昆虫研究者レナ・フルデンは、フィンランド国内のマダニの数は、実際のところ以前の数に戻っただけではないかという仮説を立てている。1950年代末まで、フィンランドでは家畜は森へ放牧されていたため、全土的にマダニの数は多かった。当時、マダニが媒介する住血寄生虫が原因の家畜の赤痢が大きな問題になっていて、1850年代中盤以降、家畜にこの病気が発生した場合は、役所への届け出が義務づけられていた。森林放牧をしなくなると、マダニの数は劇的に減少した。フルデンは、マダニの宿主や媒介は牛に代わって野生のシカが担うようになったと結論づけた。[9]

今、フィンランドでは、マダニの数とその拡散状況について調査をしていない。1961年の獣医を対象とした調査を基にして、フィンランド国内におけるマダニの拡散状況について発表があったのが最後である。2017年に実施した分布調査では、1960年代の調査に比べマダニの生息地域は北部へ広がったことがわかっている。2018年12月、ヤニ・J・ソルムネンは自身の博士論文で、マダニは建物の多い都市部や郊外でも十分生息可能だということを発表した。[10]

フィンランド国内のマダニの増加数はあくまでも推測値である。フィンランド自然資源センターのヘイッキ・ヘンットネン教授は、マダニが多く発生するのは偶蹄類、なかでもオジロジカとノロジカが増えているからだと述べている。世界規模での調査の結果を見ると、北米ではオジロジカ、欧州ではノロジカが、マダニの拡散に重要な宿主動物とされているようだ。

ヘンットネンは、フィンランド国内でもマダニの増殖とオジロジカの個体数増加が比例していることに注意すべきだと指摘している。1994年、オジロジカの個体数は約2万頭だったが、その後、繁殖数は記録的に伸び、2018年には約5倍の9万8000頭になっている。同時に繁殖地域も北ポホヤンマー県とラッピ県の境界辺りまで広がっている[11]。オジロジカの個体数が増えるのに比例してマダニも増殖したことになる。

オジロジカの個体数増加にはいくつかの理由が考えられる。その一つが生息環境である。オジロジカにとって、今のような木の苗と畑の組み合わせで作られている人工林は、特に生息場所として適している。なぜなら、オジロジカは密生した森ではうまく生きることができないため、昔ながらの森を避ける傾向があるからだ[13]。オジロジカも、森に植林された苗木を冬季の餌にしているため、増殖が加速するのである。これに加え、天敵が少ないことも理由の一つに挙げることができる。

ノロジカの数は、まだそれほど多くはないものの、生息範囲が広がってしまっている。ノロジカの個体数は、本土に約2万頭、オーランド諸島［ボスニア湾の最南端、フィンランドとスウェーデンの間に位置するフィンランド自治領。約6500の島が存在する］に1万頭あまりが確認されている。ノロジカは、ボスニア湾経由でスウェーデンからフィンランドまでやってきた。つまり、西部の海岸沿いに苗木を植林しているフィンランド南部にまで到達したことになる。また、ラップランド方面は、渓谷に沿ってラップランド中部のソダンキュラ、北西のエノンテキオにまで到達していて、最北のウツスヨキでも目撃されている。[12] そして、並行して進行する自然環境の変化、特に森林の破壊や温暖化現象は、マダニとマダニが寄生する宿主動物の増殖につながるとヘンットネンは言う。[14]

オジロジカ1頭でマダニを2000～3000匹運ぶことができるといわれている。通常、オジロジカが運ぶマダニは、自ら数を増やし拡散できる成虫である。マダニは餌の選り好みをしないため、500種もの動物から栄養を摂取していると推測されている。マダニが好む宿主は、その成長過程で大きく3つに分かれるという。幼虫はモグラ等の小型哺乳動物の血を吸っていて、次の成長段階である若虫（ニンフ）はモグラ、鳥類、そしてもう少し大きい哺乳類から栄養摂取する。成虫になると、雌は産卵のために多量の血液を必要とするため、偶蹄類の役割が大切になるとヘンットネンは言う。血を吸う量が多ければ多いほど産卵数は増え、またその次の世代も産卵ができる丈夫な卵を産むことができる。マダニが一番血を吸うのは偶蹄類からである。そして、マダニの雌1匹が一度に産む卵の数は、2000～3000個である。[15] ここ数年、フィンランド国内の広い範囲で、マダニの他にフィンランドの東側から侵入してきたシュルツェマダニが確認されている。この拡

◀ノロジカは、耕作地（畑）と経済林がモザイク状になっている地域で繁殖する。ロウエの近郊テルヴォラにて

散は多少不可思議な現象である。これについてヘイッキ・ヘンットネンは、渡り鳥が運んできたためではないかと考えている。渡り鳥がフィンランドへ運んだ後、個体数が増え、各地へ広がったと考えられるというのだ。小さな病巣が各地へ広がるには20～30年という時間がかかる。これと重なるように起こったのが偶蹄類の爆発的な増殖なのだ。

世界中で、マダニ個体群の発生状況の調査がシカ類の生活環境を制限して行われている。オランダではノロジカに対して柵で囲い込む作戦を実施した。囲い込みをした地域のマダニの数は、2～3年で減少した[16]。

マダニの流行により、ノロジカとオジロジカを地域的に限定し、集中的に狩るとよいとフィンランドの研究者たちも考えた。その場合、個体数を減少させるのであれば、島や岬が最も容易な場所になる。動物が自由に動き回ることができれば、マダニは際限なくどこかへ運ばれ、数を減らすのは至難の業になる。また、アメリカの研究者たちは、仮にオジロジカが少なくなったとしてもマダニの個体数は特に減少することはなく、他の動物に前より多くのマダニが取りつくだけだろうと危惧している[17]。

フィンランドのシカ類の狩猟数はまだ低く抑えられている。しかし、効率よく狩猟する必要性が高くなっているとヘンットネンは考えている。そして、単に狩猟するだけでは不十分で、冬季の餌の量を減らすことの方が効果的だとも考えている。とはいえ、ヘラジカ被害を抑制するための狩りは、もう長いこと個体数の増加抑制の大切な手段になっている。

森が変わると森の自然にも変化が起こり、森林に住む種にも変化が現れる。ヘラジカがもたらす問題については数多く議論されるが、生命力の強いヘラジカは、必ずしも否定的な結果をもたらすばかりではない、とアリ・ニクラ研究員は強調している。なぜならヘラジカは、社会にもよいことをたくさんもたらしてくれるからである。戦後、ヘラジカは、フィンランドの大切な狩猟動物となり、ヘラジカ猟に新しい独特の文化も誕生しているのだ。

「ヘラジカは、俺たちの仲間みたいなものなんだ。だから、たとえみぞれが降ろうとも、狩りに出かけないわけにはいかない。俺たちはすっかり一つの仲間になっているからね」と北イイ狩猟協会会長アーロ・パーッコラは、ヘラジカと人の関係をこう表現した。

アリ・ニクラ研究員もまた「ヘラジカ猟は、社会的な鎹(かすがい)なんです。村で行うヘラジカ祭りやヘラジカ友の会ほど、人と人とをつなぐものはないんです」と言っている。村を取り囲む人工林と植林された苗木。これがある限り、狩猟は続くことだろう。

数千ものアブが寄生する棲みか

ヘラジカの数が増えるとアブの数も増える

——イェンニ・ライナ

ヘラジカが増えることで起こるトラブルのなかで、最も危険度が低く、最も害がないのがアブだと思われる。ただ、今やその数が増えすぎ、人には嫌がられる存在になっている。

アルプス山脈で発見された5000年前のミイラ、エッツィの副葬品からも、アブが寄生した痕跡が見つかっている。ヘラジカは寄生するアブにとって重要な宿主で、ヘラジカの個体数がアブの数に直接的に影響する。

1900年代、フィンランドのヘラジカ個体数は、長い間低く抑えられており、ヘラジカを目撃する機会はわずかであった。フィンランドで初めてアブの出現が確認されたのは、1960年、フィンランド南部の町、ヴェヘカラハティとマンテュハルユでのことだ。

1990年代に入ると、アブはほぼフィンランド南部全域とフィンランド中部の最南部へと拡散していた。2001年、アブとの遭遇数は、フィンランドの南部と中部で最大を記録。この時、フィンランドで越冬したヘラジカの数も14万頭と最大を記録している。

それ以降、アブは広い範囲へと拡散し、昨今ではアブが確認された北限は、ラップランド南部にまで北上している。また、ヘラジカだけでなく、ノロジカやトナカイからもアブが見つかっている。スウェーデンとノルウェーでは、アブの主な宿主はノロジカだ。また、大型のヘラジカの雄は、2万匹のアブを運ぶとも言われている。

夏の終わりから秋にかけて、世代交代し羽化したアブが地面に出てくる。アブの宿主探しは、視覚を使うと考えられており、トクサ類や枝などから黒くて動く物体に襲いかかるとされている。この時、ヘラジカではなく、人に取りつくこともある。

アブは、どの宿主に対しても同じ行動をとり、取りついた物体の皮膚を探し、羽を落とす。アブは一度宿主に取りつくと、一生同じ宿主に寄生し続け、何度も宿主から血を吸い上げる。雌は、地面にさなぎを産み落とし、そのさなぎから翌秋に次世代のアブが誕生する。冬になると、ヘラジカのねぐらから何十というアブのさなぎが見つかることがある。

夏の終わりから秋にかけて、ヘラジカが冬の間ねぐらにしたり動き回ったりする場所、落葉樹の森や松の苗木を育成している場所、間伐して木がまばらな場所や森と牧草地の境界などは、アブと遭遇する可能性が特に高い危険な場所である。

アブは、人には無害だが、なかには強い痒みに襲われたり、何カ月も湿疹が続いたりする人もいる。

参考資料……『森の多目的利用と生態系（エコシステム）サービス』サロ、カウコ編　2015年　フィンランド自然資源センター発行より　157~159ページ　カウニスト、シルパ著「森を楽しむ人を嫌がらせるアブ」

キンメフクロウの声は、まだしばらく聞くことができるだろう

森に棲む鳥のこと、古い森の喪失とともに消える自然の話——アンナ・ルオホネン

カウハヴァ、オホラルオマ村

エルッキ・コルピマキは、メタル製のはしごをヨーロッパトウヒの古木に立てかけた。トゥルク大学生物学部で猛禽類の生態を研究するコルピマキは、何万回も繰り返したであろう確かな動作で軽やかにはしごを昇っていく。バサバサッという音が聞こえてくると、最上段まで上がっていく。「ほら、あそこで、鳴いてますよ」という声だけが聞こえてきた。

巣箱の底からじっと黄色い目玉が見つめている。ぴくりとも動かない。キンメフクロウは、研究者たちが抱卵を邪魔しても、巣から飛び立つことがない貴重な存在である。こうした状況にあるのはキンメフクロウが人に慣れたためだ。母鳥が巣から出てしまうと卵が凍えてしまうので、母鳥は卵を常に寒さから守っている。

数分前、コルピマキはヨーロッパトウヒの木の側面に小枝でひっかき傷をつけた。しかし、その音にフクロウの母鳥は驚くそぶりさえしなかった。小枝と幹を擦り合わせて出る音は、キンメフクロウの天敵であるマツテン［イタチ科の雑食動物］が爪を研ぐ音に似ている。いつもであれば、巣に近づく可能性のある危険を探るために母鳥が巣箱の入り口に顔を出すのだ。

コルピマキは、40年以上もの間、約1000平方メートルの研究フィールドにあるキンメフクロウの巣箱や巣穴を助手たちと共に確認し続けている。南ポホヤンマー県のカウハヴァとその周辺一帯が研究フィールドであり、取りつけたキンメフクロウの巣箱は約450個。2018年春、そのうちの433個で母鳥が抱卵していることが確認された。前年は6個しか確認できなかったことを考えると、近年としてはなかなかいい数である。フィンランドで確認されているキンメフクロウの数は、1990年代になってから、毎年ほぼ2％ずつ減っていくという厳しい状況に陥っている。カウハヴァの研究フィールドで

は、１９８０年代と１９９０年代のネズミが多い年に、巣箱や巣穴１００個に対し19～33個の巣が確認できたが、２０００年代と２０１０年代は、巣箱１００個に対し、巣が確認できたのは10～28個しかなかった。

コルピマキが巣箱を開けたキンメフクロウの巣は、古いトウヒの森のはずれにあった。以前、この巣箱は深い森の木陰にあったのだが、数年前、すぐ近くの森が広く帯状に皆伐されてしまったのだ。キンメフクロウの個体数減少の大きな理由の一つに、老木の多い自然林や生えて数十年ぐらいの壮年の森の喪失がある。

体長20～30センチの大きなキンメフクロウは、同情を禁じ得ないが格好の研究対象になっている。なぜなら人がかけた巣箱に喜んで棲みつくためで、おかげで研究は楽になった。つまり、研究者たちは巣作りをする場所を事前に把握できることになったわけである。カウハヴァで生まれたコルピマキとキンメフクロウとのつながりは、13歳の中学生の頃に始まった。当時、コルピマキは、地元の自然会の活動に参加していて、クマゲラが木の幹に作った古い穴にキンメフクロウや他の鳥たちが巣作りした跡から餌見本を集めていた。

キンメフクロウ、スズメフクロウ、その他の猛禽類の巣には、小鳥の羽、ヤチネズミ、トガリネズミ、ハツカネズミの毛や骨でできたペリット〔吐き出した非消化物〕が残されていた。こういうものを、コルピマキと仲間たちは木に登って巣穴から集めたのである。こ

カウハヴァの研究地域でキンメフクロウの生息に適している場所はわずかしかない►

のときの情熱が人生を決め、20歳になってオウル大学で生物学を学ぶようになった。それを機にキンメフクロウが残した餌とその量の変化、つまり、何をどのくらい巣に持ち込むのかについての研究を始めた。

研究を始めてから間もない頃に南ポホヤンマー県で始まった大規模な間伐と、そのために自然林が失われることは、将来この地域のキンメフクロウにとって最大の脅威になることがコルピマキにはわかっていた。

1950年代、フィンランドではまだ多くのキンメフクロウが確認できた。減少傾向が始まったのは、1990年代に入ってからだ。「かつては、森の利用は、持続可能な育成を基本にした小規模なものでした。そのため、伐採でできた空き地も小さなものでした。伐採作業も小さなトラクターや馬で行っていました。カウハヴァ辺りの皆伐が急速に進んだのは、1990年代半ば以降になってからでした」とコルピマキは話す。

⁂

キンメフクロウが生息するのに最適の森は、ヨーロッパトウヒの割合が多い、古い木々が生い茂る森である。キンメフクロウの縄張りに老年、あるいは壮年の森が豊かにあれば、その地域で生息できる期間は長くなる。縄張りの最低10％が高樹齢の古い森であれば、棲み続ける状況は改善傾向を示すこともわかっている。[1] また、キンメフクロウの雄の縄張りに高樹齢の森の割合が高いと、生涯の間に残す子孫の数が増えることもわかっている。[2] 木の平均蓄積は森の年齢を表しており、成熟期の森では樹木はがっしりとし、平均蓄積も大きくなる。

まだ、１９９０年代初頭、コルピマキが研究している地域の約10分の1を覆っていたのは大木の多い森で、１ヘクタール当たり平均１５１立方メートル以上の森林蓄積があった。１０１立方メートルから１５１立方メートルの森林蓄積がある壮年の森も、10分の１ほどを占めていた。[3] つまり、研究地域の約５分の１は老年か壮年の森だったことになる。ところが、今、南ポホャンマー県の森は、明らかに若返っている。樹木の平均蓄積は、１ヘクタール当たり１０７立方メートルで、保護地区に定められているのは、全体の２％に過ぎない。[4]

キンメフクロウにとって、若い森は生息場所として適切でない。森林の平均蓄積が１ヘクタール当たり１００立方メートルを下回ると、キンメフクロウの生息にほぼ適さなくなる。木々が生い茂り、植物の種類も多い森が大型の野獣からキンメフクロウを守る役目を果たしているのだ。こういう場所であれば、ヨーロッパヤチネズミなどの餌となる生き物

◀エルッキ・コルピマキ教授は、キンメフクロウの巣箱を確認しにカウハヴァのオホラルオマに来た

ヤチネズミの数が少ない時期が2、3年続くと、ヤチネズミの多い年がやってくる。ヤチネズミの数が少ない時期、キンメフクロウは代わりの餌を探す必要があるが、それは特に老木の多い自然林で見つけることができる。ところが、ヨーロッパトウヒが多い古い森はほとんど失われているため、ヤチネズミのはずれ年に、キンメフクロウにとって代わりの餌となるシジュウカラもシベリアコガラもカンムリガラも急激に減少した。

フィンランドでは、シジュウカラだけでなく、その他の森に棲む小さな鳥の個体数も減少している。フィンランド環境センターの上席研究員ライモ・ヴィルッカラは、40年にわたる研究人生の間、ほぼ一筋に人工林に棲む鳥への影響について調査している。ヴィルッカラは、1970年代と1980年代に大規模に行われた伐採が、多くの森に棲んでいた鳥の個体数の激減につながったという。しかし、ここ10年ほどの間の鳥の個体数の変化は、気候変動と伐採が重なったことが影響している。

2016年、ヴィルッカラは、人工林と気候変動が森に棲むすべての鳥の均衡を崩したという研究成果を発表した。まず気候変動の影響で、鳥類の個体数が多い生息域は、より北部へと移動した。1993年から2015年の研究期間の間に、南部フィンランドの人工林に棲む鳥類の総つがい数は、およそ5分の1に減少した。そして、鳥の数は1年に1％ずつ減少していった。また、個体数が多く確認されていた12種類の鳥のうち、7種は減少へと転じ、4種は同じ数で推移した。減少傾向に転じたものには、ズアオアトリ、キクイタダキ、キタヤナギムシクイがある。ところが、ただ1種、シジュウカラだけは個体数が増加した。[5]

フィンランドに生息する鳥の中でシジュウカラの他に個体数が増えている鳥に、アオガラがいる。気候の温暖化で冬季の餌の事情がよくなったこと、個人宅の庭に巣箱が取りつけられるようになったこと、そして、皆伐した森に残された木に巣作りができるようになったことがシジュウカラとアオガラの個体数が増えた理由である。

フィンランドには、保護林があるおかげで、森に棲む鳥類で絶滅したものは一種もない。たとえば、キンメフクロウが餌にするカラ類（コガラ）は、フィンランドで急激に減少している種であり、2019年春に、絶滅危惧種に指定された。新しい情報によれば、カラ類（コガラ）は、フィンランド北部の保護地区でも増えてはいないというが、もしも保護地区がなければ、もっと厳しい状況に陥った可能性も考えられる。ヴィルッカラが同僚と2018年に発表した研究成果では、減少に転じた種、または森林伐採が原因で個体数の維持が難しくなっている種が、保護地区のおかげで維持できていることを示している。[6]

「森に棲む多くの鳥類にとって、持続可能な林業こそが生息環境として適しています。鳥類は成熟した木を好むし、一般的な鳥類の多くは、森が持続的に樹木に覆われている状態を生息地として活用するんだ」とヴィルッカラは言う。もしも森の利用と森に生息する生物種が豊かであり続けることを共に期待するのであれば、持続可能な林業こそが、その状況を実現できる一つの方法であり、森の活用法に恒続林施業も加えなければならない、とコルピマキも言う。「南ポホヤンマー県では、今でも皆伐ばかりが行われています。恒続林のような持続可能な林業を実施しているところはごくわずかです」

キンメフクロウにとっては、餌となる鳥の消滅だけが問題ではない。森が成長するとともに失われるものには、自然にできる巣穴もある。キンメフクロウは自分で巣穴を作らずに、クマゲラが作る穴と人間が吊り下げる巣箱に頼っているのである。

コルピマキによれば、今、研究対象地域にクマゲラが作った40個ほどの巣穴があるという。この数字は、この地域のキンメフクロウの個体数を維持するために十分なものではない。そのため、人が取りつける巣箱は、キンメフクロウにとって命綱のような存在なのだ。この巣箱のおかげで、キンメフクロウは、なんとか生き延びることができたのである。

クマゲラが作る巣穴は、キンメフクロウだけのものではなく、森に棲む他の生き物たち、特にリスと奪い合いをしながら利用している。この他に、ホオジロガモ、コクマルガラス、ヒメボリバトがキンメフクロウのライバルになる。ただ、キンメフクロウが巣作りを始めるのは、3月から4月頃と他の鳥よりも時期が早いため、比較的うまく巣穴調達ができている。巣作りはリスについで2番目に早い。このようにキンメフクロウは、何とか巣穴を獲得できるものの、総合的に見て、種の持続という面では将来的には不安がある。

「もしもキンメフクロウの数が今と変わらぬ速度で減り続け、フィンランドの外からの流入がなければ、フィンランドでは30年以内に種が絶滅するだろう」とコルピマキは予測している。キンメフクロウは、スウェーデンとノルウェーでも減少しており、フィンランドで確認できる個体数は、東側から移動してくるものに頼るほかない状況になっている。国が掲げる林業戦略の通り、2025年までに伐採量の引き上げを達成した場合、キンメフクロウはほぼ確実に絶滅するだろう。

＊＊＊

皆伐と気候変動が組み合わさったことで、小型のフクロウであるスズメフクロウも悲惨な状況に追い込まれている。

スズメフクロウが最も好む生息環境は、冬に雪が積もり、気温が零下にまで下がり霜が降りる大木のある森である。11月から12月にかけて、こうした森に設置した巣箱やクマゲラが作った巣穴に、冬ごもりのための餌を貯め込むのである。このところ南ポホヤンマー県では、初冬に零下になることはほぼなくなった。近年の10月から11月の初冬の頃は、かつての1月と同じような雨降りになる。スズメフクロウにとってこの気候の変化はかなり大きな問題だ。零下にまで冷え込む夜にならないと、苦労をして集めた餌にカビが生えてしまうからである。

コルピマキが率いるグループが行った研究では、スズメフクロウが餌を貯蓄する10月から11月にかけて、雨が降る日が多ければ多いほど、餌とする生き物を保管する巣箱の数も少なく、その規模も小さいことがわかっている。[7] また、雨降りの日が増えるとヤチネズミの活動量も減るため、ヤチネズミがスズメフクロウの餌になることも減る。

餌となる生き物の数は、スズメフクロウの生息区域内に大木が多い森が潤沢にあれば、雨の影響は少ないという研究結果もある。そんな森に棲んでいるスズメフクロウの場合は、ヤチネズミから森に棲むシジュウカラといった代わりの餌へ乗り換えることは容易である。[8] キンメフクロウにも同じことが言えるだろう。

***

コルピマキは四輪駆動車を道の脇に止めた。道のすぐ脇の皆伐した野原には、数本の立ち枯れ木となったヨーロッパアカマツがあった。残された木は、古い木や腐食した木を必要とする植物、キノコや生き物のためのもので、自然の多様性を守るという使命がある。しかし、木の群生が10本以下の場合、大型動物を守ることにはならない。

野原の反対側、つまり道の反対側は、壮年期のヨーロッパトウヒが多い人工林が広がっている。そちら側には、ちょうど巣作りが始まっている別のキンメフクロウの巣箱があるはずだ。コルピマキは、肩に脚立を乗せてまっしぐらに目的地へ向かって進んでいく。キンメフクロウの母鳥は抱卵をやめ、巣箱の出入り口まで出てきて、近づいてくる者を目で追っている。キンメフクロウは全部で5つ産卵し、そのうちの2つは、すでにふわふわの毛にくるまれたヒナに羽化している。巣箱の底にはヤチネズミが数匹いるのが確認できた。

森林所有者、農家、庭師たちは、キンメフクロウや他の猛禽類、食肉目の動物がヤチネズミを捕食できるか否かで仕事の状況が左右される。ヤチネズミの個体数が最高記録を作った年は、ヤチネズミなどの野ネズミたちが森の苗木を食べて、農作物や農園・庭に被害

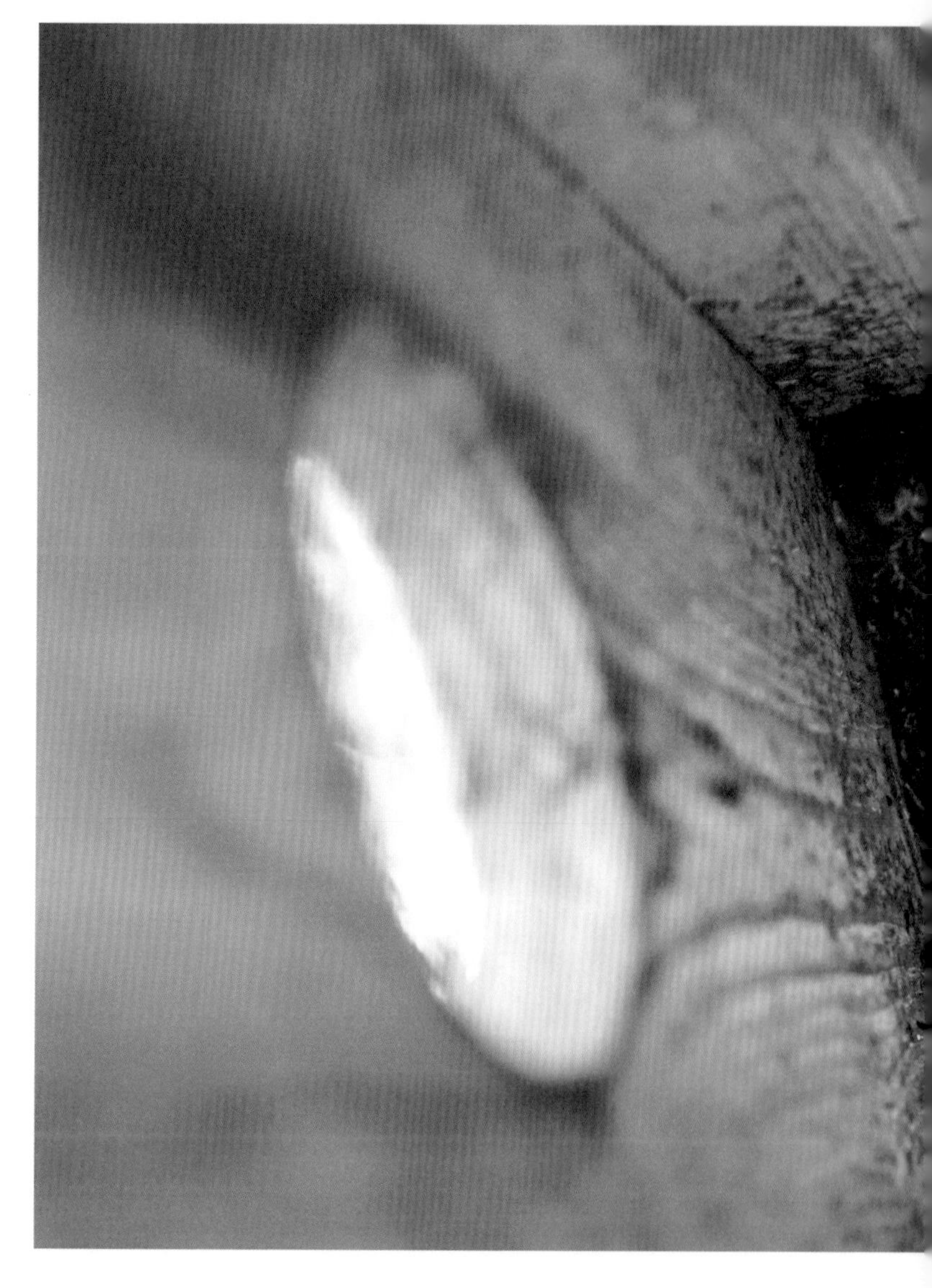

自然の巣穴が失われている今、人間が設置した巣箱はキンメフクロウにとって命綱である

を出す［モグラやヤチネズミの穴に他の野ネズミが入って、作物の根を食べてしまう被害もある］ため、森林所有者と農家は合わせて何百万ユーロという損失が出てしまう。[9] ヤチネズミの当たり年は、個体数変動に連動し3、4年に一度現れる。個体数の変動は大きく、当たり年には、1ヘクタール当たり100〜300匹を数え、その他の年は、多くとも1〜2ヘクタールで1匹程度しか現れない。

2009年に、ヤチネズミが森に及ぼす損害やその規模を示す研究結果が発表された。コルピマキはこの研究グループに参加していた。この研究では、フィンランド国内で、ここ15年の間で最も多くヤチネズミが発生した2005年に収集したものを研究対象としていた。2005年から2006年にかけての冬、皆伐後、植林したヨーロッパトウヒの苗木などにヤチネズミの大量発生が原因となって及ぼした損害は、4700万ユーロ。ヤチネズミによる損失［大量発生したヤチネズミが穴を掘る途中で根をかじったために起きた損失］だと明言できる場所は、少なく見積もっても植樹エリアの2600ヘクタールだが、林業に関わる専門家によれば、ヤチネズミ関連の被害を被った地域は、合わせて5400ヘクタールに上るという。推測値で、ヤチネズミが苗木を完全に枯らすほどかじった苗木の数は、850万本。それによる経済損失は、220万〜400万ユーロになる。ただこの数値は、植樹作業として費用がかかったものから出た被害のみを計算したものである。[10]

ヤチネズミの生息地帯で、キンメフクロウだけでなく、小型哺乳動物を餌とする猛禽類が営巣すると、ヤチネズミの生息密度は数十分の1にまで減ってしまう。[11] また、キンメフクロウの他、ヤチネズミを餌にする猛禽類や食肉目の個体数が激減すると、ヤチネズミの中で規律を維持する役割を果たすものがいなくなる。そのため、さらに高密度でヤチネズミの個体数が増えて、森や穀物畑、庭に直接的な害が及ぶことになる。

ヤチネズミの個体数が多いということは、森林所有者の経済をかじり取るだけでなく、人の健康にも被害が現れる。ヤチネズミは、腎症候性出血熱を引き起こすハンタウイルスを拡散する。前年の秋にヤチネズミの数が多ければ、冬の間も地中にはハンタウイルスを拡散するヤチネズミが多くいるということである。腎症候性出血熱は、ヤチネズミの糞のなかにいるハンタウイルスが気管を通して人へ感染すると発症するため、翌春、多くのヤチネズミが地中から出てくると、通常よりも多くの人がハンタウイルスに感染し、腎症候性出血熱に罹患することになる。ヤチネズミは、この他にもライムボレリア症やダニ媒介性回帰熱を発症させるウイルスを拡散するため、血を吸うマダニにとってもよい宿主となる。

コルピマキは、ヤチネズミの発生数が多いときは、ヤチネズミやその他の小型哺乳類を捕食するキンメフクロウなどの猛禽類の個体数が少ないときだという。つまり、人のダニ媒介性回帰熱や腎症候性出血熱の発症率が高くなればなるほど、ヤチネズミを餌とするキンメフクロウや他の猛禽類や食肉目の個体数は少なくなっている。つまり人の健康維持には、キンメフクロウの恩恵があるのだ。「老木の多い森や壮年の森を維持し、恒続林のような持続可能な林業をやることが、人の健康を守ると言ってもよいかもしれません。ヤチネズミを餌にする野生の生き物は、このような森で安心して生息するし、森は人の健康維持にとっても大切です。また、苗木に害を及ぼすヤチネズミの個体数も抑制されます」とコルピマキは強調している。

＊＊＊

エルッキ・コルピマキは、そろそろ定年を迎える時期にきている。キンメフクロウや他の猛禽類、食肉目を、学術界トップレベルの研究者として50年近く研究し続け、300ほどの学術論文を書き、約400ページに及ぶキンメフクロウ研究の書籍を上梓した[12]。

コルピマキは、森の変化とキンメフクロウの数が下降線をたどっていることを証明せざるを得ない立場にあった。キンメフクロウが巣作りできる木のほとんどは、切り倒されてしまったか、あったとしても伐採して野原のような状態になった場所にポツンと残されたように立っているだけで、森を棲みかとする多くの生き物たちには適さない場所になった。植樹した苗木の間隔は数メートルで、キンメフクロウや小型猛禽類は安心して生活できない。適切な生息環境は木がもっと密集していなければならないのである。「古くて大木が多い森を保護できるよう、一刻も早く手を打たなければいけない状況になっています。南ポホヤンマー県で保護地区になっている森は、全森林エリアの2%以下です。この数字は、フィンランド全土で、南カルヤラ県に次いで低い数字です」

フィンランド環境センターは、10年に一度、フィンランドの絶滅危惧種の状況をリスト化してレッドデータブックにして取りまとめている。2000年時点で、キンメフクロウは数の上では生存可能な種に分類されていたが、2010年には準絶滅危惧種になっていた。[13] 2019年に公表されたレッドデータブックのキンメフクロウのステータスは、再び準絶滅危惧種であった。[14]

破壊の一途をたどる狩猟の聖地

猟師エートゥ・サウッコリーピ、人工林からフィンランド最後の原野へ、西ラップランド、生き物たちの逃避――ペッカ・ユンッティ

イナリにあるタラス湖

我々は、ちょうど境界にいる。東イナリの伐採跡地より向こう側は、フィンランドの人工林化の洗礼を受けていない森だ。エートゥ・サウッコリーピは、猟師にとっての楽園である最後の森をかみしめながら歩いている。その足は赤く染まる低木の森へと向かう。使い込まれたバックパック（リュックサック）が背中で揺れている。苗木の間を縫うようにピエトゥという名の若いフィニッシュ・スピッツ［フィンランド原産の犬種］が後をついてくる。サウッコリーピは立ち止まると伐採で空き地になった境目の方を指さした。「あの辺りか

ら始まるんだ」

ツサルミ山の手つかずの森。そのど真ん中に、ヨーロッパトウヒが一塊（ひとかたまり）となっているフィンランド最北のトウヒの森、「ツサルミトウヒの森」と名づけた辺境の森が広がっている。ここから向こう17キロメートル先のロシアとの国境線までは、森が自由に成長している場所だ。イナリの住人となったエートゥ・サウッコリーピが、ケッシ、ヴァツサリ、ハンマス山と並んでライチョウなどのキジ類の鳥の狩りを楽しむ場所の一つである。

建築業の出稼ぎ労働者として働く27歳のサウッコリーピは、4年前に西ラップランドのペッロから400キロメートル離れたイナリ湖東側のネッリム村へと移り住んだ。転居の理由はただ一つ、キジ類の狩猟だ。この広い森では、かつてそうだったように、ただひたすら実直に心穏やかに、一日中、森の中に身を潜ませ、ヨーロッパオオライチョウの猟ができる。ここはまだ森の方が人よりも偉大な存在である。

手つかずの森の境目はどこかなどと考える必要はない。ヨーロッパアカマツの木はまるでアンティークの建物の丸天井のように分厚く曲がりくねりながら盛り上がっている。こうした古いヨーロッパアカマツが群生している場所は、フィニッシュ・スピッツを使ったキジ類の狩りにはうってつけだ。スピッツの仕事は、鳥を地面から樹上へと追い立て、吠えたてることである。犬は吠えたてて、鳥のいる場所を猟師に知らせるのだ。群生してい

る樹木が大きいと、鳥は木に静かに止まり逃げだすことはない。「こういう場所にいれば犬から身を守ることができると考えるんだ」とサウッコリーピは教えてくれた。

故郷ペッロでは、若い成長途中の森、植林用の苗木が育つ場所、つまり皆伐したところが狩場だった。フィニッシュ・スピッツを使う狩りに適した成熟した木々が繁る森は、ほんのわずかしか残っておらず、そのような場所では猟師がひしめき合って狩りをする。

以前は故郷のペッロも今とは違っていた。サウッコリーピは、子どもの頃に年取った猟師たちから聞いた、木々がまだ大きく森も巨大で、ヨーロッパオオライチョウもたくさんいた頃の狩りの物語をよく覚えている。ところが第二次世界大戦後の数十年の間に、森は切り倒されてしまったのだ。皆伐で破壊された森について考えることは、後の世代の課題として残された。「そんなことって許されないよな」とサウッコリーピは語気を荒らげた。

あるとき、サウッコリーピが魚釣りに行くためノルウェーに向かっていると、電話が鳴った。電話の主は友人のコスケンニエミで、彼が北東ラップランドのネッリムにログハウスを借りたことを告げたのだ。「イナリへ引っ越さないか?」と彼が聞いてきた。「どこへ行ったって同じだろ」とサウッコリーピは、電話が圏外になる直前にそれだけ告げた。この話はそれきりになったが、友人たちは北東ラップランドへ移っていき、エートゥ・サウッコリーピは、猟師難民になってしまった。

森で狩猟がしたいとペッロからイナリへ居を移したエートゥ・サウッコリーピ。もちろん、フィニッシュ・スピッツのピエトゥも一緒だ►

人工林では、サウッコリーピがやりたいキジ類の狩猟はできないし、そこはキジ類が快適に生息できる場所ではない。フィンランドに生息するヨーロッパオオライチョウ、クロライチョウ、エゾライチョウやヌマライチョウなどのキジ類の個体数は１９６０年代から激減の一途をたどっている。この減少傾向は、以前から始まっていたのかもしれないが、野鳥の個体数の確認作業が始まったのがこの時期だったことから、状況が把握できるのは60年代以降なのである。

ヨーロッパオオライチョウの営巣数は、１９６０年代から１９９０年代の間で約7割減となった。冬季個体数は、75％も減少。それ以降、個体数はほぼ横ばいで推移している。キジ類を激減に追い込んだ主な理由は、生息環境を奪うことになった林業の営みのためと考えられている。[1] 林業の影響が及ばなかったツサルミ山の手つかずの森のような保護地区では、ヨーロッパオオライチョウの個体数は、１９４０、１９５０年代から１９８０年代にかけて、ほぼ横ばいだった。[2] その後、保護地域でのヨーロッパオオライチョウの個体数は増えている。[3]

＊＊＊

鳥類個体数の減少には、林業が直接的にも間接的にも影響していると考えられている。ヨーロッパオオライチョウが増えるためには、300ヘクタールのまとまったレック［鳥が求愛行動をする場所］が必要になる。また、一つのレックと近くのレックとがつながりがある必要もある。その上、ヨーロッパアカマツが生える成熟した森も必要なのだ。森が皆伐で細分化されるとヨーロッパオオライチョウの生息範囲は縮小してしまうのである。[4]

第二次世界大戦後に行われた大規模な皆伐で、森に棲む鳥の生息環境は広く失われた。たとえば、フィンランド中部の都市プダスヤルヴィやラップランド南東部のポシオの大規模皆伐が行われた地域、フィンランド南部にあるオサラの樹木が生えていない場所では、ヨーロッパオオライチョウはこの10年で完全に消えてしまっている。

一方、森林管理が広範に行われているおかげで、人工林にヨーロッパオオライチョウが徐々に戻ってきていることから、森林の専門家たちは数十年を経過した人工林も生息地として有用だとしている。たとえば、2007年、フィンランド森林庁森林産業営利部門長ハンヌ・ヨキネンは、広範囲に木が生えていない地域で個体数が回復したことを称賛している。「ヨーロッパオオライチョウは、この場所を再び生息地として見つけ出したのです。鳥類は古くからの自然林にしか生息しないという見解が誤っていることを示す何よりの証拠です。ヨーロッパオオライチョウが若い森を目指して戻ってきたのは明らかなことで、ラップランド地方ではヨーロッパオオライチョウは壊滅状態になるという予測は正しくなかったのです」[5]。たしかに壊滅状態になるという予測は正しくはなかったが、感謝すべきはヨーロッパオオライチョウの適応能力であって人工林ではない。

フィンランド自然資源センターの特別研究員ペッカ・ヘッレは、数十年にわたってキジ類の研究をしてきた。そのためヨーロッパオオライチョウが、森が蘇りつつあるかつての生息地、特に東部フィンランドと北部フィンランドの広大な原野に棲みつき始めたことに気づいていた。これはおそらく森の同一性（均等性）の改善によるものではないか、と推測している。

ただヘッレは、この状況は長くは続かないのではないかと心配もしている。フィンランドが、バイオエコノミーブームで再び伐採が活発になり、森の循環期間をまた短くしてしまうのではないかと心配しているのである。2014年施行の新森林法では、皆伐が森の年代に関係なく許可できることになった。「植林してから伐採するまでの期間（伐期）が短くなると、多くの森で間伐を行うのではなく、木が丸太用の太さになるまで成長するのを待たず、セルロースナノファイバー［極小木繊維］やカートンボード［厚紙段ボール］の原材料として切り出されることになるだろう」とヘッレは説明する。伐期が短くなるということは、森に生息するキジ類や自然の多様性にとっては、後ろ向きになる。キジ類にとって生息に適した環境、光がさんさんと差し込む間伐された森で生息できる期間はどんどん短くなっていくだろう。

＊＊＊

サウッコリーピは森の奥深くへと入っていく。ビルベリーはもう葉を落としていて、茎に残ったまましぼんで腐ったベリーがあちらこちらに見えることから、今秋は豊作だったことがわかる。

ビルベリーは、森に生きるキジ類にとって、一番大切で鍵を握る植物である。キジ類のヒナにとって、重要なたんぱく源となるのがビルベリーの茎に生きる昆虫類だからだ。ヨーロッパオオライチョウの雄は、越冬できるよう、初めての夏の間に体重を100倍にしなければならず、質のよい栄養を摂取することは必要不可欠である。[6]

フィンランドは人工林でほぼ覆われているため、森に生息する鳥類が必要とするビルベリーが生える土地が失われつつある。ビルベリーが実る土地は、1950年代から1995年までの間で半分になった。かつてビルベリーの茂みが森林の下草の約15～20％を占めていたが、2000年代に入る頃には8％にまで減少してしまった。つまり皆伐や土地の形を変える掘り返しの作業のため、ビルベリーの茂る土地は何十年にもわたって破壊され続けているのである。太陽の光が直接照射して林内は乾燥し、深い森は新しく生えてきた草類が覆いつくしている。森が成長を始めると、木は密生してくるためビルベリーに十分に光が届かなくなる。間伐が行われればビルベリーは再び生えるが、これもすぐに皆伐が行われるため、ビルベリーが生育できる期間は短い。[7]

ペッカ・ヘッレは、恒続林施業は、森に生きる鳥の生息環境を確保するための一つの手段になるかもしれないと話す。「森を棲みかにする鳥にとっては、素晴らしい解決策です。その上、森は変化しながら未来永劫維持し続けることができるでしょう。この方法は、生物多様性にも有効なはずです」。というのも、恒続林が理想とする樹種は、ビルベリーが自生する森が作り出す環境に近似しているので、ビルベリーの自生環境も回復すると考えられるからである。[8]

＊
＊＊

サウッコリーピは立ち止まると、犬の首輪の追跡機をちらっと見た。猟犬ピエトゥは、今、飼い主よりも少し先まで進んでいる。サウッコリーピは、猟は広範囲で獲物を追わない限り、結果が伴わないと考えており、もう少しこんなふうに猟犬自らが動いて欲しいと願っている。ピエトゥは、まだ1歳半と若く、野鳥を追う犬としては駆け出しだ。「まだまだなんだけど、ときおり猟犬らしさを出すんだ」とサウッコリーピは教えてくれた。

ピエトゥが戻ってきた。そして、1人と1匹はまた先へと進んでいく。すると、50メートルほど前方で大きな羽がヨーロッパアカマツから空へと舞い上がった。この男と犬と同じように、奥深い森に生息する狩人、イヌワシだ。

なだらかな起伏とうねりが交互に続いている。左手には小さな湖が見え隠れしている。この辺りは動き回るのが楽な森だ。地面が掘り返されたり、土が腐っていたり、若木ばかりの森がないからである。排水路もどこにもない。鳥も猟師も好まないものがないということは、いいことだ。

1960年代に始まった大がかりな排水路作りは、森に生息する鳥に悪影響を及ぼした。なぜなら、ヨーロッパオオライチョウ、クロライチョウのヒナ鳥はヌマライチョウと同じように沼地と森が入り組んだ場所に好んで生息するが、ちょうどそうした場所に排水路を通して人工林化してしまったのだ。排水路が通り、もともとは木がある程度生えていた場所では、樹木の成長こそ進んだけれど、一方でキジ類は姿を消してしまった。

1982年に実施された研究で、すでに排水路設置から15年以上経過した場所は、キジ類のヒナ鳥の生息には適さないという結論に至っている。排水によって乾燥し、ヒナ鳥の栄養となる虫たちが減ってしまっていること、自生する植物が背高く成長してヒナ鳥が動き回ることを難しくしていること、そして、排水路に落ちて、ヒナ鳥が水につかりやすくなってしまうことなどが理由に挙げられた。別の研究によれば、排水路ができることで、巣が壊れる危険性も高くなるという。排水路から100メートルまでの距離の場所では、5つに1つ以上の巣が壊れたという結果が出ている。それよりも遠くに位置した巣の場合、壊れた巣の割合は15に1つだったという。[9] 巣が壊れた理由は、ほぼ例外なく猛禽類が原因で、キジ類とそのヒナ鳥を狙う猛禽類にとって、排水路は獲物を狙う見通しの利く場所になったと考えられている。[10]

　排水路作りが急ピッチで進行したため、フィンランドのトゥントゥリと呼ばれるなだらかな山が続くラップランド南部地方に生息するヌマライチョウの絶滅へ向けたカウントダウンが始まっている。オウル大学の森林キジ類研究に取り組んできたアルト・マルヤカンガスによれば、沼地の干拓化が森林に棲むヌマライチョウの種の絶滅へ向けての号砲となったという。それにとどめを刺したのが、おそらく気候変動によって雪がなくなっていることと、降雪のある冬の季節が短くなったことだ。雪がなければ白い冬毛に生え変わったヌマライチョウは、容易に獣の餌食になるからである。

ヌマライチョウが生き延びるには、天敵を発見できる開けた土地が必要である。しかし、沼地が排水されると森に変わり、ヌマライチョウが好む見晴らしのよい土地が失われる。また沼地に育つ植物の種類が変わるため、餌場の状態も悪くなる。

野生動物三角地帯調査［1945年より始まった野生動物生息数調査。1980年代に全国で調査方法が統一され、現在は、例年同じ時期に同じ場所で一辺4キロメートルの正三角形の辺上に生息する野生生物の調査を行う。調査結果は、WEBページ「Riistakolmiot.fi」経由で報告する］の結果によると、ヌマライチョウは、環境条件に関係なく各地から姿を消していることがわかっている。調査では、フィンランド全土を15の野生動物生息地域に分割。1988年の時点では、フィンランドの4つの地域で、ヌマライチョウが1羽も確認できていない。10年後の1998年の調査では、6つの地域で確認ができなかった。2008年には、その地域は8つに増加。2018年の調査では、実に11の野生動物生息地域で、ヌマライチョウの確認がゼロであったと報告されている。

一方、ヌマライチョウの個体数が多いと報告している地域でも、その数は同様に減少の一途をたどっている。1988年に1平方キロメートル当たり2羽以上確認できた地域でも、2018年には1羽も確認することができなかったのだ。ところが2010年代には、ラップランドと北ポホヤンマー県オウルの野生動物生息地域で、1平方キロメートル当た

◄ツサルミトゥントゥリ（山）の深い森

り2羽以上確認できて、2度ほど個体数が増えたことがあった。[11]

ラップランド地方では、ヌマライチョウの状況は二分されている。トゥントゥリと呼ばれるなだらかな山に生息するヌマライチョウは、なんとかうまく生き延びている。しかし、森林に棲むヌマライチョウは、フィンランドの他の地域と同じように、植林が進み、降雪の時期が遅れることで生息が難しくなっている。

＊＊＊

2羽のヨーロッパオオライチョウが小高い丘から舞い上がった。エートゥ・サウッコリーピは、その姿を見ながら微笑んだ。「ああ、まだここにはいるんだ」

イナリのキジ類の個体数は、ここ数年減少傾向にある。一方で、他の地域での個体数は増加している。森林に棲むキジ類、特にヨーロッパオオライチョウとクロライチョウの個体数は、2018年に実施した生存数確認では、約40％増えていた。

2018年秋、狩猟生物センターは、ヨーロッパオオライチョウとクロライチョウの狩猟期間をこの10年で初めて延長した。多くの猟師は、個体数が増えたからだと理解したが、実際は狩猟生物センターの考え方の変化によるものだった。フィンランド農業森林経済省が政策転換をしたのである。これまでの厳しく子細なトップダウン式の規定に代わり、狩猟する猟師たちに責任を負わせるように変更したのだ。[12]

猟師たちは、狩猟期間が延びたことも、また鳥の個体数が増加したことにも喜んだ。喜びに沸く気持ちはとてもよく理解できるけれど、調査結果を踏まえれば手放しに喜べる要素はないと、フィンランド自然資源センターのペッカ・ヘッリは言う。1963年から現在まで継続している個体数調査の結果では、個体数が激減した後は、ほぼ同じような数字で、横ばいで推移しているからだ。研究者であるアルト・マルヤカンガスも同じ考えである。「今の個体数は、個体数が最も多かった頃に比べると遠く及ばない数字です」

＊＊＊

一日が過ぎていく。ヘラジカを1キロほど追いかけたことを除いては、若い猟犬ピエトゥは何も見つけられなかった。ヨーロッパオオライチョウは姿を見せなかったものの、サウッコリーピは森で過ごした休みの一日を楽しんだようだ。

9月から10月の狩猟期間であれば、サウッコリーピがイナリの原生林に入らない日は、片手の指で数えられるくらいしかないほど忙しい。移動距離も、1週間で50~80キロメートルほどにもなる。毎年秋に星の輝きのように素晴らしい長い狩りの旅を、友人と共にする。こんなとき、若い猟師は、何日も森の中で時を過ごし、他人に出会うこともないような広大な森の遠い辺境まで足を延ばす。

サウッコリーピは、鳥を狩りたいと思って森に入っていくが、イナリの原生林で森は獲物がいる場所だけではないことを学んだ。「野原で獲物を捕ることは、何かを成し遂げるという感じだね。でも森の中では、森を眺めることそのものが喜びだからね。野原だと、獲物を狩るという行為だけが楽しみになってしまう。風景を楽しむために、わざわざ出かける必要はなかったよ」

エートゥ・サウッコリーピは、森の中の丸天井の下を歩いている。立ち枯れ木［シルバーパイン］を眺め、古いヨーロッパアカマツの木に目をやっている。苗木が育つ場所を抜け、沼や小川を越えて進んでいく。「動き回るのが好きなんだ」と言って微笑むと、また歩き出した。

森が回復すると何が回復するのか

森についての話をすると、
森の手入れ方法にも話が広がる
——アンナ・ルオホネン

言葉には力がある。言葉によって、人の考えが導かれるからにほかならない。何について話をするか、それを決めることも、また考えを導くものになる。言葉は思考、物語は気持ちを映し出す。そして、話し方は話の内容を伝えるだけでなく、話し手の人となりも表す。また話し方は、問題そのものだけでなく、その背景にある考え方のパターンを表出させる。森について語るとき、林業に集中するというレトリックは、どのように森を捉えているのかにも影響を与えるものであることがわかる。

私たちが目にする森林関連の報道は、森林の価格や、林業界の売り上げ、「雪の影響による損失」[1]や森林所有者の手入れ放棄[2]についての記事である。

2018年11月に公表された「フィンランドの森12の投資（VM-12）」によると、フィンランドの森林所有者の森のうち、手入れを「放棄している森」は79万5000ヘクタール近くに上る。フィンランド天然資源センターのホームページで公表されている数字によると、1回目の間伐に相当する量は、ここ十数年、明らかに増加しているのだが、その数値は「森林管理を必要とする」森林量と合わないのだという。[3]

森林の所有者が、初めて売りに出す木材のための間伐を行わなければ、森林はどうなってしまうのか、が一般的な懸案事項になっている。作業が滞ることを森林管理の名のもとに把握し、「要森林管理」と表現している。この根底には、森林は私たち人間が手を入れなければならないという考え方がある。もしも、人が「森を管理しなければ」、つまり、もし間伐を行わなければ、森の質は落ち、樹木は死に、樹木病害が襲うことになるというのだ。[4]

森林は、管理するだけでなく、「改善しなければならない」。森林改善とは、樹木の生産能力と材質の改善、木材の運搬環境の改善への取り組みを意味しており、たとえば、森林用車両の製造を指すこともある。[5]

森林の年齢を表す概念は、次はいつ伐採できるのか、という時期について話すことを意味している。森が若いとか、成長したとか、十分に成長したなどと表現される。２０１８年11月、ヘルシンギン・サノマット紙は、フィンランドの森林政策について大きく報じた。記事の中で、「フィンランドの森を博物館のような森にしたいと考えるのは、森の保全を求める人の中でもわずかしかいない」と報じられた。[6]ここで言う「博物館」とは、人が介入していない、人の影響が及んでいない全く自然な状態を意味している。

森の年齢を明確にできるのは人工林だけで、自然の森は年齢不詳である。自然の森では、芽吹いたばかりの木の芽と、樹齢何百年もの樹木が共生し、強い生命力を維持している。構造が変化に富み、ヒエラルキーが存在するから森なのだ。樹木群の規模や空間は、規格化されたものではない。[7]

一方で、皆伐を行う場合、今でもときおり森の自然な生命力が引き合いに出されることがある。たとえば、皆伐を行えば自然発火する森林火災の後と同じようなことが起こるという「火事で森が焼けると植生の遷移が進んで、生態系を更新する。皆伐も同じ役割を果たすという理論」[8]。しかし、そのような事実はないと研究者たちは口を揃える。なぜなら森林火災の後は皆伐後とは違って、森が完全に死滅することはなく、生きている木も死んでしまった木も残っているからだ。だから森はさまざまな過程を経て回復していく[9]。フィンランドでは、年間10万ヘクタールが皆伐され[10]、苗を栽培して植林することで新しい森が誕生している。フィンランド全土の人工林を全く同じ方法で手入れしており、自然の森がたどるような道を模倣する方法などあり得ないのだ[11]。

昨今は、森の「生態系について」の話題が出るようになってきた[12]。森の生態系サービスとは、森が生み出すすべての物質的利益である恩恵と、炭素吸着、酸素放出、美しい風景などといった非物質的な価値も含めたもので、森林の有益性を計算することを指す。

これではまるで、森林が人を満足させるサービスを提供するお役所やサービス業のようである。

iii
新旧交代

バイオレメディエーション
生物学的環境修復

製紙（パルプ）業界が多くの人を惹きつけるバイオエコノミーへ変貌した道のり——イェンニ・ライナ

アーネコスキ

2017年8月15日6時、フィンランド中部の都市アーネコスキ郊外にあるクフナモ湖岸で歴史的な出来事があった。フィンランドの林業史上最大の投資と言われるメッサ・グループのアーネコスキバイオ工場が操業開始したのだ。

時をさかのぼること約10年。当時、林業界は回復の見込みのない、長く続く景気の下降線が始まったばかりのように思われていた。ストゥーラ・エンソ社は、多くの反対を押し切って2008年にラップランド東部の都市ケミヤルヴィにある製紙工場を閉鎖した。同社は同じ年にハミナ［首都ヘルシンキの東、ロシアに近いバルト海に面した港町］にあるスンマ製紙工場［地名を冠した工場名］も閉鎖している。2004年から2011年の間に、フィンランドの製紙・パルプ業界の雇用者数は、3分の2まで落ち込んだ。[1]

一方、この時期、新たな上昇機運も始まっていた。世界的市場におけるホワイトウッド［主に北欧のトウヒなどの白い木材の総称］の需要増が、2010年代に入ってからフィンランドでもはっきりと表れるようになっていた。需要増が顕著だったのは、都市における富裕化現象が進むアジア、特に中国で、2013年は世界の半数以上の製材品が中国向けだったと推測されている。中国は、高品質の梱包用段ボールのために、ホワイトウッドを求めていた。欧州北部で成長する針葉樹はホワイトウッドの原材料で、原材料供給国としてフィンランドはトップグループに入っていた。[2]

ネットショップで購入された商品は段ボールなどで梱包するが、この梱包材料としてホワイトウッドが必要なのだ。2016年に中国国内で発送された郵便小包は、総計314億個に上った。人口比にすると、中国人のネットショッピングの利用数は、フィンランド人に比べ1人当たりおよそ2倍になると言われている。[3]

中国がどれだけアフリカの天然資源を収奪しているかについては、すでに長い間、世間の話題となっている。そして、今、中国はフィンランドの森をアフリカと同様に捉えており、フィンランドで生産されるパルプのおよそ4分の1の量を中国へ輸入しようとしている。[4] これに加え、中国は直接フィンランドに進出もしている。たとえば、ケミヤルヴィのボレアル・バイオレフ社の製紙・パルプ工場の大株主は、フィンランド中部の都市クオピオに建設が計画されているフィンパルプ株式会社と同様、中国人である。また、ラップランド南部の都市ケミに建設計画のあるカイディ社のバイオ燃料精製所は、中国資本が基盤である。

*
**

2015年に発足したユハ・シピラ政権は、バイオエコノミーを政策の目玉の一つに掲げ、その期待値は大きかった。なぜならフィンランド経済はポスト・ノキアが出てこないため、国内産業が空洞化してしまっていたからだ。UPM社取締役社長ユッシ・ペソネンは、2014年に受けた『技術と経済』誌のインタビューで、現在のバイオマス産業界の状況を、「ノキアのミラクルな黎明期」にフィンランドが国を挙げて業界関係企業と共に

パルプになるための木材の山。ケミにあるメッサ・ファイバーのパルプ工場敷地内►

世界におけるGSM標準［第2世代携帯電話の標準規格の一つ］を産み出したときの状況と比べていた。[5]

シピラ政権は、バイオエコノミーの生産高を2015年の約60億ユーロから2025年には100億ユーロにまで成長させるという目標を掲げた。さらに、この期間中にバイオエコノミーの雇用を新たに10万人生み出すという目標も掲げていた。[6] シピラ政権はまた、年間の森林伐採量を2013年の6500万立方メートルから8000万立方メートルに増やすという方針も打ち出した。[7]

シピラ政権の政策の目玉であるバイオエコノミーが、エコロジカルで、環境を重視しているように聞こえるように、生物資材、バイオテクノロジー、バイオマス燃料も同じようにエコロジカルに感じるだろう。しかし、実際は、この言葉は製紙やパルプの工場のことを指しており、パルプ生産時に出てくる副産物の範囲が以前より少し広がった程度である。たとえば、アーネコスキにある新しい巨大な生物資材工場の売り上げのうち、80％はパルプが占めていて、他の生物資材の製品は残り20％に過ぎない。他の製品とは、パインオイルやテレビン油、バイオマス燃料による電気エネルギーの他、パルプ生産時に随伴するガス、硫酸、バイオガスやバイオペレットなどの典型的な副産物である。[8]

バイオエコノミーについて各省庁はホームページで、再生可能な天然資源であり、バイオ（生物）を基盤とした製品、食糧、エネルギーやサービスを作り出す経済を指すと定義している。[9]この定義の範疇は広く、再生可能な天然資源の使用には、パルプから作るトイレットペーパーなどの製紙・パルプ産業が生産する製品も含まれる。

いずれにせよバイオエコノミー戦略の目標は、バイオコンポジット［生物由来素材を組み合わせて作った素材］やテキスタイル、木造建築からセルロースナノファイバー［植物の細胞壁の主成分をナノレベルまで細かくしたもの］まで、樹木から付加価値の高い製品を作り出すことにある。[10]またフィンランド農林省は、2025年までに木質製品の製造で得ることができる付加価値に対し、使用する原材料の量を低く抑えるという目標を森林政策の一つに掲げた。[11]この目標を達成するには時間を要する。実際のところ、2017年のフィンランドの樹木の利用効率は、これまでの数字よりも低くなっている。ペッレルヴォ経済研究所の評価によれば、林業界が大規模生産可能な印刷用製紙に替わる新しい高効率な製品を生み出さない限り、フィンランドの樹木を今よりも効率よく活用できるようにはならないとされる。[12]

利用効率の低下の原因は、工場で製造される製紙生産量が減少し、輸出へ回されたパルプ量が増加したためだ。もしもフィンランド国内で樹木を最終加工品にまで仕上げることができれば、単に樹木からパルプにするだけよりも付加価値を生み出すことが可能だろう。[13]

ペッレルヴォ経済研究所によれば、2017年、フィンランド産パルプの43%は、加工をされることなく直接輸出されていた。

ケミ、パユサーリ村

煙突から青空に向かって、輝くような白い水蒸気の煙が立ち上っている。11月の湿った天気の中、メッサ・ファイバー・ケミ工場の上空では、水蒸気がまるでおとぎの国のふわふわとした雲の塊のように漂っている。その雲を突き抜けるように、スピリッツタワーと呼ばれている赤レンガの煙突がそびえている。この光景を目にすると、ここでパルプの副産物である「スピリッツ」を製造していた時代が思い起こされる。

ケミ郊外にあるパユサーリ村で林業が始まったのは1893年以降のことだ。当時、この地域で始まった林業は製材所だった。パルプ工場が操業を開始したのは1919年で、1971年には板紙工場が操業を開始している。地元の人たちはその将来性に不安を抱えてはいるが、パルプ工場と板紙工場は現在も操業中だ。2018年5月、メッサ・グループ傘下のメッサ・ファイバー社が、ケミにあるパルプ工場の一大再建計画の検討に入ったという重大なニュースを発表した。再建案の一つは古い工場の近代化、もう一つはアーネコスキにあるバイオマス製品工場と同等規模の、全く新しい大規模バイオマス製品工場の建設だった。初めに検討されたのは、新しく開設するポラル・キングバイオマス製品工場のために必要十分な木材の原材料が確保できるか否かだった。[14]

このニュースをみなが歓迎したわけではない。中国資本で運営されているボレアル・バイオレフ社も、東ラップランドにあるケミヤルヴィの閉鎖した工場の代わりに新しいパルプ工場を設立したいと公表していた。ケミにできるメッサ・ファイバー社の新しい工場によって、ラップランドのパルプ材の需要は300万立方メートル増加することになる。これは年間にして貨車1400台分と林業用フルトレーラー2万7000台分の木材が必要になることを意味していた。[15] 300万立方メートルという量は、ケミヤルヴィに計画されているボレアル・バイオレフ社の工場が年間に必要とする木の量とほぼ同じ量になる。[16] パルプ産業はたくさんの木材を必要とするが、ラップランドは寒冷地のため、すべての製造需要に足るだけの原料は調達できないのだ。

ケミヤルヴィのボレアル・バイオレフ社とケミのポラル・キング工場プロジェクトに加え、2018年にはフィンランド最大級のホワイトウッド工場と位置づけられるフィンパルプが北サヴォ県の都市クオピオに、カイディ・フィンランド社のバイオ燃料製造工場がラッピ県の都市ケミに、そして、カイセル・ファイバー社のパルプ工場がカイヌー県の都市パルタモに、建設を始めていた。他にもストゥーラ・エンソ社が大型投資を検討していることと、北ポホャンマー県の都市オウルの製紙工場を梱包用板紙工場に変えることを発表していた[17]。

プロジェクトが立ち上がるということは、政治力が働いているだけでなく、板紙とパルプで世界市場が盛り上がりつつあることを物語っている。メッサ・ファイバー社のケミ工場で生産されるパルプも45%は輸出されており、パルプの価格が急騰するのも不思議なことではない。2017年から2018年にかけて価格は約18%上昇したと推測されている[18]。

これまで林業界では、丸太はパルプの原材料にするために粉砕していたが、2018年は全く別のことで話題になった。木材がプラスチックに取り囲まれた人びとの生活に現れる救世主となったり、アイスクリームの風味づけ[19]になったりという、木材由来の新しいイノベーションについてメディアは報じたのだ。木材由来のテキスタイルは、水の使用量を格段に抑えるだけでなく、食品栽培のための農地面積を減らして環境にマイナスの働きをする木綿に代わることができる［木綿の生産には多量の水を必要とするため］、といったことも報じられた[20]。一方、スーパー素材とされるセルロースナノファイバーは、木材由来の新しい素材として誕生した。軽くて丈夫なこの素材は、パッケージ素材などに活用され高評価を期待されている[21]。

ところが、実際は少し違うようだ。木材由来の新製品は、公表された量で製造開始されることはなかった。ペッレルヴォ経済研究所は、木材由来のバイオエコノミーの経済効果とその見通しについて、2017年の調査結果を精査した。樹木をより多角的に利用すること、そして加工品の価値を引き上げることのいずれも、予測していた速度での実現は難しいと分析している。実際のところ、将来は加工価値の評価がより低い製品に、重点的に木材が利用されるのではないかと予測している。[22]

この調査結果によると、未来のイノベーションに関してはまだ不確定要素が多いという。たとえばセルロースナノファイバーは、木材以外のバイオマスからも製造することが可能であり、樹木の原材料が特段競争力をもたらすわけでもない。2017年時点で、木材由来のプラスチック製品は存在していなかったが、世界的な製品トレンドは非木材バイオプラスチックになっている。[23] また、木材由来のテキスタイルは、2019年時点でやっとプロトタイプができあがったに過ぎない。中央スオミ県の都市ユヴァスキュラにある木質繊維の開発企業スピンノヴァのパイロットラインが2020年の年明けから稼働し始める。また2019年の年末にはアーネコスキのメッサ・グループ傘下のベンチャー企業メッサ・スプリングと伊藤忠商事が、木質テキスタイル繊維を製造するテスト設備の稼働を開始すると言われている。[24]

新製品開発の他にも、木材由来のバイオマス燃料には高い関心が寄せられている。フィ

◀ウッドチップはコンベヤーでセルロース蒸解釜まで運び出される。ケミにあるメッサ・ファイバーのパルプ工場

Lonnstrom oy

ンランドのエネルギー・気候戦略としてバイオマス燃料の活用が急速に伸びており、実際、運輸業界では末端消費量に占める再生可能燃料の割合を2020年には20%、2030年には40%とすることを目標に掲げている。[25] 東フィンランド大学の森林経済学の教授であるユルキ・カンガスは、この目標達成のためには政治的に牽引する必要があると言う。

2018年秋、カンガスは、フィンランドのバイオマス燃料の半分以上は、海外から輸入された動植物由来の廃棄オイルや油脂によるものだろうと推測していた。「木材を十分な量、確保できないため、すべての化石燃料を木質バイオマス燃料に置き換えることは、可能と言うにはほど遠い状態にあります。財政的にも、木材はまずエネルギー化するよりも他の製品にした方がよく、他に活用できる道がなくなって初めて、エネルギーに利用するのがよいでしょう」と述べている。

ペッレルヴォ経済研究所でも樹木の活用方法の優先順位について考察した。この考察を行った未来予測担当のリーダーであるヤンネ・フオヴァリによれば、木材の評価を上げるためには、バイオエコノミーをささやかな流れではなく、一つの大きなうねり、または複数のものから一つの束になって生み出される大きな潮流にする必要があるという。

考察によれば、バイオエコノミーを盛り上げるためには、以前からの方法を上手に利用すべきだとしている。たとえばそれは、国内に原料を求めることで国民経済にプラスの影響を及ぼす木造建築の活用である。部材製造が上向きになれば、木材産業の加工率も上がる。[26]また、木造建築はよい輸出製品にもなるとフオヴァリは考えている。「ただ、国内市場がまだうまく回っていないため、海外市場での需要に応えるのは難しい状況です」

2018年秋、フィンランド自然資源センター長に着任したヨハンナ・ブッヘルトは、カルヤライネン紙［カルヤラ地方を中心とする地方紙］のインタビューに応じ、他の木材産業が進んだ国々と同様、フィンランドも木造建築を促進する方向へ舵を切るべきだと述べた。ここで言う進んだ国とは、カナダ、ノルウェー、スウェーデンを指している。[27]

木造建築を振興することは、これまで建築業界で行っていたこととの互換性が高いため、雇用市場に及ぼす影響はそれほど大きくないはずである。ペッレルヴォ経済研究所の検証では、木造建築の振興が国民経済や雇用市場にもたらすプラス面として、木材加工作業を伴う製造輸出品部門の成長により年間5億ユーロの輸出増と雇用数6300人の伸びを見込んでいる。[28]

木材業界や木工業界は、製紙・パルプ業よりもはるかに多くの雇用数を生み出すことがわかっている。2015年、パルプ・製紙業は原木全体量の51％を使い、2万人の雇用を創出していた。木工業界が使用した木の量は原木全体量の36％で、直接雇用者数は2万2000人だった。[29]

バイオエコノミー戦略では、業界の雇用を2025年までに新たに10万件生み出すことを目標に掲げている。しかしフオヴァリは、この戦略に取り組む間にバイオエコノミーが生み出す雇用者数は逆に減少するだろうと予測している。「この目標を実現するのは難しいと思いますし、そもそもバイオエコノミーの分野で新しい雇用の創出はないだろうと思います」

林業界では、2035年までにおよそ30%、約1万人の雇用が喪失するだろうと予測されている。[30] 製造部門は成長するのに、このような予想になるのは矛盾しているように感じられるだろう。しかし、雇用者数の減少は生産効率の上昇によるもので、つまり工場で働く人は以前ほど必要ないということなのだ。

2018年、ケミにあるメッサ・ファイバー社のパルプ工場では167名が就労していた。今後、仮にこの工場跡に木材の取扱量が1・5倍になるような新しい巨大工場を建設したとしても、新規雇用は生まれないと地元紙は伝えている。[31] 一方、公聴会でメッサ・ファイバー社は、北部フィンランド地域では、原木の調達や運搬のために約500人の新しい雇用創出があると想定していると答えている。[32]

2014年に公表されたバイオエコノミー戦略では、新たなイノベーションが期待されている。ペッレルヴォ経済研究所のヤンネ・フオヴァリによれば、実際に木材を動かすよりも、政治力でバイオエコノミーを製品開発とサービス面の発展に集中させる必要があると指摘する。

バイオエコノミー戦略では、目標達成のために研究分野と製品開発、ベンチャー投資や試験製品作りに、10年間で総額20億1000万ユーロの公的資金の投入が必要だとしている。[33] ペッレルヴォ経済研究所の検証では、2015年のすべての公的研究開発費用総額はおよそ5000万ユーロに過ぎず、目標の実現にはほど遠い。[34]

⁂

フオヴァリは、産業界の研究開発投資にも全く成長は見られていないという。「世界の林業界も製品開発に特別多くの費用をつぎ込んではいません。フィンランドでは長い間、いかに効率よくパルプや製紙、板紙を製造するかに重きが置かれていました。しかし林業界では今、中国がたくさんの新しい特許申請を提出しており、競争は激しくなっています。もしフィンランドが今後も技術的先駆者であり続け、また新製品を出すという面でも最先端を行きたいのであれば、公的資金の投入は必須なのです」

フィンランドは新製品を市場へ送り出すまでの進捗も遅く、スピードを上げる必要がある。「新製品の製造には、現行製品よりもより複雑で高いノウハウが求められます。また製品開発には、活発なネットワークと多くの投資が必要になります」とフオヴァリは言う。世界では新製品が次々と誕生し、製品の多くはさまざまな可能性を秘めているからである。

森林経済学の教授ユルキ・カンガスは、すでに市場にも出回っていて世界的にも大きな市場となっている木材から作るテキスタイル（布）は、新たに誕生する製品として確実性が高いという。バイオマス加工製品としてのテキスタイルは、特段加工度の高い製品ではないが、その市場価値は販売する最終商品に近づけば近づくほど上がるものだ。つまりフィンランド国内で、材料からテキスタイル製品まで作ることができるようになればよいのである。確実性のあるものは他にも、バイオコンポジット（複合材料）や日用品製造用のあらゆる原材料や石油由来のプラスチックに代わる物などを挙げることができる。

世界市場で、木材由来のバイオマス製品は競合相手が多い部門だ。すでに存在する製品と、他のさまざまなバイオマス素材から作られた製品と戦わないとならないのだから。しかしフィンランドにとって、木材はバイオマス製品を作る素材として唯一の選択肢なのだ。[35]

世界市場への進出は容易ではない。仮に進出がかなったとしても、製品の生産が最終的にフィンランド国内で行われるかどうかはわからない。イノベーションは、フィンランドの今の林業にとって、脅威ともなる可能性を秘めている。

フオヴァリは、2017年、北米の森林とバイオエコノミーの専門家ドン・ロバーツが、ペッレルヴォ経済研究所が開催した経済セミナーに登壇した際の話をしてくれた。北欧のホワイトウッドの強みは、繊維パルプが長いことにある。ロバーツは、セルロースに関する遺伝子組換技術が開発されることで、北欧のパルプが持つ強みが一部失われる可能性を示唆した。フィンランドより南に位置する地球の中緯度辺りの成長の早い樹木や植物からも、将来的には繊維の長いパルプを作ることができるようになるというのだ。

フィンランドのセルロース需要はいまだに多く、今後もその需要が続くことを期待されている。フィンランド自然資源センターの研究では、森林の成長量は1億5000万立方メートルまで増やせる見通しがあると、センター長のヨハンナ・ブッヘルトは言う。同時に木材の使用率が高く、加工技術も求められる製品を増やすことも可能で、今後も林業界では、森林の年間成長量の約80%を活用することができるとしている。[36]

WWFフィンランド（世界自然保護基金）森林グループの上級専門員であり森林経済・森林学教授パヌ・クンットゥはこの測定値を確信の持てるものとしていない。「これは、無茶な目標に思えます。効率的な林業という考えに則った計算であったとしても、森林の年

原料の木はパルプにする前に細かく砕く

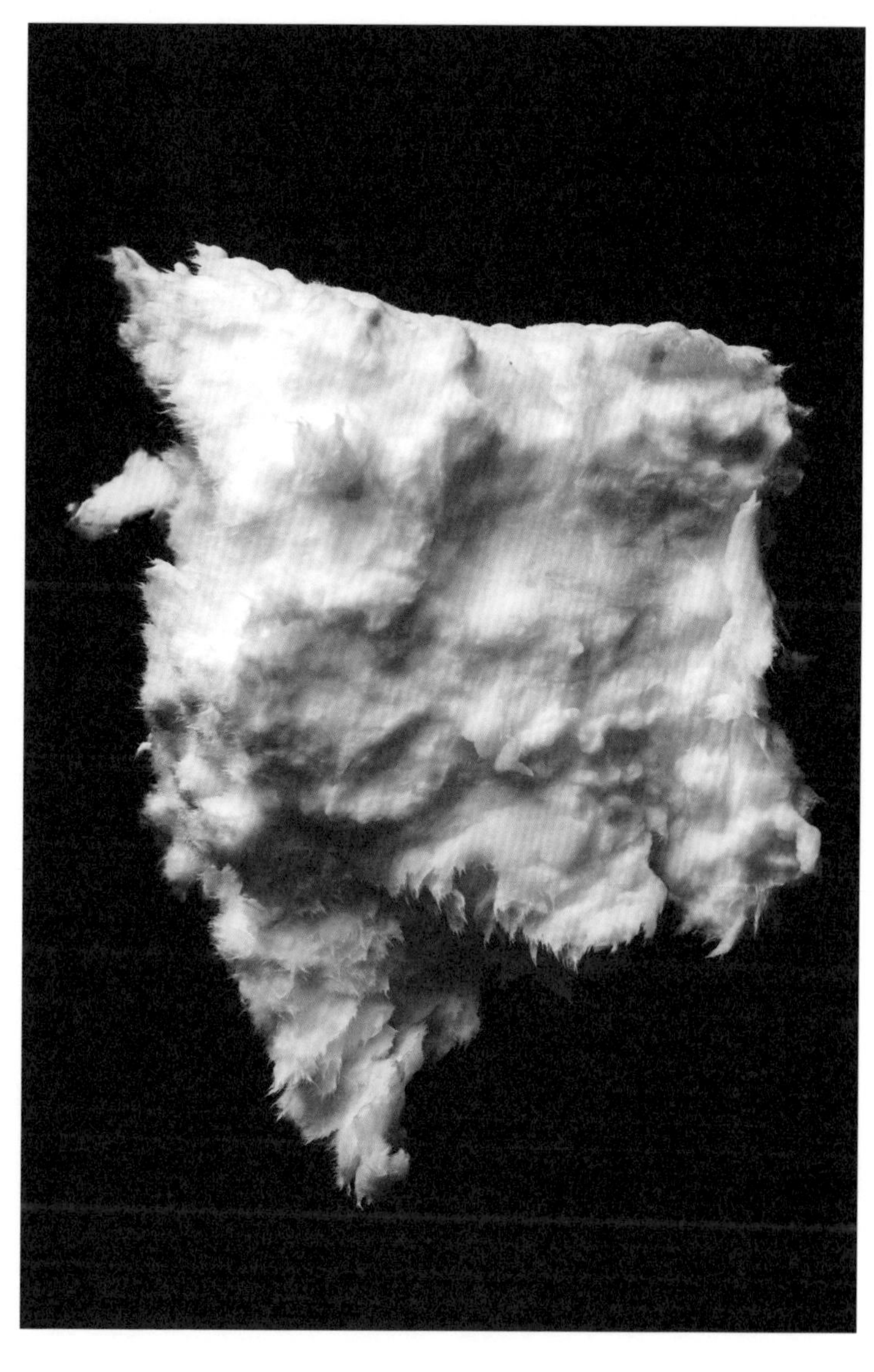

輸出されるパルプ繊維は、乾燥して梱包する

間成長量は1億5000万立方メートルにしかならず、新しい測定方法では、フィンランドの森はすでに成長の最大値にまで達しているとされています」。クンットゥがここで言う新しい測定方法とは、2018年秋に発表されたフィンランド森林再計算法を指している。「バイオエコノミーが定める目標の一つに環境保全に役立つ成長［エコロジカルな成長］がある。クンットゥによれば、現在の伐採方法ではこの目標達成はできないという。「学術的な視点から見ると、不明瞭な点はありません。しかし、現在の伐採量では森林が取り込む炭素量は少なくなり、水域には堆積物が溜まり、森林の生物多様性が弱まってしまうのです」。2000年から2010年までの間に、森林の生物多様性は以前ほど豊かではなくなっている。2019年発表の絶滅危惧評価では、その状況は厳しくなってはいなかったが、実際は、森林環境の変化によって絶滅危惧種に対して強く影響が出ていることがわかっている。

2010年代、伐採量と木材需要があまりにも大きかったため、伐採対象地域はそれまで伐採対象となっていなかった、より若い森林地域や小さな島、小川のほとりなど、自然環境のより繊細な場所へと移った。「環境保護機運は、ますます熱を帯びてきています。私は環境保護活動に20年携わっていますが、人びとから通報を受ける数は確実に増えています。なかには目を覆いたくなるような状況も起こっています。人びとは森のこと、住環境のこと、そしてサマーコテージの周辺のことを心配しているのです」
相対（あいたい）する目標を一つにまとめることは容易ではない。バイオエコノミー戦略では、二酸化炭素の吸収や生物多様性の維持、自然ツーリズムの促進よりも、伐採量の増加を目標に掲げている。しかし自然ツーリズムの促進に必要な条件は、伐採の速度が上がると減退してしまう、とクンットゥは指摘する。

＊＊＊

2010年代の終わり頃、林業は斜陽産業と言われていた。その後、新たな陽が昇り始めたものの、陽が当たったのは製紙・パルプ業だけであった。ペッレルヴォ経済研究所の未来予測担当のリーダー、ヤンネ・フオヴァリは、バイオエコノミーにはたくさんの可能性があると言う。「今はまだ、ほとんどのものが古いものに依存していて、新しい可能性を生かせていません。構造変化は、新しく高等な加工技術を評価する方向へ向かわず、逆行しているのです」

森林経済学教授のユルキ・カンガスは、パルプの生産量の増加は需要に対応するためだ、とこの状況には理解を示している。「フィンランドはパルプ好景気をうまく活用しています。この好景気を生かして、将来的な増収を可能にするために、バイオマス加工技術を従来よりも高い加工率が求められる製品の開発へと転用し、市場を制覇できるようにしなければ なりません」

まだ目に見える変化は表れていない。パルプ市場の急成長の波は林業界へと押し寄せたものの、ペッレルヴォ経済研究所の調査で描き出された状況は楽観的なものではなかった。森林に求められる役割の中核が生物多様性の維持と気候変動抑止となる中で、今、大型投資を実行しなければ、将来的にフィンランドの木材使用は今よりも非効率になるだろう。

一方、革新的な取り組みは進行中である。革新性のハードルが上がれば、大型製品を生産できる能力や技術力も上がる、とフオヴァリは言う。しかし、もしもそれが実現できなければ、フィンランドの森から生産できるものは、以前よりも価値の低い製品になる。バイオエコノミーブームに関する話や新たなイノベーションが描き出す林業界の変化は、すでにここでも始まっている。ただ、革新的な成長を経た大型成果物で市場を支配するには、時間が必要だという現実が置き去りにされてしまう危険性がある。「少なくとも数十年という時間の単位で話を進めなければいけないと思います」とフオヴァリは話す。

計算せよ、信ずるな

研究者サンポ・ソイマカッリオにとって、気候変動における森の役割は
自然科学の現実であって、私見を求めるものではない——アンナ・ルオホネン

ヘルシンキのメケリニン通り34番

フィンランド環境センターの灰色の石造りの壁の向こうでは、メケリニン通りの長引く改修工事の音が響いている。グループ長サンポ・ソイマカッリオは、窓のない部屋で机に向かうと、コンピュータに電源を入れた。普通のフィンランド人が見ても、すぐにはそれをフィンランドの森と関連づけることなどできない曲線グラフや数字が、モニター上に映し出されている。ソイマカッリオにとって計算して得られたこれらの数値は、森がフィンランドで最も効率的に大気中の二酸化炭素を除去できる技術であるという証拠である。つ

まり、バイオマスエネルギー原料として伐採することなど、もってのほかであることを表しているのだ。

ソイマカッリオは、これ以上フィンランドの森を伐採すると森林の炭素吸収量が数十年先まで少なくなるため、フィンランドが持つ気候変動の速度を遅らせる能力が弱体化すると考える、多くの学術界の代表者の一人である。

フィンランドは森林や土地を活用することで、二酸化炭素排出量をかなり抑制することができる。仮に森林伐採を完全に停止し、大気圏の炭素を樹木の成長で吸収すれば、大気へ排出した二酸化炭素量は10年で回収することができるとしている。[1] しかし、現実はそうではない。その代替案として、森を活用しながらあらゆる達成目標を混ぜ合わせる方法についての激論が続いている。ソイマカッリオの案は、森の活用も含めた土地の使い方に連動する気候変動への取り組みについて考えているに過ぎず、特段難しいことを持ち出しているわけではない。彼はこのテーマがかかえる複雑さに触発された。彼の考える森とは活況のバイオマスエネルギーの方法論的な課題を指す。だから時として、誰もが理解できるように説明するのは困難を極めることもある。

ソイマカッリオは、2000年代に入って以降、国の技術研究機関フィンランド技術研究センター（VTT）で、そして現在はフィンランド環境センターで、バイオマス利用が気候変動に及ぼす影響について計算をし続けている。彼は樹木が原料となる、つまり森が作り出すバイオマスを利用して、フィンランドの森の炭素吸収量と大気への排出量に及ぼす影響を計算した研究で世に知られる存在となった。

この計算では、森林と生態系の機能、木材製品のライフサイクルを通しての排出量、市場への影響、そしてもちろん木材によるエネルギーの使用量が化石燃料に比べて気候に及ぼす影響も考慮しなければならない。「バイオマスから何を、どのような方法で作り出すのかを考え、計算する際には、すべてのテクノスフィア［人類がニーズを満たすために地球上に作り出してきたもの］も含めて考えています」とソイマカッリオは説明する。

全体像は複雑であっても、ソイマカッリオが提案する大気に関する考え方は、容易に実現することが可能だ。その考え方とは、ある行動を実行するのか否かだけを比較するもので、ソイマカッリオがよく使う思考法でもある。フィンランドのエネルギー・大気政策では、２０２５年までに年間森林伐採量を丸太換算にして８０００万立方メートルまで増やすと記されている。[2] ちなみに、２０１７年の丸太の伐採量は７２００万立方メートルで、２０１３年は６５００万立方メートルだった[3]一方、何もアクションを起こさない場合、つまり今と比べて伐採量が増えない場合、フィンランドの森にはもっと樹木が残ることになる。樹木の量が多いほど炭素の蓄積は多くなる。しかし、ニュースの見出しでは違う話になっている。2017年3月、サヴォン・サノマット紙は「森林伐採は、気候の状態に影響を及ぼすことなく増伐可能」という見出しの記事を出した。[4] ラピン・カンサ紙は、2018年10月の社説で「混乱することはない――左派は、気候変動阻止のため伐採量の減少を要求。持続的な林業を実行しているフィンランドでは心配無用」という見出しが躍った。[5]

増伐すると新たな森林の成長を期待でき、最終的には気候変動にも役に立つと多くの者たちが言う。だがソイマカッリオによれば、増伐したら二酸化炭素吸収量は減るから、気候変動をやわらげることにはならない。つまりどちらかをあきらめることが不可避なのである。全世界の化石燃料が排出する二酸化炭素のうち、30〜40%は森林が成長する際に吸着すると推測されている。[6] しかし、森林は炭素を貯め込むことはできるが、二酸化炭素を出さないわけではない。森による二酸化炭素吸収は、貯蔵量の増量、つまり木々の成長量が二酸化炭素放出量よりも大きくなり、伐採や樹木の腐朽による炭素放出量よりも増えたときに起こるものである。

学術界と政界の代表者たちの意見交換の場であるフィンランド気候変動委員会は、森林の利用量が増えれば増えるほど、森林の二酸化炭素吸収量は伐採を行わない場合に比べて、数十年先まで減少のままであると明言している。[7] 気候変動対策としては、可能な限り多くの量の二酸化炭素を、数十年後ではなく可能な限り早急に取り込まなければならない。「伐採量が増えれば増えるほど、森林が二酸化炭素を大気へと放出してしまうというだけのことで、それほど複雑な話ではないはずだ」とソイマカッリオは話す。

⁂

今、森林について多くの話し合いが行われている。二酸化炭素排出量を劇的に削減することと、森林をエネルギー源とすることで化石燃料から脱却する、という2つの大きな気候変動目標をフィンランド政府が掲げているためだ。成長する森は二酸化炭素を樹木や土壌に取り込む。そのための森林利用は、大気中の二酸化炭素量抑制には即効性のある方法である。また、森林からもたらされる木質バイオマスは、エネルギー源としても利用できる。そしてフィンランドでは、後者の方法が積極的に取り組まれている。

森林は多くの需要に応じなければならない。林業界は、北欧のホワイトウッドの建材が世界市場で好調なことから、成長を期待している。同時に、フィンランドは木造建築を増やし、EUのフィンランドに対するコミットメントを達成することを目指している。そのコミットメントとは、建設分野における木質素材の使用量を増やすこと、木材をエネルギー生産と運輸業界向け燃料生産に使用して、気候変動対策に応じることである。[8] 特に木質バイオマス、つまり森林が生み出す木材製品の役割は、フィンランドの再生可能エネルギー原材料としてとても重要な存在だ。[9] 木材加工業の副産物である黒液（こくえき）［パルプ製造時に発生するリグニン主体の高分子化合物］、樹皮、おがくずは、すでに長きにわたってエネルギー源として活用されており、木質燃料はフィンランドのエネルギー源の約27％を占め、原油製品を抜いて重要なエネルギー源になっている。[10] 林業の廃棄材から生産された木質燃料が生み出すエネルギーは、２０１７年には総エネルギー消費量のたった４・３％だったのにである。[11]

気候変動対策において、大気中に排出される温室効果ガスの削減と、再生可能エネルギー源を探し出すことは、急いで取り組まなければならない課題である。バイオマスエネルギーの持続性や効率については、未解決な点がいくつも存在している。また、バイオマスエネルギーが気候変動に及ぼす影響についての研究結果も、議論の余地がある。[12]

再生可能エネルギー源を探すことは、目新しいことではない。エネルギー問題を解決するために、人びとは森林に目を向ける以前は耕作地に目を向けていた。２０００年代中頃、ソイマカッリオはナタネ油からバイオディーゼルを、オオムギからエタノールを作り出すべきかどうかを計算する研究グループの一員だった。研究グループは、いわゆる耕作地バイオマスの利用は気候変動の面から見て、大きな誤りであることにすぐに気づいた。「たとえば、バイオマスエネルギーを生み出すことを優先して耕作地で作物を育てる場合、これを気候変動対策のために、ぜひとも取り組まねばならない方法であると実証するのは困難です。なぜなら、その対価としての出費、つまり森林や耕作地に貯蔵される二酸化炭素をすべて喪失してしまう状況が起こり得るからです」とソイマカッリオは簡潔に説明してくれた。耕作地をバイオマスとして使うことへの興味が薄れると、森林へと目が向けられるようになった。ここ10年の間、ソイマカッリオのコンピュータ画面には、森林を活用した際の気候変動への影響のモデルケースが構築されている。

ソイマカッリオは、木質バイオマスをエネルギー原料として活用することについて調査した。バイオマスエネルギーの使用が増えると、温室効果ガスの収支、つまり大気中への全二酸化炭素排出量は、バイオマスエネルギーの原料、その使用状況、そしてそれを使う意味に大きく依存していることがわかった。また、時間も重要な要素である。つまり、排出物の大気への影響を考慮する期間のことである。

樹木の収穫時に残った梢や枝など、林地残材をバイオマス燃料に使うことはできる。こうした残材から作られるものが木質チップで、丸太作りの工程で作られてバイオマスエネルギーの原料となるため、第二次エネルギー源と呼ばれている。2000年代初頭は、ま

◀ケミの工場で加工される木材のほとんどは、ロヴァニエミにあるフィンランド鉄道材木用ターミナル経由で運び込まれる

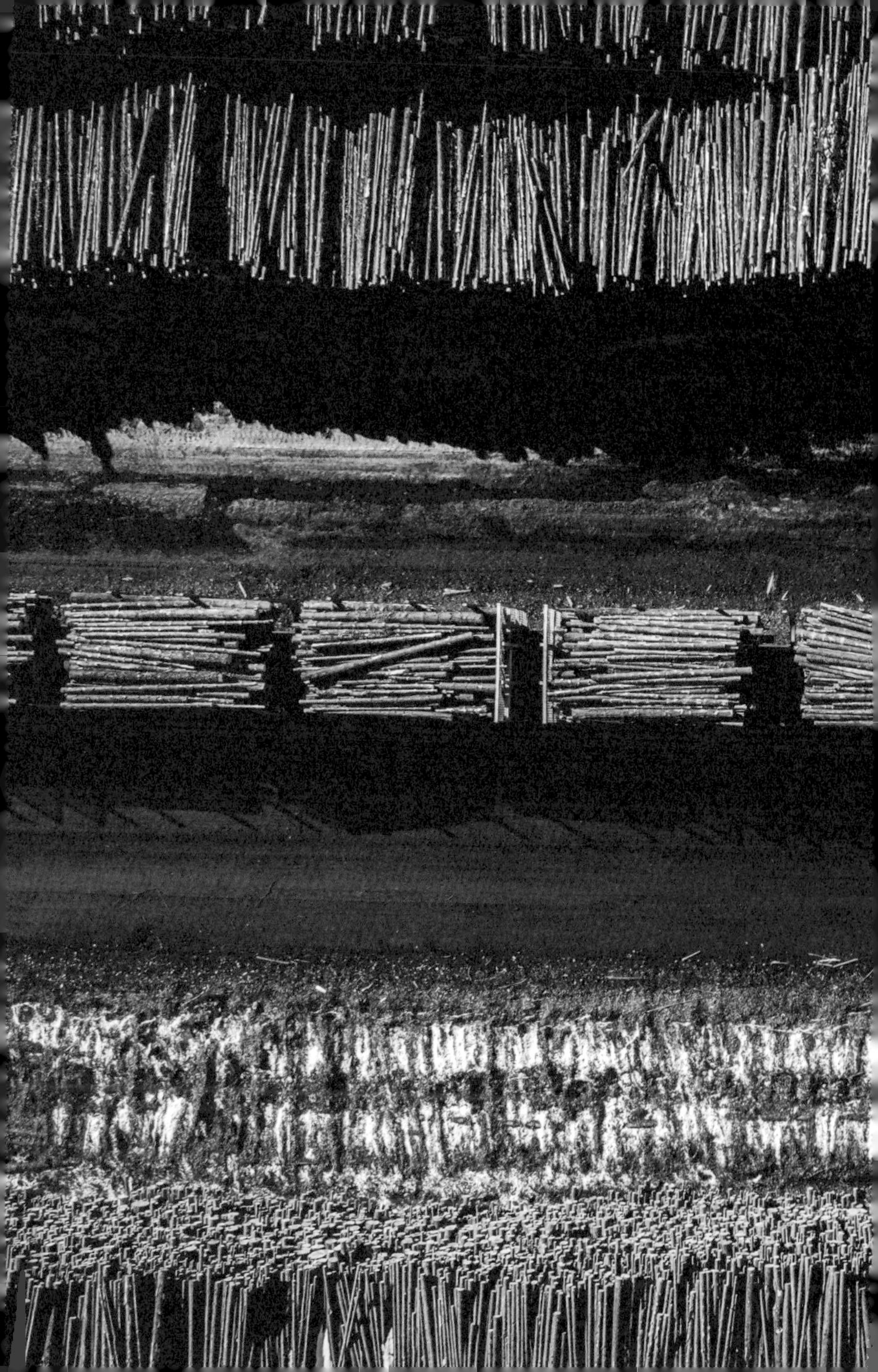

だ林地残材の利用は少なかったものの、バイオマスエネルギーの成長が必須とされたため、すぐに有効活用されるようになった。

ソイマカッリオが表彰を受けた「バイオマスのエネルギー利用：炭素吸収と気候変動への影響」という論文で、ソイマカッリオは2つの状況を比べている。それは林地残材の木質チップを使う場合と木質チップをバイオマスエネルギーとして燃やした場合、フィンランドの気候変動戦略におけるバイオマスエネルギーに設定されている目標を達成するためには、おそらく製紙用の木も燃やすことになるだろうと指摘している。[13] 製紙用サイズの木を利用することは成長する樹木を伐採することであり、腐朽した枝の収穫よりも森林の二酸化炭素吸収量を劇的に減らしてしまうため問題なのである。

製紙用の木までエネルギー生産として使ってしまうのは、バイオマスエネルギーに設定されている目標値が大きいからである。フィンランドの気候変動戦略では、2030年には電気・暖房、バイオマス燃料生産のうち、1400万〜1800万立方メートルを木質チップが占めるように設定している。現在のレベルでは、林地残材はおよそ800万立方メートルしか存在しないので、将来的には少なくとも600万立方メートル、木材を多く燃やさなければならなくなる。フィンランド天然資源センターによれば、目標値に達するだけの木質チップ使用量にするには、製紙用木材を燃料用にするための増産が想定されている。この場合、フィンランド産丸太の年間伐採量は、8300万立方メートルレベルにまで増えることも想定される。[14]

林地残材の使用を増やすと、もう一つの〝しかしながら〟につながる。林地残材を過度に回収すると土壌の養分減少へとつながり、バイオマスの、つまり森林の成長を弱めてしまう可能性が出てくる。[15] ソイマカッリオの研究では、林地残材の利用が人工林の生態系の多様性へどのような影響を及ぼすかについては言及していない。しかしながらフィンランドでは、森林の中で生育する生物にとっての林地残材の役割について、ささやかではあるが研究されている。たとえば地衣類や木材腐朽菌として働くサルノコシカケ類などは、林地に残された枯れた木の中で生きながらえるため、林地残材が広範囲にわたって回収されてしまうと、負の影響が出始めることになるという。負の影響とは、特に死んだ樹木の量が元々少ないフィンランドの人工林にとっては、と言う方が適切かもしれない。[16]

＊＊＊

フィンランドは化石燃料経済からの脱却と、吸収源としての樹木の活用を増やすことに基盤を置いたバイオエコノミーを推進して、気候変動を抑制することを計画している。地球の平均気温の上昇を2度以下に抑えるなら、温室効果ガスの削減は急務であり不可避である。2015年に誕生したユハ・シピラ政権は、再生可能エネルギーに関して野心的な計画を策定した。エネルギーの最終消費量のうち、再生可能エネルギーの割合を半分以上にすること、2030年までにエネルギー生産の脱炭素化を果たすことなどを目標に掲げた[17]。そのために政府は、木質バイオマスエネルギーを活用しようと考えている。ただ、木質バイオマスエネルギーは再生可能エネルギーと考えられるが、二酸化炭素の排出がゼロではない。また、樹木の再生がゆっくりであることと、木質バイオマスエネルギー生産からの二酸化炭素排出量の方が、化石燃料から排出される量よりも多いため、〝フィンランド〟という環境で、そのメリットが現実的なものになるのは100年以上先になる[18]。地球温暖化の速度を落とすための手段は、ここ数十年の間に実行されなければならないため、結果が出るのが100年先ではあまりにも先すぎる。

あまり公に紹介されていない考え方に、森林活用による炭素固定というものがある。炭素固定にはいろいろな可能性があるが、伐採制限もその一つに数えられる。伐採周期を延ばしたり、間伐の最適化を図ったりすることで森林喪失地帯に樹木の育成場所を広げたり、森林育成方法を変えて二酸化炭素吸収を効率よくすることで炭素固定量を増やしたりすることも可能になる。[19] ソイマカッリオによれば、気候変動に関するパリ協定の目標を達成するには、気候変動防止のための森林の役割が将来的に大きくならざるを得ないという。「目標値達成のためには、森林だけで問題を解決することはありませんが、気候変動防止というパズルの中では欠くことのできないパーツでもあります」

森林は政治の舞台でもあり、森林活用に関係するエネルギー問題の背景には国際的な気候変動枠組条約があるため、森林と政治は切っても切れない関係がある。フィンランドも署名したパリ協定が掲げた目標では、地球レベルでの気温上昇を2度までに留めると定めている。もう一つの世界規模での達成義務であるEUのLULUCF［土地利用・土地利用変化及び林業分野］規定も、パリ協定で定められた気候変動に関する目標の影響を受けている。

フィンランド国内では、個別のEU規定が取り上げられることが多く、複雑で把握することが難しいLULUCFが注目されることは稀だ。LULUCFは、英語のLand Use（土地利用）Land-use Change（土地利用変化）とForestry（林業分野）からなる言葉で、EU加盟各国がLULUCF分野［土地や森林の利用］について気候変動に関する取り組みを規制し、温室効果ガスの吸収や土地・森林活用で生じる二酸化炭素排出について、気候変動排出量の計算時に注意しなければならない計算規定を作成した。LULUCF規定は森林伐採を制限するものではないが、LULUCF規定上、排出可能な量よりも多くの排出量が出た場合に受ける制裁量を明示するものである。LULUCF規定の適用は、2021年から2030年となっている。

ソイマカッリオは、気候変動対策に関する義務として、森林や土地の運用で生じる排出ガスと森林が吸収する二酸化炭素を、将来的には従前よりも詳しく評価することになるだろうと予想している。「義務化されることで、森林が気候変動にとって近しい存在から、炭素吸収という役割を担う重要な存在へと変わるだろう」

パリ協定の目標は、人びとの生活から生じる温室効果ガスの吸収と排出量が2050年までに同量となり、それ以降は、吸収量が排出量よりも大きくなることである。ソイマカッリオによれば、二酸化炭素の削減は、すぐにでも開始しなければならないにもかかわらず、多くの国々は、その時点（2050年時点）で実施されていればよいという決定を下した。「もし、パリ協定の目標を達成するのであれば、現実問題として、二酸化炭素は今すぐにでも排出量を削減する必要があり、今すぐにでも吸収量を増やさなければならない」とソイマカッリオは言う。

フィンランドの林業は崩壊している。崩壊した大きな理由の一つは、気候変動の抑制と適応のために、フィンランドでも森林に大きな役割が課されるようになったことである。

気候変動政策の中で、二酸化炭素の吸収は持続可能な伐採の可能性を確認する際には常に注意を払わなければならない項目で、今後とても重要な役割を担うことになる。

気候変動という課題は、幾種類もの変数が関わる方程式のようなものだ。国際的な気候変動に関わる協定は、森林や土地の活用について政治的に方向性を示しているが、森林の成長や二酸化炭素吸収量の増加については予測が難しい。樹木を燃やす木質バイオマスのエネルギー化は、化石燃料のエネルギー原料依存を減らすことはできるものの、気候変動の視点では必ずしも賢明な方法ではない。

気候変動問題の背後で点滅し続ける最大の疑問点、それは、フィンランドの森林がこの先十数年の間に吸収できる炭素量についてである。その量は単純に計算できるものではなく、それでもフィンランドは、LULUCF規定やEUの気候変動政策のために森林の二酸化炭素吸収量の推測値を算出しなければならなかった。二酸化炭素吸収量は、計算のための仮定条件や適用する仮想状況によっても変動する。森林政策を作成する際は、計測モデルが大きく影響を及ぼすし、最終的には伐採量にも影響が出る。自然科学の見解では、伐採の一つ一つが気候変動へと積算されることがわかっているが、森林の二酸化炭素吸収量の数値が大きくなればなるほど、政治的に締結された協定を基準にすることで、より多くの森林伐採ができることになる。

二酸化炭素吸収量の増加と持続的伐採量について、モデルケースとそのモデル内で使用した想定状況が、実にさまざまな計算式を生み出している。[20]「二酸化炭素吸収量予想には、著しく不確かさがついて回ります。特に樹木の成長と土壌内に存在する炭素バランスの調整は、解決すべき問題です」とソイマカッリオは指摘する。

政府が指名したフィンランド森林委員会は、2019年初め、森林が発展していることを示す6つの炭素バランス、つまり二酸化炭素量の推測値を伐採量4000万立方メートル、8000万立方メートルと8500万立方メートル以上の場合で提示した。計算モデルはお互いに全く違う結果を導き出した。結果として共通していた点は、すべてのモデルで伐採量最小値の4000万立方メートルで最大の二酸化炭素貯蔵と吸収を実現し、それ以上の伐採を行うと、少なくとも2065年までは吸収量が減少するという結果が出たことである。[21]計算モデル間の違いは大きかった。計算モデル別で一番大きな差異が出たのは、フィンランドの現在の化石燃料による温室効果ガス排出量だったのである。[22]

＊＊＊

フィンランド環境センターの会議でソイマカッリオはコンピュータの画面を閉じた。事

◀フィンランドが排出する温室効果ガスのおよそ半分の量を吸収するといわれるほど、フィンランドの森は年間の炭素排出量と密接な関係がある。ムオニオにあるパッラス＝ユッラストゥントゥリ国立公園の森

実があって、それから意見が現れる。ソイマカッリオにとって重要なのは前者、つまり事実だけだ。「私にも私見はあります。でも、こういう事実の中では私見など何の意味もないのです。たとえば、公の場で森林をもっと伐採しなければいけないのか、あるいは伐採量は少なくすべきなのかという話はしたくありません。私がこの計算を行って、私たちが分析し、その結果として導き出されたものがこれです、ということは話します。もしも、この結果について違う意見の人がいたとします。そのときは、何を基準にそう考えるのかについて話し合いを始めることができます」

ソイマカッリオの研究が伝えたいことは、フィンランドの森林はバイオエコノミーの名のもとに、森の炭素吸収量の最大値よりも多く伐採が行われているということである。つまり、木材需要の増加に追随するように森林の炭素吸収量が減少し、まさに気候変動抑制のために排出ガスの劇的な削減に取り組まなければならないときに、二酸化炭素排出量が増大しているということだ。ソイマカッリオは、2017年3月、多くのメディアが注目する中で、フィンランド政府の増伐計画に関する声明文（マニフェスト）に署名した68名の研究者の内の一人である。関わった研究者たちは、増伐が実施されれば気候変動を刺激し、自然環境の多様性が脆弱になることを確信していた。声明文発表の目的は、世の中を席巻している気候変動や森林を取り巻く自然環境に及ぼす影響についての誤った見解を正すことだった。

声明文は多くのメディアで取り上げられたが、気候変動における森林の役割について、その内容は矛盾していた。増伐を行えば、フィンランドの森林の炭素吸収量はこの先数十年にわたって減少する、という同じ見解であるにもかかわらずだ。研究者たちが提供した情報を基に国民が森林活用計画について疑問を呈していることに、メディアですら気づき始めている、とソイマカッリオは感じている。

しかし、膨張した楽観的な思考に取りつかれた人びとにはそれを受け入れるゆとりがない。ソイマカッリオは、海上の氷河が溶け出すニュースに触れると気持ちが苦しくなる。絶望と気候変動がもたらす課題に打ち勝つことはできないのだろうか、という感情に襲われるのだ。ソイマカッリオや気候・気象の研究者たちの思いが通じ、フィンランド政府が現実を認識したとしても、炭素吸収量の縮小にかかる圧力はごく軽いものになるだろう。

「背景にあるものがあまりにも大きな圧力になっているのです」

今一度、2つのケースを考えてみよう。一方は私たちが何かしらを実行し、もう一方は何もしないというケースだ。もしも、私たちが考えることをやめてしまい、一人ひとりの力は小さく、また決定を下した者があまりにも弱く、何も意味をなさないと考えてしまうと、物事はそこで終わってしまう。「一人ひとりが下す決意は小さいかもしれない。けれど前に進もうとする大きな力がある」とソイマカッリオは言う。この動きはまた、政治的な働きかけを生む場合もある。ＥＵの気候変動政策が批判されているのは、もし二酸化炭素の吸収が計画通りにいけば、伐採地は他の場所へ移されるだけだからである。これはあり得ることだとソイマカッリオも感じている。つまり、もし地球上のどこかの島が気候変動政策に熱心に取り組めば、他の国は、自分たちはもう気にしなくてもいいと思うだろう、ということだ。

最も確実な失敗方法は、何もしないことである。ある意味、豊かな西側諸国の取り組みは重要で必要不可欠な実例である。「しかし、方向性を示す者がいなければ、私たちは確実に失敗します」

森へ出かけた

森林や気候変動について、
深く根を張った常識を訂正する

——アンナ・ルオホネン

気候変動に関する議論の中では、森林に関して幾度となく繰り返される主張が浮かび上がってくる。フィンランド環境センターのグループ長、サンポ・ソイマカッリオとヘルシンキ大学森林学教授のアンニッキ・マケラは、数々の常識と言われる主張に批判的に向き合わなければならないという。

常識その1：森林の二酸化炭素吸収率は、木々の成長が大きいほど高い。

この常識を訂正すると……

この主張の背景には、樹木は老齢になると、体積が増えないため、二酸化炭素を吸収していないという見方がある。おそらくその裏には、成長の早い若い木は、成長過程で多くの炭素を貯蔵するため、老木を伐採し、その後に若木を植樹すれば多くの炭素を吸収できると考えているのだろう。

伐採された森の跡地に、これから成長する若い苗木を植えて森に育てれば、老木の森よりも成長量は多いかもしれない。成長の早い若い森の樹木は1年間で成長する間に、老木が1年間に取り込むよりも多くの二酸化炭素量を吸収する。これはわずか1年間で樹木に貯蔵される炭素量のことを指している。しかし、樹木の成長が早いことは、森林全体の炭素貯蔵量が多くなることではない。若い樹木に貯蔵される炭素量は、老木が伐採されなければ貯蔵しているだろう炭素量よりも少ない。森林が二酸化炭素を吸収すると言えるのは、樹木や土壌が吸着する二酸化炭素量が排出量より増加して初めて起こる。もし森林の年間成長量とほぼ同量の樹木を森から取り除くと、森林の年間二酸化炭素吸収量はゼロになる。もし森林の成長量よりも多くの樹木を伐採すれば、森林も二酸化炭素排出源になる。つまり森林の炭素貯蔵量が減れば、二酸化炭素は実質吸収されないことになる。

　樹木の成長と伐採量をいずれも最大にしたい場合、森林年齢は一定の年齢に達していなければならない。つまり、二酸化炭素排出にならない程度に、成長する分だけ樹木の伐採を行うことが必須条件になる。こうすれば炭素貯蔵量は安定する。フィンランドは、森林の年間の伐採量を２０１８年の７０００万立方メートルから、２０２５年には８０００万立方メートルまで増量し、二酸化炭素吸収量を減らしたいかのようだ。

常識その２：森林のバイオマスをエネルギーとして利用することは、樹木を再生不可能な原料の代替物とする、気候変動対応のための行動である。

　この常識を訂正すると……

　この主張は、どんな再生可能エネルギーの原料でも化石燃料よりはましである、という考えに基づいている。

　木質バイオマスを燃焼させると、化石燃料を燃やすときよりも多くの量の温室効果ガスが発生し、大気圏へと放出される。木材を燃やすと１メガジュール当たり二酸化炭素１１０グラムの放出となるが、石炭の場合は93グラムだ。また、木材をエネルギー化するために燃焼させると、二酸化炭素は燃焼と同時に発生する。

木材を使用することで気候変動を抑止できるのは、木材を燃焼させたときの二酸化炭素排出量が、木材を燃焼しない状態と同等の低い状態に抑えられたときだけである。もし木材を燃やさずにエネルギーを欲するなら、おそらく木の代わりのエネルギー源が必要になるだろう。

使用する燃料の大気への影響に関しては、燃料のライフサイクルアセスメントを行って確認し、原料別に長期間にわたって比較しなければならない。木質バイオマスをエネルギー化する(燃焼させる)と、二酸化炭素はすぐ大気に拡散する。木質バイオマスを化石燃料の代わりに使用すると、木質バイオマスが発生させる二酸化炭素分を成長する樹木が吸収するが、温室効果ガスが少ない状態になるまでに、数十年から数百年の時を要することになる。フィンランドでは、樹木の成長は遅く、木質バイオマスとして利用した後に新しい樹木が成長し、貯蔵する二酸化炭素量が樹木の伐採時と燃焼のために森林から放出された二酸化炭素と同等量になるまでには、100年以上かかると推測されている。

常識その3：フィンランド国内の森林伐採量は、2013年から2025年までで6500万立方メートルから8000万立方メートルまで増やしても、樹木が吸収する二酸化炭素の減少期間は15年から30年と短期間である。

この常識を訂正すると……

この主張は、たとえ二酸化炭素吸収量が短期間減少しても、後に吸収量が元の数値まで戻ることで修正される、という主題とは違った視点からされている。このように、二酸化炭素吸収に短期間の中断が生じても、それはごく一時的なものだという勝手な想像が独り歩きし始めている。しかし伐採量が増えれば、それに伴って大気圏には二酸化炭素が溜まっていく。排出ガスは、いったん大気圏まで到達すると、何らかの方法で戻さない限りその場に留まり続ける。

主張を見る限り、樹木の伐採量を８０００万立方メートルまで増やすか、６５００万立方メートルのレベルを維持するのかにかかわらず、二酸化炭素の吸収量は最終的には変わらないと解釈しているように見受けられる。炭素の貯蔵量、つまり、樹木の体を作っている炭素化合物は、それぞれ伐採の量によって違ってくる。研究によれば、炭素貯蔵量、つまり吸収量の差異は、計測時から30年経過した後にさらに大きくなる可能性があるということが判明している。炭素貯蔵の総量が数十年後、いずれの伐採量であっても目を見張るほど減少するという証拠はない。

常識その４：老木の森は排出ガスの源である。

この常識を訂正すると……

老木の森に関する学術的な研究資料はわずかしかない。高樹齢の森になればなるほど、研究資料の数が少なくなる。入手可能な研究資料によれば、老木は二酸化炭素吸収に関しては、中立（ニュートラル）か、より吸収するかだと示している。老木の森の排出ガスに関する主張を裏打ちするような資料は一つとして存在せず、この主張は研究資料に基づくものではない。

森林蓄積の増加量は、年を重ねるごとに減少する。そのため老木の多い森は若い木ばかりの森ほど炭素を取り込まない。ただ万が一、老木が伐られてしまった場合、長い時間をかけて森林に貯蔵された膨大な量の炭素が放出されることになる。フィンランド国内では、過去、数回の大嵐を除いては[1]大規模な森林破壊は発生していない。
老木の蓄積量は若い人工林ほど増えないが、排出ガスの放出はない。老木は、光合成し、成長し、針葉樹や広葉樹の葉が地面に落ちる際に成長した分だけ死滅する。地面に落ちた葉が腐葉土になり森林土壌の炭素の均衡を保つ。つまり、1年の間に森林が取り込み、そして放出する炭素量の差の均衡を保つのだ。腐葉土に取り込まれた炭素の一部は、微生物の分解が進むにつれて土壌に残る。土壌に残る炭素は、森林の炭素の均衡がプラスに作用するため重要になる。土壌と枯れ木の炭素貯蔵状況は、成長する森林が年を重ねることで出現する。[2] 高樹齢林では、樹木や他の植物バイオマスの増加はないが、炭素を土壌にゆっくりと、数千年にわたって堆積し続ける。[3]
老木の炭素均衡を否定的に言う人たちは、多くの場合、樹木のことのみに言及している。樹木は常に光合成し、また呼吸もする。しかし、樹木が呼吸するからといって、すべての二酸化炭素が放出され大気圏にまで到達するというのは間違った考えである。炭素は腐葉土と共に土壌にも移動するし、土壌に移動した炭素は地中に長期間にわたって残る可能性もある。
森林の年齢は、そもそも誤解を招きやすいもので、森林年齢について話すことができるのは、唯一人工林だけだろう。古い原生林は、フィンランド国内にはごくわずかしかない。もしも、人工林をとても長い期間生かすとすれば、ゆっくりと天然林に移行し、徐々に原生林となっていくだろう。このような森は、老木の森でも若木の森でもなく、生き生きとした自然の森になる。つまりいろいろな樹齢の木が隣どうしに生えている森になる。そして、こうした森のバイオマスの1ヘクタール当たりの炭素含有量は、人工林に比べて相当多い。[4]

森林戦争と平和

イナリ地方で数十年続いた森林論争を待ち受けていた思いがけない結末——ペッカ・ユンッティ

イナリ、イヴァロ村

2005年早春、環境保護活動家ヴェサ・ルフタは買い物に出かけるとき、人に出くわすことがないよう、こっそりと早足で歩いた。イナリのトナカイ牧夫たちとフィンランド森林庁の間で持ち上がっていた森林論争は炎上していた。結果、イナリ自然保護協会会長であったルフタは、この論争に巻き込まれていたのだ。「夜中に妙な電話がかかってきてね。電話の主は、話があるから村はずれまで出てこないか、と言うんだ。だから、いったい何をしたいんだと聞いたさ。すると、あんたという人間がどんな人物なのか、ちょっと見たくてね」と言われたという。

サーミ［ラップランドの先住民］のトナカイ牧夫たちが反対している古くからの森の伐採も論争の火種となっていた。トナカイ牧夫たちに知恵をつけたのは、この論争のことを国際社会にも知らしめた環境団体グリーンピースだった。グリーンピースは、フィンランド森林庁から木を購入する国外の買い手と欧州内の顧客に対し、フィンランド森林庁が行っている伐採行為は先住民の生活手段と文化を脅かしていると伝えた。フィンランド森林庁対サーミの論争を、先住民が国と大企業の狭間で自分たちの権利を守るために闘っているという構図にして、国際的な問題に見せかけていたのだ。

グリーンピースは、パーダルスカイティとネッリムに森林キャンプを設営した。地元の強硬な反対派たちも同じ場所にキャンプ場を設けていた。夜になっても角笛やサイレンの音、支援者の大声が響き渡っていた。すでに長い時間を費やしていたイナリの最も豊かな森林の保護に関する交渉は、とうとう自然保護協会とフィンランド森林庁の論争に発展してしまっていたのだ。自然保護の交渉対象となる森のほとんどは、論争の対象となっている森である。ヴェサ・ルフタは論争の行方を見守った後に発言を求めたが、地元の自然保護協会の話に耳を傾ける者などすでにいなかった。がっかりしたルフタは引き下がったが、論争から身を引くことはできなかった。しかし、出くわす人と繰り返し同じ話をしたくは

なかったため、イヴァロの中心街からは徐々に足が遠のいてしまったのである。一度など、レストランで食事をしていたときに、ふいに椅子を引かれて、床に頭を打ちつけるという経験もしている。

2010年、5年という長い交渉の末、トナカイ所有者組合とフィンランド森林庁は、今後20年間の森林和平を結んで、この論争は終結した。フィンランド森林庁は、トナカイの放牧にとって大切な経済活動に活用されるための森4万3000ヘクタールを、伐採対象から外すことで両者は合意したのである。さらにフィンランド森林庁は、林業用の土地と定めていた2万1000ヘクタールの原野をそのまま保護林にすると決めた。対象となった原野は、規制の厳しい自然保護区域ではなかったが、その原野独特の特性を失わないようにしながら経済活動に活用することになった。全部で12カ所に点在する原野は、すべてラップランドの北部に位置している。

イナリ地方の国有地は、すべてを合わせるとおよそ140万ヘクタールに上り、イナリの総面積の80%を占めている。そのほとんどは、環境保護対象区域か小規模で樹木が集中している地域、あるいは丸坊主の小高いなだらかな丘で、経済活動目的での使用には適さない土地である。2018年秋の時点で、国有の林業用の土地は19万2656ヘクタールである。[1]

フィンランド森林庁は、2018年イナリ・コッサモ地域の保持樹木を切り倒した▶

今から約10年前に森林をめぐる争いは終結したが、行き違いをなくすことはできなかった。水面下での対立は続いていたし、ヴェサ・ルフタはその後も変わらず物言う環境保護活動家だったが、今はもう誰かに襲いかかられることはない。むしろその逆で、2000年代初めになると、環境保護に強硬に反対していた人たちが、がっちりと握手を求めてくるようになった。「ここ5年ほどは、以前よりも頻繁に、高齢の樵（きこり）たちまでもが、感謝の気持ちを伝えてくるようになってね。あいつらをやっつけちまえとさえ言われるよ」

イナリでは、何かが変わったようだ。

イナリ、コネス湖

リーッカ・モロッタヤは、生後7カ月になるピエラ＝イルマリを抱きかかえると、室内から空気のすがすがしい外へ出た。ヨーロッパアカマツの老木が両側にすっくと立ち並んでいる敷板（踏板）伝いにコネス湖岸まで行くことができる。

イナリ・サーミであるモロッタヤは、ピエラ＝イルマリが生まれるまではイナリの森林問題について考えたこともなかった。彼女は、イナリ・サーミ語の発展に尽力しているという自分の肩書きが好きだった。大工になる勉強をした22歳のモロッタヤは、以前、消滅の危機にある言語を次世代へとつなぐイナリ・サーミ語の言語センター「言語の巣」という幼稚園で働いていた。サーミ語を使って早期教育ができる人材が少ないため、今彼女は幼稚園教諭になるための勉強をしている。そして、自分名義でトナカイも所有している。

森はイナリ・サーミの人たちにとって大切なものだとモロッタヤは言う。その大切さは、イナリ・サーミが使う自然を表す語彙からも感じ取ることができる。

モロッタヤにとって森とは心の風景である。森はまた、食卓に肉やベリーをもたらす恵の源でもある。それに、気持ちを落ち着かせてくれる場所でもある。彼女が、森林を無視できなくなった理由はいくつもある。「子どももできたので、黙っていることなどできなくなったの。森で私が目にし、経験したことを、自分の子どもや孫へ残したいから」

モロッタヤは、イナリで樹木の伐採をするべきなのか、それとも森林を他の目的に使うようにした方がよいのかなど、さまざまなことを考えた。今まさに考えなければならないテーマで、それに自分も応えたいと思っているからである。サーミの人びとがトナカイを放牧する区域では、フィンランド森林庁が実施している伐採はやめるべきだとモロッタヤは思っている。サーミの人みなが同じ考えだと思っている。「こと、こういう問題にかけては、私たちは同じ炭を燃え上がらせるのよ〔「一致団結」に相当する言い回し〕」

モロッタヤが所属するムッダスヤルヴィトナカイ所有者組合は、2016年、国に対して伐採を中止するように求めた、いわゆる〝反乱を起こした〟3つの組合のうちの一つである。トナカイ所有者組合とはトナカイ所有者の地域別組織で、イナリ地方には8つある。争いの第一は土地の使い方である。つまり誰が、どんな目的で森を使うことができるのかということだ。

サーミのトナカイ所有者組合は、2010年に妥結した森林和平の条件をフィンランド森林庁が破ったと訴えている。地衣類を傷めるような、トナカイの冬場の食糧に影響を及ぼす夏場の伐採について、森林庁を告訴しているのだ。伐採するとサルオガセの育つ森も失われてしまうのだ。サルオガセは老木の枝に育つ地衣類で、冬の終わりから早春にかけてトナカイの大切な栄養源になる。トナカイ所有者組合は、伐採を行う前にはサーミ文化、つまりトナカイの飼育に及ぼす影響、別の言い方をすると、伐採による土地使用の影響を総合的に判断する影響予測評価を求めている。

サーミ議会「現サーミ議会は、1996年制定のフィンランドサーミ議会法により定められた独立した民族特別議会である」は、2018年に発効したフィンランド森林管理法で、サーミ文化の衰退につながる行為の禁止を求めた。議会はまた、サーミの一人ひとりが、自分に利害関係のある地域に関する伐採計画と総合的な影響予測評価に参加することができるようにすることも求めた。[2] ところがイナリの環境活動家ヤルモ・ピュールッコによれば、サーミに関する条項は、長い時間をかけて準備したにもかかわらず最終的に削除されたという。

森林問題に詳しくなったピューッコは、グリーンピースとの調整役やトナカイ所有者組合の裁判関係の相談役という役割を担っている。

フィンランド森林管理法はサーミの人びとを落胆させるものだったが、フィンランドで定められている法には、サーミのトナカイ飼育を保護するよう求める条文をいくつも見つけることができる。実際、フィンランド森林管理法では、サーミの文化的活動の前提条件を保全することを義務づけている。[3]そしてトナカイ飼育法では、イナリも含むトナカイの放牧等で使うエリアで、トナカイの飼育に著しい損害をもたらすような土地の活用を禁じている。[4]

ラップランド大学法学研究者で、先住民の権利について詳しい講師レーナ・ヘイナマキは、イナリのムッダスヤルヴィトナカイ所有者組合の土地活用問題に特化した「フィンランドの人権義務、同意はどのように読み取られるのかプロジェクト」に取り組んだ。ヘイナマキによれば、国連の市民的・政治的権利に関する国際規約と特にその第27条は、フィンランドの国及びフィンランド森林庁に対し、両者がサーミの文化活動や伝統産業に本質的な不利益をもたらすことがないよう義務づけている。

ヘイナマキによれば、第27条に則ってサーミ文化を衰退に追い込むことを禁止し、影響予測評価の実施義務は個別に内閣議案として提案しなければならないとしており、フィンランド森林管理法はそれを根拠に法制化されていることに気づくことも大切だとしている。提案書では、管轄省庁は伐採等の計画についてサーミの人びとと調整しなければならない、としている。また影響予測では、サーミの人びとの独自の文化活動の可能性を評価する際、ラップランド全域ですでに実行、あるいは進行中のプロジェクトに共通して見られる影響にも注意を払わなければならないとしている。[5]

ヘイナマキによれば、内閣が提出する法案の提示はその法律の実質的な解釈になるという。特にフィンランド農林省が主体となって作成した森林管理法原案では、実際に法を適用する際には、前述の事項すべてに注意を払わなければならないこととなっていた。別の言い方をすれば、フィンランド農林省は、第27条を適用する際は自らの解釈に従う必要があった。国有の会社組織であり管轄省庁でもあるフィンランド森林庁にも同様の義務が生じた。そして、「人権規約は、市民や法の解釈に最低基準を設定することになった」とヘイナマキは解説した。

フィンランド森林庁傘下のメッサタロウス株式会社のラップランド支社長キルシ＝マルヤ・コルホネンは、総合的な影響予測評価には興味を示さない。影響予測評価が出るまでには何十年もの時間を要するし、何十万ユーロというお金もかかるため、森林庁が着手することは不可能だという。「林業継続のための解決策は、トナカイの放牧地とトナカイが受ける総合的な影響から探るのではなく、別のところから見出さなければならないことは明白だ」とコルホネンは言う。その一つに、すでに評価が進められている土地利用計画図がある。

フィンランド森林庁は、予測調査は開始していないが係争となっている土地の伐採作業は一時的に中断している。その背景には原木購入者たちからの圧力がある。原木を購入する大手企業ストゥーラ・エンソ社とメッサ・グループは、先住民の権利が中核となるFSC森林認証制度〔国際的な非営利組織である森林管理協議会（FSC）が、当該の森で適切な森林管理が行われているかを認証する制度〕に縛られている。コルホネンによれば、樹木の伐採はサーミの人びとの先住民権が損なわれる危険につながる行為であると、サーミの人びとは森林認証の監査時に進言している。「それ故、イナリから売り出される原木は、危険クラスに振り分けられていて、特別管理とサーミの人びととの調整なしには売買することができないようになっている」とコルホネンは言う。2019年冬、大手の製材企業や製紙会社は、サーミの人びとの居住地域であるソダンキュラ北部のイナリやエノンテキオの森林所有者からの原木購入を停止した。これは2018年11月にFSCが発表したリスク評価報告書で、トナカイ牧夫と林業界間の争いがあるという報告に端を発するものである。[6]

ヴェサ・ルフタによれば、その論争とは、パサスロンポロ北部に位置するキラッカ地区のことだという。この土地は広さが2000ヘクタールあり、ハンマストゥントゥリの原野で分断されている。また、樹齢300年以上のヨーロッパアカマツの森があちらこちらに群生しているところだという。

ユララッピ〔北部ラップランド〕の私有林は、FSC認証は得ていないが、FSCとライセンス契約をしている企業は、木材売買の際にはFSC森林認証制度規定を守っている。ユララッピ地方の木材取引は、FSCがリスク評価を決定すれば今後も継続できるだろう。[7]

***

イナリの国有林論争は2005年当時とあまり変わらない状況である。いまだにグリーンピースもいるし、あいかわらずサーミの人びとのトナカイ飼育とフィンランド森林庁との意見の相違が争点である。ただ一つだけ大きく変わった点がある。それは、イナリの人たちの仲間内での論争がなくなったことだ。

環境保護活動家ヴェサ・ルフタによれば、意見の対立が消滅したからだという。林業に従事する人の数は以前より少なくなっている。ルフタはまた、木の伐採を地元の樵が請け負うことになり、それが森林和平の基盤になったと言う。

しかし2010年、森林和平締結後すぐ、フィンランド森林庁は地元の人たちを雇い止めし、以前よりも広い範囲で高性能林業機械（ハーベスタ）を駆使して樹木の伐採を始めた。「初めてハーベスタが登場したのは2000年頃で、当時、重機を使った伐採は全仕事量の約10％でした。でも、今では機械が請け負う仕事量は90％までになりました」とルフタは話す。

現在、イナリの林業従事者は20人以下になった。事務方と伐採従事者を含めてこの数である。伐採に従事する者の減少は特に著しい。

フィンランド森林庁が定めるイナリ地方の森林伐採の目標値は、11万5000立方メートルである。しかし、2018年の実績は目標値の半分にも達していない。キルシ＝マルヤ・コルホネンは、もしハンマストゥントゥリとパーツスヨキとムッダスヤルヴィの各組合が合意に至らなければ、2019年の数値はもっと少なくなるだろうと言う。長引く論争の影響は働く場所の減少として表れている。「伐採数が減ると他の求人数も減少します。現在、仕事の一部はソダンキュラの町で対応しているものもあるのです」とコルホネンは説明する。

求人数の減少はイナリの林業が抱える問題の構造にも変化をもたらしたと言うのは、ラップランド大学で北方社会の変遷を研究するヤルノ・ヴァルコネン教授である。「林業に携わる人たちは、自分たちがトナカイ飼育をする人や環境保護を訴える人たちと、全く別の立場にいるのではないということにとつぜん気がついたのです。今問われているのは、以前のように伐採がもたらす地元への影響がなければ、今後も森の木々を伐り倒すのか否かということです」。ヴァルコネンによれば、もっと違う、より重要性の高い森の活用方法が見出されるようになった。たとえば成長著しい観光業の需要が、トナカイ飼育だけでなく正当な林業の権利をより難しい状況に追い込んでいるという。こうして、イナリのフィンランド森林庁の活動範囲は狭まってきている。

イナリにあるマトヤルヴィの丘

ヨーロッパアカマツの木がポツンポツンとそびえ立つ、だだっ広い場所に4人の男たちが立ち尽くしている。本来であれば、伐採したことによって若木が塊となって成長し始めていなければならない時期だし、早ければ若い森ができていてもよい頃だというのに、保持樹木［伐採時に残された樹木］の足元には小さなヨーロッパアカマツの苗木がわずかに出てきているだけである。ヤルモ・ピューッコは、彼らにこの地域が抱える重大な改革問題について語って聞かせた。フィンランド森林庁が1994年にイナリのマトヤルヴィの丘で伐採してできたこの空き地には、もうじき伐採から四半世紀が過ぎようとしているのにもかかわらず木々は発芽していないのだ。

キヴァ・インスペクタ社の林業の評価チーフとして働くティモ・ソイニネンは、伐採でできた空き地をじっと見つめていたが、言葉を発したのは別の人物だった。彼の仕事は、自分の意見を述べることではなく、森林庁がイナリで所有する土地にPEFC［森林認証制度相互承認プログラム］の認証が実現するかどうかの評価をすることだからである。彼が注目しているのは今後行われる伐採のことだ。このとき、現場に一緒にいたのは、ハンマストゥントゥリとムッダスヤルヴィのトナカイ牧夫ヤルモ・ハータヤとオスモ・セウルヤルヴィである。

ハイカーたちは、多くの場所を訪れる。ソイニネンはコンットリランピの美しく古くからある森を愛でている。カイタモ湖までの車での移動中、評価人であるソイニネンは、木々が群生する森の様子がおかしいと思いながら眺めていた。南部フィンランドに比べ、イナリの森の木の生え方のまばらさにいつも当惑する。

ソイニネンの当惑は不思議なことではない。イナリは、森が生存するには厳しい場所だし、木の生え方はまばらで小さい。高原シラカバ林とはげ山（森林限界）のぎりぎり手前の場所がイナリなのだ。イナリの北部にある森林庁のユララッピ管轄地区の森の成長は、フィンランドのどの地域よりも遅い。ウツスヨキ［ラッピ県北部、ノルウェーと国境を接する町」の辺りでは、ヨーロッパアカマツは実際のところ成長などしない。スウェーデンであれば、このような場所で林業を営むことはない。[8]

森林は一度伐採すると樹木がない状態が長く続く。南部の森が60年の期間を経て伐採できるまでに成長するとすれば、北部の森林地帯では、100年という期間でも短い成長期間である。ヤルノ・ヴァルコネン教授は、実態を把握するのは難しいと言う。「伐採地域は、人が掲げる展望を実行することができないほど、その後も長い期間活用できない状態が続きます」

マトヤルヴィの丘で行われた保持伐［伐採時に、森林の回復を早めるために一定程度の樹木を残しておくこと］は、イナリでは一般的な伐採方法だ。また、間引きと継続的な樹木の育成も推奨されている方法である。キルシ＝マルヤ・コルホネンによれば、フィンランド森林庁は、イナリ地方で実質的な伐採はしていない。別の言い方をするとイナリ地方では、森林は自然の流れに任せて生まれ変わらせている。自然に任せた方が、費用がかからないからだ。土壌を変えることも植林の必要もなく、大きな樹木が次世代の森を育てるのを待つだけである。イナリ地方では土壌の酸性度が弱く、種も容易に発芽するので、この方法が適している。保持伐とは、森の樹木を継続的に成長させるものだ。そして後に伐採後は、間伐したところと同様、ほぼ同じ樹齢の若木が揃う結果となる。

イナリの森林業は難しい状況に置かれている。1994年フィンランド森林庁が実施した保持樹林伐採後、まだ新芽は出ていない

⁂

老木の多い森の伐採は、最初からイナリ地方での森林論議の核心であった。そして、フィンランド森林庁がイナリ地方で伐採を行っている場所は、自然に種子が飛散して育った自然林に重点を置いているため、この問題はいまだ継続している。キルシ＝マルヤ・コルホネンによれば、1960年代に新たに伐採した地域は、その後、発芽や若木の手入れを十分にしてこなかったため、樹木の多くを産出するには至っていない。

コルホネンによれば、フィンランド森林庁は、自然林を伐採しているのではなく、すでに保持伐施業した森だけで活動していると主張している。フィンランド森林庁にとっての自然林とは、伐採から200年以上経過し、人工林よりも枯れた倒木の量が多い森と定義している。

自然保護団体によれば、フィンランド森林庁が樹木を伐り倒しているのは、まさに古くからある森林である。2016年8月、自然保護連盟の森林グループの活動家たちは、伐採予定と試験的に伐採された森林庁保有の1000ヘクタールを巡回した。活動家たちは、巡回した森から3000種以上の絶滅危惧種、あるいは見守りを続けなければならない種を確認し、この事実をフィンランド森林庁へ報告した。[9]

＊
＊＊

古くからの自然林を伐採した後の森林再生の難しさ、他の産業界との土地活用についての議論、先住民の権利と伐採の社会的権利……。イナリの林業は実に多くの事と闘っている。そして、挑むべき事柄はまだ増え続けている。

国民経済学のなかの林業が専門の教授のオッリ・タハヴォネンによれば、ユララッピとイナリでの林業は、費用対効果を考えて取り組むべきか否か検討すべきだという。タハヴォネンの計算では、森林伐採は、経済的に理にかなったものだという理由を見出すことは難しい。「もしも、利率が1％またはそれ未満なら、好意的に見ればその価値はあると言えるでしょう。また、木材を生産する産業にとって、このような低利率であれば価値はあるでしょう。しかし、金利が高ければ、取り組む意味がありません」

利子を考慮に入れることは、投資する者にとっては本質的な問題である。投資家にとって、林業で植林、育林といえば、すぐに利子を計算する必要が出てくるものだ。つまり、投資額に一定の利子を付けて利潤を生み出すのに、どのくらいの時間を要するのかを考えるということである。

ユララッピの新規投資は、南部地域よりも小規模だ。目立った投資は、イナリ周辺の緯度では苗木の手入れくらいであるが、成長が遅いためマイナス投資になっている。時ばかりが流れ、利子が負担になっているのである。

フィンランド森林庁は、フィンランド国内で4%の利子を適用しているが、キルシ＝マルヤ・コルホネンによればイナリやエノンテキオでは、2%の利子が適用されている。フィンランド森林庁は、活動する際にはあらゆる規制に対応するだけでなく、社会的な持続性も考慮しなければならないため、ラップランド地方での林業の目標収益率は2ないし3%としているが、イナリ地方ではこの数字さえも下回る。「林業は、他の目的のために利益を最大化するのではなく、他の経済活動や用途がよりよいリターンを得られるように、低リターンを受け入れているのです」とコルホネンは言う。

フィンランド森林庁の利子に対する考え方は、経済学的には誤りだ、とタハヴォネンは言う。なぜならば、利子は自分たちで決めるものではなく、資本市場で決定するものだからである。利子は林業とは関係のないところで決まるものであり、その水準は収益計算から出されたものでなければならない。「林業の生産性に呼応するように利子を設定するというのは、あまりにもひどい誤った考え方だ」

樹木の成長はゆっくりしているので、利子はきわめて重要になる。タハヴォネンが例を挙げて説明してくれた。たとえば、苗木の手入れに年間1ヘクタール当たり300ユーロの費用がかかったとする。この時、年利4%。所有林の伐採が苗木を植えた年から100年後だとすると、森林育成にかかった費用の元を取るためには、伐採による収入が1ヘクタール当たり1万5000ユーロ以上必要である。年利2・5%の場合は、伐採による収入は3500ユーロ以上必要という計算になる。「現状、豊かに樹木がある土地1ヘクタール当たりから伐採で得られる収入は、3000ユーロ弱。つまり、フィンランド森林庁が設定する低利子ですら、ユララッピの樹木で生産性を上げることは不可能」なのだ、とタハヴォネンは言う。

メツサタロウス株式会社のラッププランド支社長のキルシ＝マイヤ・コルホネンは、イナリも含めた全ラップランドにおいて、「林業は確かに収益性がある」と言う。フィンランド森林庁は、樹木の値段も業績も公にしていないため、タハヴォネンは個人所有の森の立木(りゅうぼく)価格で計算せざるを得なかった。であるから、コルホネンによれば、「この数字はフィンランド森林庁が決定する価格内訳に合致しない」。一方、タハヴォネンは、「フィンランド森林庁が情報を秘匿しているため、どうとでも言える」と言う。そして、「仮に立木価格が多少違ったとしても、大切なことは計算に使った3つの植林地はイナリの豊かな森を

◀キヴァ・インスペクタ社の林業評価チーフの地位にあるティモ・ソイニネン。伐採地にたたずみながら、目の前にすっくと立つ長い年月を経た森を崇め眺めている(イナリのコンットリランピで)

代表するものであり、ここが平均的な森ではないことに気づくことなのだ」と言う。

オッリ・タハヴォネンはユララッピの伐採で、国が収益を上げているか否かについての議論はしない。なぜなら、ユララッピの林業はすでにある資本、つまり自然林からの伐採によるものであり、人工林の樹木の成長が生み出す生産性ではないからである。自然資本を食い尽くし、最後のヨーロッパアカマツの木が道に運び出された後、すべてのビジネスは「その後、永遠に」マイナス成長になる。

「この状況を表現する適切な言葉はないかと考えました。一つ、候補に挙がった言葉は、使い捨て林業、あるいは英語で言う『mining of forest capital（森林資源の採掘）』でした。つまり、どんなに好意的に見ても経済的に持続可能とは言いがたいのです」

タハヴォネンによれば、ユララッピの林業は、自然資源を一回だけ収奪するもので持続性はない。しかし、たとえ森の再生が経済的に理にかなった取り組みでなかったとしても、森林法で取り組むことを定めている限りは実行しなければならない。

ユララッピの林業の有益性は、森を資源としている他の産業分野と比較して、より厳しい状況にあると言える。以前、イナリで森林論争があったとき、すでに観光業は最も輝かしい産業であった。２００５年時点で、イナリの林業、製材、個人所有の森をすべて合わせても年間売り上げは１４１０万ユーロ、年間雇用者数は１６０人であった。そのとき、観光業の年間売り上げはその何倍にも当たる5650万ユーロ、年間雇用者は703人であった。[10] その後、観光業は驚異的な成長を遂げた。2010年から2017年までにイナリの宿泊数は37%伸び、今では年間宿泊数は50万泊を超えた。[11]

ヤルノ・ヴァルコネン教授によれば、森林論争では行政は常にトナカイ産業は林業と相対するものとみなしているのに、観光業にとって森がどれだけ大切かを問いただしたことは、一度たりともないと言う。

＊＊＊

2018年に入って、白熱した気候変動についての議論はユララッピの林業にもう一つ重要なプレイヤーを登場させることになった。それは炭素である。

オッリ・タハヴォネン教授によると、フィンランドが批准しているEUのLULUCF［土地利用・土地利用変化及び林業分野］規則で定める温室効果ガスの総量削減は、炭素を森林に結びつけることで最も効率がよくなる。ユララッピの森は、二酸化炭素の吸収にとても適していて、国民経済的に森はそのままにしておくのが最もよい方法だとタハヴォネンはみなしている。もしかすると、ユララッピの森はフィンランドで最も安価に炭素吸収ができ

イナリのマトヤルヴィの丘

きるモノかもしれない。

この根拠には、以下の点が挙げられる。まず、北部では樹木の成長は遅く、伐採によって放出された二酸化炭素は他の地域よりもゆっくりと森林に還元される。第二に北部の木材は価値が低い。なぜなら北部の樹木は短く、上に向かって急速に細くなり、うねっていることが多いため、南部の木材より北部の木材が安いパルプにされる割合は相対的に高くなる。さらに運搬距離が長い上に低い立木価格を加味すると、森林から得られる収入は南部の森に比べて少ない。第三に北部の木は南部の木よりもバイオマスボイラーに入れられて燃やされることが多いため、より多くの木製材品を作り出す丸太に比べて、何百年にもわたって丸太に蓄えられた炭素がすぐに大気中に放出されてしまう。

＊＊＊

最近は多くの関係者が、フィンランド森林庁がイナリで実施している伐採はやめた方がよいのではないか、と考えているようだ。環境保護活動家ヴェラ・ルフタは、伐採をやめることを後押しするような強い動きがあると見ている。活動家ヤルモ・ピューッコは、こうした論争はトナカイの飼育とサーミ文化にとっていい方向に解決するだろうと言っている。メッサタロウス株式会社ラップランド支社長のキルシ＝マルヤ・コルホネンは、イナリでの国の林業の立場は決してよくないと認めている。

イナリの森林伐採は、実際のところインタビューに応じた人びとが仮に誰も望まなかったとしても、じきに終わることになるだろう。しかし、この記事のためにインタビューに応じた環境保護活動家、活動家、トナカイ牧夫や研究者たちは違う意見である。林業は、原則としてはよいことと考えられていて、森林伐採の方法だけが悪いことだとされているのだ。

オッリ・タハヴァネンは、ラップランドのヨーロッパアカマツの森を、トナカイを放牧飼育する地域に適合するような方法で育成すれば、経済的にはより道理にかなったものになると言う。他方、フィンランド森林庁のペルッティ・ヘイックリは社会的に持続性のある林業を夢見ている。

ふたたびイナリで論争が起こったとしても、最終的には森林に平和が訪れるだろう。

iv

選択のとき

未来への遺産

いかにして森の捕食者クズリが森の守護神になったのか、いかにしてこの森を次の世代も享受できる森にしようと多くの人が考えているのか――ペッカ・ユンッティ

イナリ、ネッリム村

イヌワシのはく製が大型の薪オーブンの上でほこりをかぶっている。その足元には、クズリ［イタチの仲間で凶暴なことで有名。トナカイなども襲う］のはく製がうずくまった形で固定されている。床は仕事道具やマス釣り用の投網（とあみ）、油まみれの機械部品やスノーモービルの点火プラグで埋め尽くされている。アハティ・ハンニネンは、手にしていたストッパーを持ち上げた。洗っていない窓からわずかに差し込む極夜の光の中で、白髪の頭が動き回

わる。ハンニネンは、顔の前でプラグをクルクル回して、ぶつぶつつぶやく。「なんだってこんなものが20ユーロもしなきゃいけないんだ？」

アハティ・ハンニネンの人生、そして彼の取る行動は、森林保護に取り組みたいという彼の気持ちとはうまくかみ合っていないようだ。ハンニネンは、イナリのネッリム出身の元トナカイ牧夫で、今はヴァッツサリの荒れ地の方まで罠を仕掛けに出かける漁師であり、ヨーロッパマッテン〔イタチ科の動物〕を狩る猟師でもある。彼はヘラジカとキジ類の猟もしている。トナカイ牧夫をしているときはクズリを2頭仕留め、オオカミ猟師としてトナカイ協会にも登録していた。ハンニネンのテリトリーに入り込んだ6匹のオオカミの夜中の遠吠えは、まるでオオカミがごく近くにいるように野営地まで届いたという。

ハンニネンは、すべての森を保護したいと考えている森林保護に熱心な人物でもある。2017年にフィンランド農林省とフィンランド環境省が発表した「自然の贈りもの100歳」キャンペーンを通して、所有する森林を保護した。サッラ市のアホランヴァーラにあるハンニネンが遺産として引き継いだ89ヘクタールの森は、今、エイロラ自然保護地区という名称で呼ばれている。ＥＬＹセンター（経済開発・運輸・環境センター）の見立てでは、エイロラ自然保護地区は、人の手の入っていない状態のような場所だと説明されている。「その場所には、人間一人が腕を回しても抱えることができないような、おそらく樹齢２００年を数えるようなヨーロッパアカマツがある」とハンニネンは自慢げに話す。

フィンランドの人びとは、１７０カ所、合計３０６４ヘクタールの森をこのキャンペーンに寄付した。表面積ではラップランド、カイヌー、北ポホヤンマーの森が多く保護対象となった。単体で最も広い保護地区となったのは、２７２ヘクタールある北ポホヤンマー県のプダスヤルヴィだった。[1]フィンランド政府は、このキャンペーンで保護対象となった森林と同等規模の国有林を保護すると約束した。最終的には、当初の目標よりやや大きな規模である３３５８ヘクタールを保護することになった。また、地方行政が１９８０ヘクタールの森林をこのキャンペーンに寄付したため、「自然の贈りもの１００歳」キャンペーンは、新たに８０００ヘクタール以上の森林を保護対象にしたことになる。[2]

⁂

森林を所有する個人が保護活動に取り組む熱意は、２００８年に始まった南フィンランドのメッソ（ＭＥＴＳＯ）プログラムにも表れている。なんと、メッソ・プログラムが購入できる予算以上に、人びとが保護対象にふさわしい素晴らしい土地を提供したのである。そして２０１７年までに自然保護区が合わせて５万１５４０ヘクタール、環境支援地３万

8009ヘクタールが保護対象に定められた。[3]森林所有者は、「自然の贈りもの100歳」キャンペーンよりも、保護対象への補償支払いを森の評価に則って実施しているメッツソ・プログラムを支持した。

メッツソ・プログラムの自然保護目標はかなり壮大なものだった。メッツソ・プログラムの第1期、2008年から2016年の目標は、森林と生物の減少をくい止めること、そして2016年までに森林の生物多様性を安定させることだった。[4]第2期に入ると目標はややゆるやかになり、期限も延長された。今、このプログラムでは、2025年までにビオトープ（生物生息空間）と種の減少を抑制する取り組みと多様性の定着に取り組んでいる。[5]

ビオトープと種の減少は続いているが、環境省の環境担当参事官パイヴィ・グンメルス＝ラウティアイネンによれば、2025年までの目標に掲げている保護対象面積は達成できそうだという。メッツソ・プログラムでは、国有地の1万3000ヘクタールを含め、合計9万6000ヘクタールの土地保全を目標としている。この他に8万2000ヘクタールを環境保全・自然保護地区としている。

とはいえ、たとえ目標を達成したとしてもメッツソ・プログラムだけでは不十分だとグンメルス＝ラウティアイネンは強調している。「経済林の中でもこの活動を実施する必要があり、場合によっては自然保護の拡充もします。ほとんどの森林は経済林であるため、そこで何を実施するかが重要です」。たとえば、経済林に残されている朽ち木や広葉樹の量は、動物の生息場所や樹種の減少を阻止するために大きな意味を持っている。

＊＊＊

アハティ・ハンニネンの森林保護活動への取り組みは、1949年、当時住んでいたサッラのアホランヴァーラ村から始まった。ハンニネンは、森が完全に管理されていた、戦争の苦難の時代に生まれた。広大な皆伐地帯は、東方と北方へ拡張している。けれどそれはへき地にも仕事があるということである。フィンランドの人びとにとって、豊かな生活を保障してくれるものが森だったのだ。

ハンニネンは、学校に上がる前から、伐採現場の木々の幹の香りを嗅いで過ごしていた。丸太を水に浮かした後でも樹種がわかるように、伐採現場で幹の木口（こぐち）（伐採面）へ印をつけることが彼のケミ川河口での仕事だった。ヨーロッパアカマツの木口は十字に斧を入れ、ヨーロッパトウヒの木口には十字に数字の1の印を入れた。少年が報酬として受け取ったのは食料だった。60年代になるとハンニネンは、伐採場で馬での運搬作業の手伝いと伐採作業の仕事に就いていた。それと同時に浮き木に印をつける仕事にも携わっていた。

林業の最盛期である1960～70年代、森林の管理の仕方が過激になったことをハンニネンは目撃している。高価なヨーロッパアカマツの木の運び出しの障害にならぬよう、2台のキャタピラーがシラカバの木を踏み倒しながら爆音を立てていた。森林での作業は電動化が進んでいった。あらゆる種類の芝刈り機が導入され、電動チェンソーの音が森に響くようになった。木の運び出しの邪魔になるものは、次々と取り除かれていった。森林作業でハンニネンの記憶に残ったものはない。「伐採はしなければならないものだったけど、もう少し丁寧に作業することもできたと思ってるよ。すべてが問題なく行われたとしても、林業だけが生き残ればよいわけじゃないからね。森林が皆伐状態となったとき、まるで穀物畑になったようだったよ」

1970年代にサッラのアホランヴァーラ村で乱伐が起こると、ハンニネンはその仕事に加わった。ハンニネンは、アホランヴァーラ村のすべての出入り口を測量した。また、自身が所有する土地の沼地を排水した。それは大きな沼であり、そのうちハンニネンの私有地はおよそ30ヘクタールもある。土地のほぼ中心辺りに池と小島のような場所が2カ所あった。「水量が多くて、島から島へと歩いて渡ることはできなかったよ。そこには春になるとハクチョウ、ツル、ガチョウが渡ってきたんだ。たぶんガチョウは営巣もしていたんじゃないかなと思う」

排水をした年は期待が膨らんだ。これでようやく木々が育ち、生産性のない沼地から、やっと丸太が収穫できるようになる、と。排水作業をする企業と森林の治療師たちは彼にさらなる湿地帯の排水を勧めた。加えて料金も排水距離1メートルに対して、たった10ペンニと廉価だった。ところが、排水は残念な結果をもたらした。「湿地帯にヨーロッパアカマツの木の形跡が2、3あると、その部分を排水したんだよ。ところが、水量があまりにも多い湿地帯だったため、木が育つことはなかったんだ」

アホランヴァーラ村の排水溝は、ドリル型の刃物が付いた機械で掘り起こされた。排水溝は側面が直角に立ち上り、深さのあるものだった。「トナカイの子どもやひな鳥がその部分に落っこちたんだよ。その上、肥料をヨーロッパアカマツの小島や朽ちたヨーロッパトウヒのある所にまでまいたんだ。肥料など全く役に立たなかったさ。ただ地面を腐らせただけでね。何もせずに、自然な状態にしておくだけの方がよっぽどましだったよ」

今、森の手入れをするという名目で土を掘り返す者は誰もいない。エイロラ自然保護地区は、そのままの状態で維持されている。湿地帯も、時がたてばかつての姿に戻るだろう。「わずかずつ、自然は自然な状態に戻っていくはずだよ」

オレンジ色の扉が開いた。アハティ・ハンニネンは表に出てくると犬のリードを引っ張った。2匹のフィニッシュ・スピッツがワンワンと吠えている。雪に囲まれた小さなほら穴のような小屋の中には、フォルクスワーゲンが駐車してある。イヴァロ村へ買い物に出かけるときには、雪を少しかき分ければ表に出すことができるのだろう。

ハンニネンは、新しいスノーモービルの方へ近づいた。スノーモービルの後ろには、トナカイの毛皮で覆ったそりがつなげられている。スノーモービルにエンジンをかけた。彼は、これから保護しようと考えている森を私に見せるために出かけようとしたのだ。

***

スノーモービルが巻き上げたかちかちの雪が、そりの上に降り注いだ。トナカイの足跡がそこここに見つかり、川べりにはヨーロッパカワウソもいくつかの足跡を残している。ハンニネンは、狭い湖までやってくると、跳ねるように渡って、止まった。なだらかな丘の中腹に、樹齢を重ねたモミの木に美しく彫刻が施された丸太小屋とサウナ小屋が静かにたたずんでいる。イナリ湖の東側、ネッリム村のケスキンマイネン・キヴィ湖の丸太小屋は、この場所に建てられてすでに10年の時がたっているが、ハンニネンはここで寝泊まり

したことは一度もない。

丸太小屋は、ハンニネンが所有するタルヤンカという場所に建っている。この土地は、ハンニネンがトナカイを放牧している土地である。森は87ヘクタールあり、19ヘクタールが水域である。この土地の一部の樹木は、１９８０年代初め頃、住居用材としてハンニネンが伐採した。母樹の下には、今、小さな播種（はしゅ）された苗が育っている。ハンニネンがトナカイの放牧を終わらせた後は、この森も保護地区になる。

タルヤンカの他に、ティアイネンという７ヘクタールの土地も保護対象になる。この土地は、サッラの共有林のほぼ中心部にあるものの、共有林に含まれていない。ティアイネンの森のおよそ半分は樹齢の高い木々だ。「この土地は、喜んでリンコラに売り渡そうと思ってるよ」とハンニネンは言う。

自然保護家ペンッティ・リンコラが設立したフィンランド自然遺産基金は、寄付金を募って保護する目的で森林を買い取っている。ハンニネンは、共有林の所有者たちがこの地域唯一の老木のある自然林を一緒に眺めることができるのは素敵なことだと考えている。「もしも自然遺産基金がこの森を買い取らないのなら、そのまま寄付しようとも思ってるんだ。リンコラのことも考えてやらないとね。俺たちの考え方はかなり似通っていると思うからさ」

ケスキンマイネン・キヴィ湖でトナカイ牧夫を見つめるトナカイ。アハティ・ハンニネンのタルヤンカの森の境界辺りで►

確かにそうだ。アハティ・ハンニネンが考える地球の将来の姿は、創造神である太陽の光があまり降り注がないイナリの冬の日のようなものである。「人間は己が己を破壊して、地球は持ちこたえることができなくなるんだ。そして人間界が消滅していく。どんどん悪い方向にばかり進んでいると思うんだ。仮に幼虫にたくさん餌をやり続けたとしても、地球の環境収容力には終焉が来るんじゃないかな。もうすでに限界を超えているようにも思うよ。地球温暖化は進み、北極海は溶け、ホッキョクグマは死ぬ。あるいはホッキョクグマもコケモモを食べるようになるのかもしれないね」

ハンニネンが森林を守ろうとする理由の一つが、今のこの地球の状況だ。「動物の棲める土地は、どんどん狭くなってきているよね。彼らが以前と変わりなく生きていけるようにするのが、森を保護する目的の一つではないのかな。この世界で、何かしらが少しでも長く存在し続けて欲しいと願っているからさ。何らかの生あるもの、あるいは景色が残ること、すべてのものがいきなり一時に消滅しないようにね」

⁂

アハティ・ハンニネンは、環境問題を一人で抱え込んでいるわけではない。1992年、リオ・デ・ジャネイロで開催された国連環境開発会議で、フィンランドをはじめ多くの国が生物多様性の保全を目的とした「生物の多様性に関する条約」に署名した。

いわゆる愛知目標の第11では、2020年までに少なくとも陸域と内陸水域の17%、また沿岸域と海域の10%が保全されることを求めていた。特に、生物多様性と生態系サービスの保護に注意を払う必要がある。「生態学的に代表的な良く連結された保護地域システムやその他の効果的な地域をベースとする手段を通じて保全され」る方法を含む目標が達成されるだろう[6]［2019年現在］。

2020年はフィンランドにとってあまりにも近い目標年だが、フィンランドは、目標に到達することができると環境参事官パイヴィ・グンメルス＝ラウティアイネンは言う。

「目標値をどう理解するかによってもその判断は変わってきます。フィンランドの国土面積を、経済活動を行うには制限がある場所も含めれば、数値的にはそれほど目標値からかけ離れません。それとは違って地域的、または生き物の生息地となる地域の保全の状況を見る場合、たとえばフィンランド南部は、17%という目標値達成にはまだ遠い道のりです。フィンランド南部で厳格に環境保全が行われている場所は5%未満で、この数字には森や樹木がほとんどない場所も含まれています。森で保護対象となっている場所は、約2%に過ぎません」

タルヤンカの森でねじ曲がり始めたヨーロッパアカマツを見上げるアハティ・ハンニネン。時が至れば自然に倒れるだろう

丸太小屋の周囲には、幹が美しい樹木が育っている。多くの人がタルヤンカの森を伐採するようにハンニネンを焚きつけた。ハンニネン所有の森は、200万フィンランド・マルッカ［約4800万円（2002年2月時点）］はするだろうと言われていたが、売却は考えなかった。彼にとってお金は何の意味もなかったからだ。「森で生きていくのにお金など不要だよ。焚き火に火が点けばいいんだ、と言ってやったんだ」

お金に無関心なのは、母親に大らかに育てられたからだと彼は信じている。アハティが若い頃、お金が必要なときはいつも母からもらっていたという。でも反抗したときもあった。お金の力は、世の中から多くのものを奪ったとハンニネンは考えている。「お金が単純にこの世の中を駄目にしたと思っているんだ。あらゆるものがお金に付随して動き回り、実行されるからね。もしもお金になるものがなければ銀行強盗に入るんだろうね」

もしくは、先に自然保護が中止されるだろう。

＊
＊＊

2015年にユハ・シピラ政権になると、自然保護に関する財源が60％削られた。2015年にはまだ、すべての自然保護関連で4800万ユーロを使うことができたが、

2016年になると1800万ユーロに減った。このとき、財源を使うことができる項目には、メッソ・プログラム、ナトゥラ（Natura）エリアと種の保全活動などが並んでいた。その後、年を追うごとに財源は増え、2018年秋には、2500万ユーロになった。[7]

　パイヴィ・グンメルス＝ラウティアイネンによれば、メッソ・プログラム用の財源の削減は、自然保護財源のカットほど大きなものではなく、毎年3500〜8000ヘクタールほどが保護対象となったという。ただ、環境保全団体はこれでも足りないと考えている。WWFフィンランド（世界自然保護基金）を牽引する森林の専門家パヌ・クンットゥは、財源はすぐにでも2015年のレベルにまで戻すべきだと主張している。自然保護地域のプロジェクトと補償のために年間財源は、1億ユーロを確保すべきであるからだ。

　これだけ厳しく財源を求める理由は森林の置かれた自然状況にある。自然が乏しく、種が消滅しているからである。ごく当たり前にいたコガラが森から姿を消し、アカオカケスはフィンランド南部では全く姿を見ることができなくなった。樹木の種数が豊かで常に保全対象となっている森は、フィンランド全土で6％もない。環境保全ネットワークの拡大が今ことのほか重要だとクンットゥは言う。フィンランドにはそのノウハウが十分にあるはずだ。

　森林問題に取り組む生物学者であり環境保全団体の専門家として活動しているハン

ナ・アホによれば、フィンランドは、世界で最も優れた自然保護地域の計画を立案できる国だという。つまり財源をつぎ込んで環境保全に役立つよう地形を把握し、コンピュータモデルを組み合わせるノウハウがあるのだ。生物が自由に移動することができる程度に相互のつながりがあり、土地は十分に広大で、質的にもよい地域の計画である。ただ、残念なことにこのノウハウは実際にはうまく生かされていない。

「フィンランド国内では、このノウハウはストゥッブ内閣［2014～2015年］が凍結させた湿地帯の保全活動にだけ適用されています。土地所有者それぞれが保全基盤を立ち上げることを政府は期待していたため、この方法は森林保全には適用されませんでした。この時私たちは、自然の多様性の維持には財源と土地が必要であるという、社会が認めるべきだった学術上の同意に至っていませんでした」とアホは説明する。

＊＊＊

アハティ・ハンニネンは、丸太小屋の扉を開け、中に入った。建物の中は未完成のままだ。残る作業はそれほど多くはなさそうだ。天井板やキッチン家具が放置されている。

この丸太小屋は、ハンニネンとヘルシンキで出会った女性との共同の夏の別荘になるはずだった。ただ交際は2年ほどで終わった。ハンニネンによれば、女性は結局のところハンニネンの生活スタイルやトナカイ牧夫という仕事を理解することができなかったのだという。「いつも、なんで働かないんだって聞くんだ。だから俺は、何をすればいいのかって聞いたのさ。わざわざ他人のところに働きに行く必要なんてないじゃないかってね」。女性と別れると、この丸太小屋作りの作業は止まった。「かみさんもいなくて、子どももいなくて、夏の別荘を建てて何をするんだって思ったんだよね」

ハンニネンは、彼の一族の最後の一人だ。彼はあらゆる意味で独りぼっちだ。父親は脳腫瘍で1952年に26歳で亡くなっている。母親は2016年春に天寿を全うした。兄弟のエルッキは、その1年後に溶けた氷に突っ込んで亡くなった。自宅近くのネッリムの辺りで、薄氷になっているのに気づかずに、スノーモービルで湖に突っ込んだのだ。どうしてこんなことになったのか、ハンニネンにはわからない。運転の際に注意しなければいけないものなどなかったからだ。おそらく、何かの発作が起こったのではないかと考えている。

エルッキにも子どもはいない。「だから、僕はたった一人なんだ」

ハンニネンは、悲しむことさえできない。死ぬということは自然なことだし、誰もがいずれの日にかここから旅立つのだから。それでも人の死は、何か残したようだ。最近、ハンニネンは、一人で深い森に出かけることができなくなった。彼は一度、脳血栓と心不全を起こしたことがあるからである。真冬の誰も通らない森の中で、ヨーロッパマッテンを捕獲に出かけた先で、急に健康状態が悪くなったらどうなってしまうだろう、と考えてしまう。

家族がいないということも、ハンニネンが所有する森を守ろうとする理由の一つでもある。もう一つの理由は、単純に森が素晴らしいものだと思っているからだ。「森の中で過ごすことが大好きなんだ。森は、俺にとっては教会なんだ。大きく成長した古い森の中を動き回る方が、ヨーロッパアカマツの苗木の間を動き回るよりもはるかに気持ちいいだろう。自然への敬意と、いろいろな価値観で物を見ることも素晴らしさの一つだと思うんだよ」

ハンニネンは、たとえ自分がこの世からいなくなっても、彼の森がこのままの状態で残ることが素晴らしいと考えている。「将来、なぜ森は伐採しないままの状態なのかを理解して、森が過去にどんな状態だったのかを読み取って欲しい、と願っているんだよ」

森林売買という名の森林破壊

森を森として維持した方が皆伐を繰り返すよりも生産性が高いことがわかっているにもかかわらず、なぜ、沈黙しているのか——アンナ・ルオホネン

ラハティ市ナストラ

未舗装の道が熱風で砂を巻き上げる夏の日。カリスマ的な若い男がドイツ製の手入れの行き届いた車に寄りかかっている。ビジネスがこの森にも入り込んできたのだ。アレクシ・ヴィホネン、30代。森林サービスを提供するアルヴォメッサ株式会社の社長である。この春に持続的成長管理型林業［恒続林施業］を行った約60ヘクタールの経済林を紹介するために、ヘルシンキからラハティ近郊のナストラまで車でやってきたのだ。

2013年設立のアルヴォメッサ社は、多くのフィンランドの森林産業に携わる人びと

とは全く違う伐採方法に取り組んでいる。フィンランドでは、ほとんどの林業が皆伐した後に一斉造林による森林再生を実施している。ところが恒続林施業を推し進めるアルヴォメッツサ社は例外的企業だ。つまり、フィンランド最大の持続的成長を目指して伐採した木だけを販売する企業である。ヴィホネンによれば、会社の売り上げは順調で、競合相手はほとんどいないという。

恒続林では、基本的に森林を丸裸にするような伐採は行わない。値の付く樹木だけを切り出す。つまり太い樹幹のものだけを伐採し、他はこれ以上時間をかけても価格の上昇が期待できないような成長状態が芳しくない木々だけを選んで切る。

今のところ森林所有者のほとんどは皆伐を行っていて、恒続林施業に取り組んでいる人はほとんどいない。[1]ヴィホネンは、この選択肢があることを知っていれば、森林所有者で恒続林施業を行う人はもっと増えると信じている。

ヴィホネンの見通しの根拠となっているのは、フィンランド森林研究所が2011年に実施した研究調査にある。その研究結果によれば、4分の1をやや超える森林所有者たちは、研究調査実施期間中、もしも法的に許容されるのであれば、恒続林施業という方式に完全に、または一部でも移行すると答えていたからである。研究調査に回答した人のうち半数以上の人たちが、恒続林についてもっと知りたいと答えていた。[2]WWFフィンランド

（世界自然保護基金）が2017年に実施した研究調査によれば、森林の恒続林施業に関する指導を受けたのは、森林所有者の3人に1人しかいないことがわかっている[3]。多くの森林専門家たちが皆伐に代わる伐採方法を提案したのは、森林所有者側から代替案の有無を尋ねられたときだけであった[4]。

持続的成長を可能とする伐採方法が可能になったのは、フィンランドの森林法が改正された2014年のことである。新森林法では、森林所有者の林業施業法における選択の自由度が高まり、間伐する木の選定方法まで定めていない。それまで森林所有者たちは、実質的には成長の悪い木を取り除く間伐をし、最終的には皆伐を行わなければならないと、数十年にもわたって森林法を理解し適応してきた。しかし、徐々にほぼ同じ樹齢の森の間伐、つまり大きく成長した木々の伐採が特別な場所で許されることとなったのである。

ナストラの森は、かつては樹齢が同じ経済林として扱われていたものの、新しい森林所有者は、森の手入れを持続的成長を可能とする方法に切り替えたいと考えた。

＊＊＊

鳥がさえずり、森も夏の気配を感じるようになってきた。アレクシ・ヴィホネンが、青々と木々の葉が輝く森の中を大股で歩いている。地面には、直径40センチメートルほどのヨーロッパトウヒの切り株が見え隠れしている。青々と繁る森は、今もちゃんと森に見えている。若い木は、そのまま成長するに任せている。「この辺りの木は、周りにもう少し空間ができれば、もっともっと成長するはずです」とヴィホネンは、周りにある小さなヨーロッパトウヒの木々を指して言った。地面をよく見ると、切り株の周りには、次の世代の小さな小さなヨーロッパトウヒが芽を出している。

アレクシ・ヴィホネンは経営経済学者になりたかったのだが、林業が抱える問題を身近に追った結果、専門分野を変えることにした。林業に大きな可能性があると考えたからでもある。ヘルシンキ大学で農林学部森林育成科を専攻し、2014年からアルヴォメッツサ社で働いている。

ヴィホネンの典型的な顧客は、伐採する時期を迎えた自分の森林をどうするか悩んでいて、提示された林業の選択肢に満足していない森林所有者である。ヴィホネンによれば、多くの森林所有者は、皆伐後のハゲ坊主になる光景と、伐採した樹木を売却して得る収入のほとんどが再造林にかかる高額費用に消えていくことを知り、目が覚めるのだという。「森林所有者が何をすべきなのかを理解する、このタイミングでサービスを売るのは容易です。また、このタイミングだから、恒続林施業という方法へ移行しようと、森林所有者が決断することも容易にできること」なのだ。

ヴィホネンによれば、森林所有者には森林管理方法別に収益性を比較することができるツールが必要で、経済林にも他の経済活動と同じ対応をしなければならないと考えている。「投資家には、住宅ローンを比較するツールがあるのに、森林所有者には、そのツールに相当するシミュレーションができるものがない」からである。

アルヴォメッツサ社のスタッフは、間伐、皆伐など、あらゆる森林別と森林管理方法別の収入比較が可能なハックリ（Hakkuri）と呼ばれる計算ツールを使っている。

ハックリは、該当する森林管理方法の樹木の伐採や採取から得られる収入と経費を算出するツールだ。また、残された樹木の成長評価、つまり、伐採後、森林資源が森林所有者にどれだけの利子利益をもたらすのかも計算することができる。森林伐採シミュレーションは、どれだけ先の未来でも可能だし、次世代に残すことができる森林価値を計算することも可能なツールである。

ハックリを開発したのは、アルヴォメッツサ社の株主である東フィンランド大学の森林経済学が専門のティモ・プッカラ教授だ。森林管理協会と森林サービス企業には、これに相当するツールがない。東フィンランド大学では、授業や研究にもハックリを活用している。

北ポホヤンマー県オウライネン

『ケト ハーヴェスターズ［耕作放棄地 収穫機の意味］』の文字がはっきりと見えるキャップをかぶっているのは、自ら収穫をする人物だ。ポホヤンマー北部のオウライネンに住む林業事業者兼森林所有者であるオスモ・パロサーリは、自身のことを森林アーティストと呼んでいる。彼は、自分の森林に自分の手が加わることを楽しんでいる。森林の手入れ、殊にアーティスティックな間伐は、パロサーリにとっては一種の情熱の証だ。

パロサーリは40年近く、森林の活力（ダイナミクス）を森林作業に使う車両の運転席という特別席から見守っていた。同時にフィンランドの森に対して何千という感情を抱き、いかに伐採すべきかを考え抜いてもいた。運転席に座りながら、林業学校で教えられた知識を頭の中で反すうしながら、自分の目で現場を観察した。

林業学校では、森林は少しずつ間伐を行い、最後に皆伐して跡地に植林しなければならないと教わった。当初、パロサーリは指導された通りに森林を管理していた。1987年に父親の森林を相続し、初めて運転席から森をじっくりと眺めた。すると、林業学校で習った方法で管理されていなかったものの、目には健やかな森に映った。

パロサーリの父親、ヴェイッコ・パロサーリは、生前ずっと自分の森を皆伐することを拒否してきた。そのため、地方森林委員会、現在のフィンランド森林庁は1970年代に、パロサーリ家の森を伐採禁止地区に指定した。1970年代と80年代、皆伐施業が盛んになっていた。それに反して択伐という森林管理を行っていた多くの森林所有者が裁判を起こした。しかし裁判所の命令により、所有者が森林に触れることが禁じられた。「地方森林委員会が森を調査しに来て皆伐を命じたんだ」とオスモ・パロサーリは当時のことを話してくれた。

森林にはごく小さな、1ヘクタール以下の皆伐した場所があり、ヴェイッコ・パロサーリは、ここを地方森林委員会の指導通りに再生すること、つまり苗木を植樹することをよしとしなかった。「これが地方森林委員会に対する最後の一撃だったようなんだ。これゆえに、すべてが伐採禁止対象になったんだ」

およそ20年の間にパロサーリが所有する森林は世代交代し、家族が所有する森林には、薪にする木がなくなってしまった。約165ヘクタールの森は、ほぼ原生林の状態になった。こうなって初めて、オウライネンの森林管理協会の監査役だったパロサーリは、林業学校や父親から学んだことについて考えるようになった。パロサーリの父親は、森林学の教授エルッキ・ラハデの論文を読み、ラハデと同じように、皆伐は森林を傷めつけるが、持続的成長管理型林業、いわゆる恒続林は森林の所有者にとって経済的にも利益が上がると確信していた。「エルッキ・ラハデは、父にとって大切な存在だったんだ。父はラハデの講演を何回も聞きに行っていたよ」とオスモ・パロサーリは記憶している。

ラハデは、パロサーリ以外の人びとにも影響を及ぼしていた。こっそりと択伐を行い、その収入で大家族を養っていた地元の樵たちがいた。「父親から相続した森の数カ所を皆伐をしてみたんだ。でも森林を再生するということに関しては、明らかに悪影響が表れたんだよね。徐々にことの不合理さが自分にもわかるようになったよ」とパロサーリは話す。

近年、パロサーリが所有する森には数カ所、伐採のために広場のようになった場所ができている。この方法以外にパロサーリには合理的な選択肢がなかったからだ。老木となった木々は乾燥しきっているだけでなく、腐朽による損傷もあったため、取り除くしかなかった。「単純に、間伐も択伐もできない場所は、皆伐するしかなかった。管理方法の過ちをなんとかするために、この土地はこうするしかなかったが、これを見れば、森は再生しないということはわかるよね」

パロサーリは、オウライネンのホッランティ森林計画株式会社の最大株主であり取締役会会長だ。ホッランティ社では森林所有者用に各種伐採方法を評価するための計算プログラムを開発中である。これを使えば、森林所有者は択伐や間伐、皆伐などいろいろな伐採方法の比較と、現在そして将来、伐採で得られる売り上げの比較ができるようになる。

この会社では、顧客が希望する森林管理方法で、つまり皆伐も間伐も択伐も実施している。しかし伐採方法によって表れる違いについて、もっと情報や知識があれば、顧客の希望は違ってくるはずだとパロサーリは考えている。「多くの場合、恒続林施業を選ぶのは、明らかに収入がよいからだ」

伐採方法を比較する際、時間の流れ（期間）を念頭に置くことは絶対不可欠な要素だ。恒続林で、正しく択伐を行うと次の伐採ができるのは、およそ15年から20年後になる。そのため、皆伐と恒続林で行う択伐から得ることができる収入の比較は、実際の木材売り上げを映し出すものではないため単純に比較することはできない。もしも皆伐で得られる金銭的な収入と、同じ場所の択伐で得られる収入を比べた場合、その現場の樹木すべてを伐採して販売する皆伐の方が収入が大きいのは明らかだからだ。

皆伐の後に来るのは、ほぼ間違いなく再生に要する費用で、土地の造成、苗木の植林と手入れの他、追加で必要となる捕植なども含まれてくる。「皆伐後、このポホヤンマー北部辺りの森で何らかの樹木を収穫できるようになるのは、50年ほど先のことになるだろう。その時になっても、森林所有者の収入は、樹齢の高い丸太で得られる収入には遠く及ばないはずだ。なぜなら、伐採できる木は値段の安いパルプ材になる樹木しかないから」とパロサーリは確信している。

パロサーリもヴィホネンも伝道師のような役割を果たしている。彼らは恒続林を実現する森林管理についての話を積極的にしている。ヴィホネンは、恒続林の広報マンとして、多くのワークショップや話し合いに参加している。

「現状では、まだ恒続林は軽視され、過小評価されている」。ヴィホネンによれば、これは情報の欠如が原因で起こる議論であり、反論の余地がある。「森林所有者たちは、森林全体を網羅する恒続林施業による林業が適しているのは、特定の時期の特定の場所だけだと話している。そんな事実はないのに。森林全体を網羅する恒続林は、森林の特性に気を配れば、皆伐をするのと同じ季節に伐採をすることができるものなんだ」

ヴィホネンが持続的成長のための森林管理に関する誤った主張をまとめた長いリストがある。彼が耳にした誤った情報とは次のようなものだ。

――材質の劣化

――恒続林では、建材にすることができる優良な樹木だけを伐採するので、森林は劣化し、最終的には死滅する

――択伐時に、成長状態が悪いために伐採されずに残された樹木が元気になることはない

――恒続林は、生産効率が低い

――もし、恒続林へ移行すればフィンランドの林業は弱体化する

――フィンランドの森林の成長は、集中的な経済林によるものである

材質の劣化、森林の劣化、成長状態が芳しくない樹木が元気になることはない、という最初の3点については、択伐を正しく行うことができなければ、このような状態になるとオスモ・パロサーリは認めている。パロサーリによれば、択伐は森林が持つ独自の再生能力、つまり自然の力を残すように行う必要があり、林業の作業に使う重機を操作する人には、森林の未来を読み取る能力がなければならない。森林が持つ独自の再生能力とは森林が自ら再生することで、森林所有者が森林の成長を促すために経費を投入する必要はない。

「これは数学的な問題で、成長のよくない樹木をいかに残し、仕事をどのように計画するのかを指している。もし森林を荒廃させれば、新しい森への更新は長期間にわたって先細りのままだろう」

パロサーリは、自ら機能的な作業方法を編み出した。彼は、択伐を行う重機の運転席から一本ずつ伐採している。作業の途中、次の一本は、どんな風に伐るのがよいかをじっくりと考える。パロサーリは、森の中でどの方向へ伐り倒すのかを事前にきちんと計画する。木を倒すときは重機の通り道や溝の縁へ向けて倒し、生育が遅い木の上に倒れないように注意を払っている。「伐採樹木が重なり合うように倒していくんだ。こうすれば生育の遅い樹木の上に枝が落ちることはないからね」

パロサーリはまた、択伐に必要な重機の特性は、皆伐で使う重機の特性とは違うため、択伐に適した伐採用重機を自作した。彼が作った重機は、普通の伐採機よりも幅が20センチメートル狭く、軽やかに動く。30万ユーロ以上した重機のクレーンは長く伸び、丸太になる重たい樹幹を持ち上げることも可能である。「同じ森の中でも場所によって全く状況は違うから、択伐は時としてとても複雑になるんだ。樹木の生育環境が全く違うところがある可能性もある。だからこそ森っていうのは、一つ一つ個別に手がける必要があるのさ」

森からどの樹木を伐り出すのか、最終的な決断を下すのは林業用重機の運転手だ。パロサーリは、択伐では15年から20年先の、次の択伐までに価値が確実に上がる樹幹を伐り出さないよう、伐採する木の選択には木を見極めることができる目が必須だという。

＊＊＊

森林所有者にとって恒続林についての対話は、財源と森林収入に関する話をすることに相当する。森林経済学分野の教授ティモ・プッカラは、35年にわたる研究期間の間ずっと、あらゆる伐採手段と森林管理方法最適化の研究に時間を費やしてきた。

恒続林は、皆伐を目的とした同年代樹齢の経済林よりも高い利益を生み出す。[5] プッカラ

◄森林アーティスト、オスモ・パロサーリは、森が持続的成長をするように伐採に取り組んでいる。北ポホヤンマーのシーカヨキ川で

は、恒続林のメリットとして、景色の維持など、樹木と直接関係のないものも挙げている。[6] 経済的な利益、たとえば狩猟、ベリー類や環境評価を計算に加える場合、森林がもたらす有効性として列挙されるものほど、皆伐ではなく択伐を行う方が収益性は高い。[7]

プッカラが編纂し、2018年に出版された『すべての森林で恒続林施業を』には、彼が作り上げた「すべての森林のための伐採ガイドライン」が掲載されている。その中でプッカラは、再生を要する森林の収益性は、同年代樹齢の経済林と比べて15～20%改善するとしている。[8]

恒続林のもう一人のパイオニア、ヘルシンキ大学国民経済学部、森林経済が専門の教授オッリ・タハヴォネンは、このテーマでの学術論文をすでに2006年から発表している。タハヴォネンとプッカラの収益計算には理論上の違いがあるが、タハヴォネンの計算でも恒続林型による伐採は皆伐と比較し、必ずしも収益性が少ない管理方法ではないことを示している。[9] タハヴォネンによれば、経済学的な視点での最大の問題は、フィンランドの森林政策が木材生産量（体積）に基づいていて、収益性の最大化を求めているものではないことであるという。「さまざまな森林管理方法の収益性の計算を始めたとき、誰もが恒続林の収益性が低くなることは明らかだと言った。ところがこの研究調査の結果、フィンランドでも、スウェーデンでも、この方法そのものが経済的に適さないと断定している研究論文は一本も発表されていなかった」とタハヴォネンは言う。

タハヴォネンは、自分とプッカラの計算に違いがあることはよいことだと言う。「お互いが違う意見だということは、学術的に正常だという証でもあるからね。意見が違うことで信頼性も生まれるんだ。もし私たちが聖職者のように考え方を同じくするなら、それはむしろ疑うべき事態だよ」

ティモ・プッカラも恒続林がフィンランドの森林管理を担保できるものなのかを計算した。彼は、フィンランドの森林の成長が健全な現状で、増伐を容認することには批判的である。同樹齢の森林の成長量が、異年齢林つまり恒続林のそれと比較して優れているという研究に基づく証拠はない、とプッカラは言っている。

ピルカンマーには試験林が2カ所ある。ヴェッサリとホンカマキと呼ぶ試験林領域では、恒続林の森と皆伐を目的に定めた森の、経済的収益性と森林管理について、3年ごとに30年間にわたり比較調査している。試験林の歴史は、エルッキ・ラハデがフィンランド森林研究所に勤務していた頃にさかのぼる。ヴェッサリの試験林はルオヴェシのリュリュニエミにあり、ホンカマキはマンッタ＝ヴィルップラにある。

この調査の結果、2つの試験林ともに、恒続林の森林の方が皆伐を目的として管理している森林よりも、木材生産量が多いことがあきらかになった。恒続林施業で育てた森は皆伐を目的とする森よりも建材用丸太を多く産出するが、森を皆伐するとパルプ材の産出量が多くなる。[10]

「仮に木材生産量が同じであっても、森林所有者にとっては、恒続林の森の方が金銭的収入は多くなる。丸太1立方メートル分の方がパルプ材1立方メートルよりも評価が高く、つまり同量の木材であれば、恒続林施業をしている森の方が、たとえば間伐でもよい価格がつく」とプッカラは言う。

フィンランドの森林の育成状態のよさは、森そのものがまだ若いことにも起因しているとプッカラは話す。しかし、持続可能な最大伐採量は、成長真っただ中の若い森林の年間の成長量にはるか及ばない。フィンランドの森は、1ヘクタール当たり平均104・2立方メートルの木材を有している。[11] プッカラによれば、この量は決して多いものではない。フィンランドの南部と中部の間伐を行っていない経済林の、特にヨーロッパトウヒの森の場合は、1ヘクタール当たり500立方メートルの体積になることもある」

ラハティ市ナストラ

アレクシ・ヴィホネンの足元には、ナストラにある釜形をしたくぼ地の絶壁がそびえ立っている。森は自動車道によって途切れていて、道の向こう側は密生したヨーロッパトウヒの森で、間伐が行われたために光が大量に降り注ぐ森が広がっている。大木のほとんどが伐採されたため、伐採されずに残った若木に太陽の光が直接当たるようになった。育成用に残されたヨーロッパトウヒは、強すぎる光の衝撃のために疲弊しているように見える。アレクシ・ヴィホネンによれば、針葉樹は変わってしまうという。ヨーロッパトウヒは、新しい育成環境に順応するのに時間を要する樹種である。ヴィホネンは、自然の多様性が皆伐ほどは失われないことが恒続林の強みであるという。

恒続林も森林を変えるものだが、その違いは、皆伐に比べて変化が小さいことにある。恒続林と伝統的な同年代樹齢の一斉林の、生物多様性維持の可能性について、フィンランドでもわずかながら研究が行われている。ユヴァスキュラ大学の研究では、恒続林での伐採と皆伐の自然の多様性への影響の違いを、森に全く手を加えない場合と共に比較した。この研究によれば、恒続林は、生物多様性という観点では、一斉林に比べると、落葉広葉樹や大木の育成環境が必須のビルベリーなどの地表植生の生息環境として、よりよい選択肢であるという[12]。

また、大木に恩恵を被る動物がいるということもわかっている。そのような動物にとって、うっそうとした森が残っているのはよいことなのだ。特にタイリクモモンガのような、開けた場所での行動に危険が伴うような種には、恒続林の森が恩恵となる。[13]

＊＊＊

フィンランドでは、恒続林の研究者はまだ少数派だ。一方、東フィンランド大学の教授でアルヴォメッツサ社の株主でもあるティモ・プッカラによれば、この十数年の間に、この分野では多くのことが起こったという。

1990年代、ティモ・プッカラが執筆した恒続林に関する学術的な記事は、森林研究に関する論文誌『シルヴァ・フェンニカ』への掲載が拒否された。プッカラによれば、掲載拒否の理由は学術的な理由ではなく、フィンランド国内に異年齢の経済林育成を促すものとして恐れられたためだという。それでも、この記事は、『森林生態と管理』誌（Forest Ecology and Management）には掲載された。

昨今、フィンランドでは恒続林に関する記事の掲載は問題視されることはないという。たとえば、オッリ・タハヴォネン指導のもと、恒続林についての博士論文が1本発表され、2本の論文の完成が待たれている。プッカラによれば、現実の経済林に実質的な変化はまだ表れていないという。「森林法も改正され、今は森林管理協会も恒続林施業に反対はしない。しかし、現実は違うんだ。彼らは、今も皆伐と森の育成を進めようとしている」

プッカラはこの状況を、森林管理協会がこれから起こるだろう変化にうまく対応しようと、恒続林を言葉の上でだけ認めているのではないかと見ている。実際、恒続林施業が悪しき方法だと主張し続けることは賢明ではなく、この方法に適するケースもあるとしている。「ただ、森林所有者に対して、森林の管理方法についてバランスよく複数の方法があることを伝えているというにはほど遠い状態だ」

アレクシ・ヴィホネンはこの状況を理解しており、森林管理をバランスのとれた状態にし、アルヴォメッツサ社が財政面の計算を基に森林所有者の目的を考慮し、いつ何を森で行わなければいけないのかを導き出すことができる森林管理を行う事業を立ち上げることを目指している。「フィンランドの森林所有者たちの森林との関わり方が、何十年もの間、誤っていたとは考えていない。彼らはただ単純に、今ある恒続林に関する情報を得る術(すべ)がなかっただけなんだ」とヴィホネンは言う。

ヴィホネンによれば、森林所有者たちは、森林の取り扱いは難しいため第三者が管理した方がいいと思わされていたのだという。

しかし、森林の取り扱いが難しいなどというのは、事実無根だとヴィホネンは言う。

木材の量以外にも価値がある

森林で稼ぐ方法は伐採だけではない——ペッカ・ユンッティ

フィンランドの森では、今までにないほど多くの人がトレッキングを楽しんでいる。統計が示す数字もネイチャートラベルの人気が事実であることを物語っている。国立公園で余暇を楽しむ人たちの数は、2000年代に入ってからはこれまでの4倍近くに成長し、2018年には、その数は300万人を超えた。[1]

統計上の数字が伸びたということは、国立公園周辺でサービス業に携わる人たちの収入が増えたということを意味している。フィンランドの40の国立公園は、2億ユーロ超の成長ビジネスで、必要となる労働人口は1人が1年間に為す仕事量で換算すると200人分になると言われている。国立公園、トレッキングサービス、自然センターへの投資は、関連企業に投資した金額の10倍の見返りが期待できると言われているため、国立公園はきちんと手入れをしなければならないのである[2]。

人にとって森は素晴らしいものであるという研究結果が、ネイチャートラベルの切り札の一つになっている。森の効能として、ストレスの軽減、血圧の低下[3]、免疫力回復に役立つとされている。日本の研究では、免疫に関わる血中のナチュラルキラー細胞の活性化とがんを予防するたんぱく質量を計測している。ナチュラルキラー細胞のレベルは、街中でのウォーキング後より、森の中を歩いた後の方が高くなっていた[4]。

ネイチャートラベルは、森は樹木の伐採だけでしか収益を得られないのではなく、他の方法でも収益を得られることを示す最良モデルの一つとなっている。これ以外にも実際に森で収益を出す方法はすでにいくつも存在し、その分野の専門家たちは、収益を得る方法の可能性は今後も広がっていくだろうと言っている。おそらくフィンランドの人にとって、樹木はただ単に重要な収入源でしかなく、これまで誰も森に他の多様な可能性があると考えたことがなかったのではないだろうか。環境団体の専門家として働いていたハンナ・アホは、森の民であるはずのフィンランドの人びとは、森とはどういうモノなのかを忘れてしまったのではないかと感じている。アホは、仕事上、マダガスカルやネパールなどに行った経験がある。彼（か）の地では、森のことをもっと広い視野で捉えているという。「彼らに

とって森は、薬局であり、水源であり、食料品店なのです。森ですべての原材料を調達しているが故に、森の多様性が重要だと考えています」

森林所有者たちに、森は人びとの健康維持やレジャーにも役立ち、それが収入になることに関心を持ってもらうには、森が作り出す景観とレジャーの商業的価値を示すという方法がある。そうすれば、森林所有者は、自分の森の景観やレジャーの商業的価値を観光産業の事業者や住居を取り扱う事業者へも販売するだろう。フィンランド天然資源センターの研究者であるアルト・ナスカリによると、このテーマですでに研究が行われており、関係する事業体には契約モデルも提示されているものの、この案にはまだ追い風が吹いてきていないという。とはいえ、レジャーの商業的価値モデルはすでにいくつかできあがっている。ラップランド北部の町・ムオニオの旅行業関係者は、2500ヘクタールの土地の使用にあたり、フィンランド森林庁と伐採をしないようにするための契約を結んだ。[5]

東フィンランド大学の森林経済学教授ユルキ・カンガスは、ネイチャートラベルと健康増進のための森林活用のビジネスモデルの促進を呼びかけている。これは、森林所有者に林業収入のさらなる増収と、別の事業者のビジネス活動を促進するための補助金の獲得につながるからである。「まだ、ビジネスモデルができるまでには時間がかかります。身体的・精神的・社会的健康を目指す旅は上向き傾向ですが、現在のビジネスモデルでは、森

自然の中で過ごすことは健康にいいとわかってきた。サンマルトゥントゥリのパッラス＝ユッラストゥントゥリ国立公園では、世界で一番きれいな空気を体いっぱいに吸い込むことができる►

林所有者自身がこのビジネスに一緒に取り組まない限り、その効果は出てきません」とカンガスは指摘している。

＊＊＊

現在、森の木々を伐採することなく真っ当な収入を得る簡単な方法は、森林保護だ。フィンランド南部の森の多様性ビジネスプログラム・メッソでは、全土の約半分に相当する、条件を満たす個人所有の土地を確保し、森林所有者には、その土地に生えている樹木の価値評価に対して補償を支払っている。フィンランド環境省の環境担当参事官パイヴィ・グンメルス＝ラウティアイネンによれば、他のプログラムとの競争力を上げるため、メッソ・プログラムは免税だという。木材を売却するのとは違い、森林所有者は所得によって30〜34％の変動資本取引税を支払う必要がない。ただし免税対象となるのは、ELYセンター（経済開発・運輸・環境センター）と契約を結んでいる者に限られている。一方、森林センターとの環境補償契約で受け取る補助金は課税対象である。

メッソが実施している森林保護プログラムは、いろいろな方法で取り組むことが可能である。半永久的な森林保護を行いたい場合は、国にその土地を売却するか、個人所有の森林保護区域を設立することで可能になる。期間限定の森林保護を行う場合には、２つの方法がある。ＥＬＹセンターと20年間の契約を結ぶという方法が一つ。もっと短期間であれば、10年間の森林保護を環境補償で実施する方法があり、この場合は森林センターと契約を結ぶことになる。

ＥＬＹセンターは、子細に定められた規定に則ってプログラムの対象とする森を選定する。もしも自分の森ですでに長期間伐採を行っていなかったり、倒木が多かったり、古い立ち枯れ木があり、それがセイヨウヤマナラシの場合、森林所有者は森の保護に取り組むべきなのだ。プログラムでは、樹種が豊かな森や木立ちのある湿地帯、湿原を求めている。[6]

フィンランド環境省は、メッツソ・プログラム拡張のため湿地帯や湿原も対象とすると発表した。環境省では、２０２５年に始まる次の資金調達時にはプログラムの対象の拡張を実施したい方針だ。[7]メッツソ・プログラムの内容の変更は、木材生産に適さない森林の一部からでも収入を得ることができるため、森林所有者にとってはありがたいことである。

***

生態系補償［生物多様性オフセット］は、将来、森で収益を得るための一つの方法となる可能性がある。これは人間の活動が自然の多様性に対して引き起こす阻害を、別の方法で自然の多様性を増加させて相殺する、という仕組みである。[8]

生態系補償は長い間、多くの国で一般的な手法であった。[9]自然の評価価値の補償責任は、ドイツではすでに1976年から法規制の一部となっている。また、アメリカでは、1970年代に水域に関する法規制の一部に取り込まれている。デンマークやスウェーデンでは、環境にマイナスの影響が出るプロジェクトは、環境関係の許認可過程に生態系補償を含めている。

フィンランドでは、生態系補償については、ナトゥラ（Natura）2000ネットワークに関してのみ法制化している。ただ、研究調査は実施しているものの、生態系補償を自然保護の一部にするほど踏み込んではいない。[10]ユルキ・カンガス教授によると、環境への影響評価の方法（YVA）は、生態系補償を明確にするのに自然な枠組みだという。たとえば、森林所有者から評価価値の高い自然が残る場所を自然保護対象として買い取ることで、環境へのマイナス影響を相殺することができるからだ。もう一つは、森の再生や原野の森林化にかかる費用を森林所有者に支払うという方法である。

国会議員ヴィッレ・ニーニスト〔緑の党、2022年現在、欧州議会議員〕は、中小企業の生態系補償を実務上、容易に実現するものがメッツソ・プログラムだと説明した。大型プロジェクトの場合は、プロジェクトを立ち上げる際に生態系補償について検討する必要がある。[11] ハンナ・アホによれば、環境団体は生態系補償について批判的な態度を取っているという。なぜならば、生態系補償は必ずしも必要とされる環境保護に代わるものではなく、より多くの種や自然形態が絶滅の危機に陥らないようにする活動に対応するための一つの動きに過ぎないからだ。

気候変動に対応するため、人類は大気中に放出される地球温暖化を促す二酸化炭素を削減する方法を編み出す必要がある。研究者や専門家たちによれば、地球規模の危機に対応する必要に迫られるフィンランド国内の排出権取引の仕組み作りの過程で、新たな方法により森林所有者にとって収益が出る可能性があることもわかっている。[12] 現在、気候の専門家として開発組織を統括する組織フィンゴ（Fingo）で働くハンナ・アホも同じ意見だ。「この惑星は、今、二酸化炭素隔離が関心を集めるほど危機的状況にあります。二酸化炭素を大気中から植物に吸収してもらうことは、絶対不可欠な状況です」

2018年初め、欧州連合のLULUCF［土地利用・土地利用変化及び林業分野］規則が発効した。この規則ができたおかげで、関係国の間で取引するカーボンマーケット［炭素排出権取引市場］ができた。「LULUCFは、炭素吸収が基準値を超えた国は、超過した吸収量を運用し、炭素吸収量が減少した国と排出量を取引できるという仕組みです」

関係国間の二酸化炭素取引は2021年から始まり、最終的に森林所有者たちも恩恵を受けることになるだろう。ユルキ・カンガス教授は、10年後までには二酸化炭素吸収や二酸化炭素貯留に対して、森林所有者に直接的に支払われるモデルが確立する可能性があるという。実際には、森林の循環期間［木を育て伐採するまで］延長のための補償を森林所有者が受け取ることを意味している。また、国は森林施肥や苗木がより丁寧に育てられるよう、支援することもできるだろう。

森林循環期間の延長は取り組むべきものとハンナ・アホは考えている。「この取り組みは、地球環境を汚染した者が補償するという基本的な考え方に基づいていて、汚染を除去する者が経済的恩恵を受けるという仕組みです」。アホによれば、森林所有者にとって循環期間の延長は、その間に木立ちが二酸化炭素吸収の役に立ち、木々は成長し続け、また評価額が上がるという利点がある。そして、最終的に森林所有者が森林を伐採すると決めると、伐採によって得られる収入は大きくなる。

アホはまた、森林の二酸化炭素貯留を増量する間、森林の多様性に留意することも忘れてはいけないという。動植物の生存環境が恩恵を受けるだけでなく、森林所有者たちも恩恵を受けることになるからだ。「地球温暖化に対処するためには、針広混交林とさまざまな樹齢の樹木があることが保険の役割を果たします」

景観の商業的価値、二酸化炭素吸収と森林保護に加え、ベリーやキノコ類など、フィンランドの森には伝統的な森林の多様性を示す産物も存在する。ベリーもキノコも樹木で得ることができる収益を補完する存在であるが、木材収益に取って替わるものではない。

ことさら物事を大きくするようなことではないが、たとえば、ビルベリー1キロ当たりの価格が2ユーロで、金利が3%の場合、土地によっては経済的にビルベリーが収入源としてとても優秀な植物になるため、皆伐時期を迎える同年代構造のヨーロッパアカマツの木立ちの伐採は延期する方がいいと研究者たちは試算している。

ビルベリーは、光が多く差し込み、樹木が密集しない森でよく育つ。計算によれば、2018年に行ったビルベリーと樹木の収益合算では、間伐を例年の時期ではなく5年後に確実に実施すれば、その数値は最高になるとはじき出された。また皆伐については、12年後まで遅らせる方がいいという数字が出た。もしも、ビルベリーの価格が1キロ当たり4ユーロであれば、ビルベリーの経済的評価額は、森林循環の間に樹木の評価額を超えることになる。ちなみにビルベリー1キロ当たりに支払われる対価は、通常2ユーロを若干

*
**

◀パッラス=ユッラストゥントゥリ国立公園にあるケミヤルヴィ湖を泳ぐオオハクチョウ

超えるか、それ以下である。[13]

木材とビルベリーで収入を得る以外の方法に、森林を育てるための伐採に限るという方法がある。森林管理方法を恒続林施業へと移行すれば、ビルベリーの茎を傷める皆伐が行われず、森の中の樹木は常にある程度間隔があり、光も差し込むため、ビルベリーの収穫量も増える。たとえば、皆伐と植林を繰り返す断続的なヨーロッパトウヒの森で育つビルベリーの量に比べ、ヒース［ツツジ科の極小低木］が地面を覆うヨーロッパトウヒの木立ちで育つビルベリーの収穫量は約5倍になっている。[14]

実際は、フィンランドには自然享受権［フィンランドにいる人は、土地所有の有無にかかわらず、第三者に不利益をもたらさない範囲で誰もがフィンランドの自然を享受できるという権利］があり、森林所有者以外の人もビルベリーやキノコを収穫することができるため、収穫量で森林の収益を計算することは不可能である。多くの場合、自分の森では樹木だけを育て、他人の森のビルベリーを摘む方が経済的には合理的である。[15]

ただしシラカバの樹液［バーチサップ。北欧などで人気の健康飲料］とカバノアナタケ［チャーガ、シベリア霊芝（れいし）］は、自然享受権の対象になっておらず、投資しても損害の恐れはない。ユルキ・カンガス教授によれば、優れた育成地に育っているシラカバの木立ちであれば、バーチサップで1ヘクタール当たり年間1000ユーロの収益を20年にわたって期待することができるという。「この数字は、伝統的な林業で得ることができる収入よりもはるかに大きな収益ですし、このような現実がすでに存在しています」とカンガスは言う。シラカバの樹液（バーチサップ）を生産するということは、森林の使用権をバーチサップ生産者に売ることになる。しかし、バーチサップの採取時期が終わった後も、シラカバには樹木としての価値が残る。

カバノアナタケ（シベリア霊芝）は、日本、中国、韓国で健康効果が期待される人気の薬用植物だ。アジアの霊芝のほとんどはロシアで製品化されているが、フィンランドも市場進出したいと期待が寄せられている。フィンランド自然資源センターと東フィンランド大学は、世界初のカバノアナタケ栽培方法を開発中だ。生育状態のいいシラカバの木の内部にカバノアナタケの種駒（たねごま）を植えつけるのだ[16]。種駒とはキノコの菌を培養した木製のピンのことである。

カバノアナタケの植えつけは、よい結果が出ており、最近では複数の会社が種駒を販売している。研究プロジェクトを基盤に興したフィンランド・チャーガ社は、完成引き渡し方式［ターンキー方式］で種駒を提供しており、種駒を提供する会社が種駒を植えつけ、収穫できるまで成長するのに種つけから5～8年を要するものの、その後は収穫からその処理まで請け負っている。シラカバの木1本でチャーガは2回栽培することが可能だ。カバノアナタケは2回の栽培を終えると、むやみに繁殖することを防ぐために、最終的には木は伐採し、仕事が完結する。[17]

カバノアナタケの伝統的な林産物としてのメリットは、高額の見返りを期待することができる点である。つまり、これは、林産物として評価の低いヨーロッパダケカンバ［シラカバの近縁種。カバノアナタケが育つ］が、評価の最も高いヨーロッパアカマツの木立ちよりも生産性が高くなることでもある。今現在、伝統的な林産物の生産と比べ、カバノアナタケは10倍の収入を得ることができると試算されている。[18]

カバノアナタケに熱心な東フィンランド大学とフィンランド自然資源センターの研究者たちは、食品や特殊なキノコの栽培が定着するための開発を進めている。現状、ヤマドリタケモドキ、カバノアナタケ、ヒラタケ、マンネンタケが研究対象になっている。[19]

＊
＊＊

今後、フィンランドの森で、最も価値が出てくるものは何なのかは誰にもわからない。ガンコウランに含まれる、抗生物質耐性のあるスーパーバクテリアを殺傷することもできるマクロビプロテインの断片かもしれない。[20] あるいは森の真の黄金は、もしかするとセルロース繊維を見事に取り出し、リグニンを分解するという老木に生きる分解菌の真正担子菌類かもしれない。カバノアナタケは、エネルギーを消費することなくその効能を発揮するため、将来、製紙業界で重要な役割を担う可能性も秘めている。[21]

東フィンランド大学の森林生態学の教授ヤリ・コウキは、自然界でまだ見つかっていない天然資源は、自然の多様性を保全するためにも重要なものであることを念頭に置かなければいけないと言う。「多様性には経済的な価値もあるものです。ただ、使うことができるものを失ってしまえば、森にどれだけ利用価値のあるものが潜んでいるのかを把握することはできません」

土の下の森

森の生態系（エコシステム）を守るキノコとバクテリア

――アンナ・ルオホネン

もし、森を形作っているのは樹木だと思っているなら、ぜひこの節を読んで欲しい。森という生命体を考える場合、重要な活動は土壌の中で起こっている。森の成長の半分は、地中で起こっているのである。[1]

樹木の根や側根（そっこん）の細い先に生える真菌類のいる地中では、多種多様な生態系が存在している。樹木と共生するキノコ類は外生菌根菌と呼ばれる。また、地中は細菌で飽和状態になっていて、根の周囲の土1グラム当たり、およそ10億個の細菌がいるとされている。[2]この細菌のおかげで、菌は植物と共生することができるのだ。

樹木同士はコミュニケーションを取って助け合い、時として自己生成した化合物を土壌全体に広がった高密度の菌糸を通して相互にやり取りすることもある。1平方メートル当たりの森に存在する菌糸を広げると、1万キロメートルになる。[3]樹木同士は、菌糸を通じて相互につながっているのである。

フィンランド天然資源センターの上席研究員の微生物学者タイナ・ペンナネンによると、樹木は別の樹木の生育を妨げる、いわゆる他感作用を起こす化合物を生成するほか、お互いに危険を知らせるなどの働きをする化合物も出すと

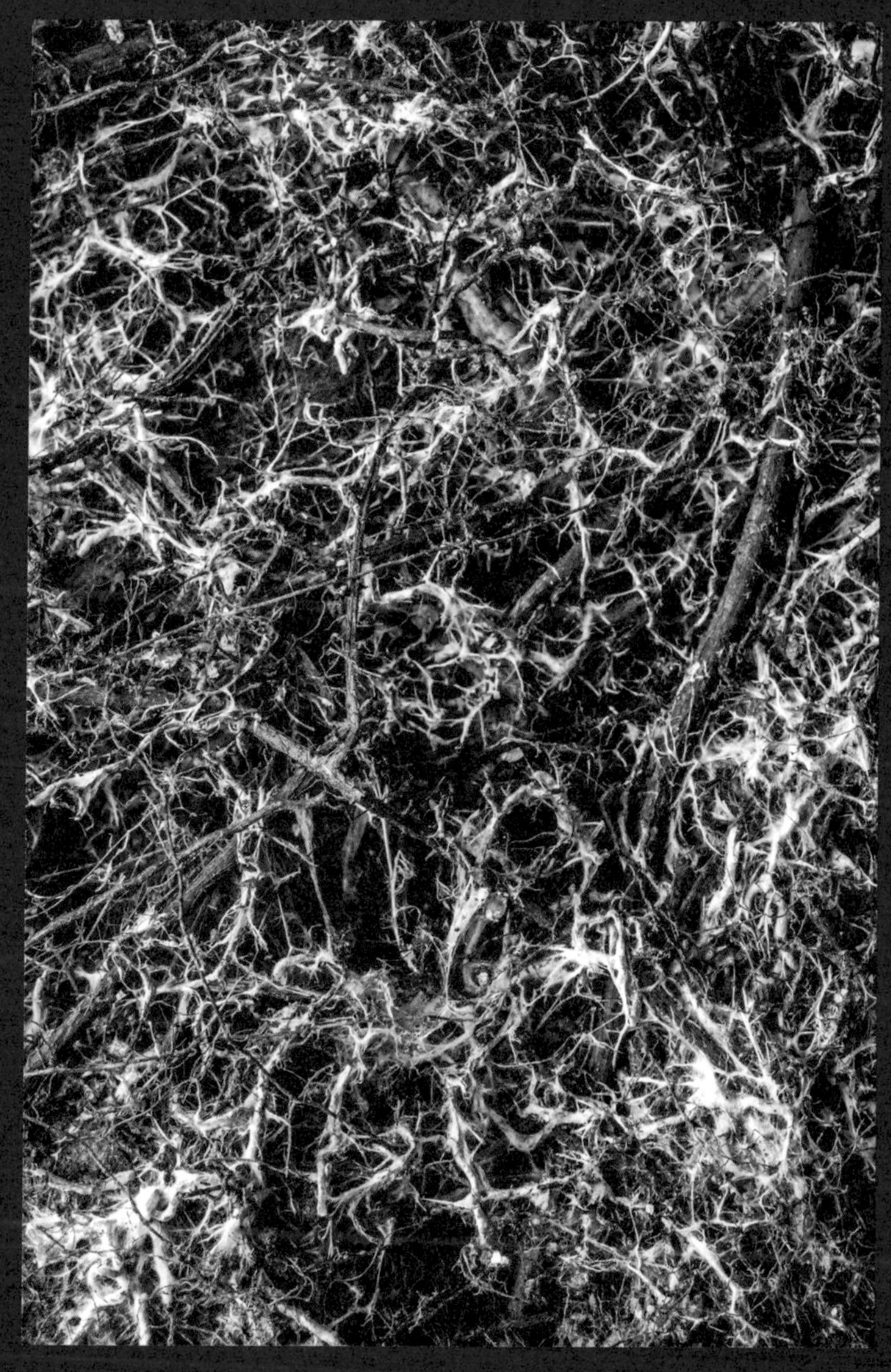

森林の生態系の中でも、菌糸は栄養循環の鍵を握っている。根っこには、黄色いカビ「ピロデルマ」が付着している

いう。「たとえば、ある樹木の根が害虫に襲われると、その樹木は、別の樹木に害虫がやってきたことを知らせる合図を送ることができるのです」

森の中で、ヨーロッパトウヒの木の近くではヨーロッパトウヒの芽が出てくるのが普通だ。親木は外生菌根菌を通じて近くの小さな芽や小さな木々に養分を届ける。親木は光合成で作った有機化合物や根で吸い上げた水分や養分（主として窒素）を与えている。「樹木が助けるのは、同種の木々だけではありません。カナダで行われている研究によれば、ベイマツがシラカバの木に栄養分を提供している現象も確認されています」とペンナネンは説明する。

樹木が何を基準に仲間や敵対するものを認識しているのかは、まだすべてが学術的に解明されているわけではない。「ある種の木には栄養分を与え、別の樹種には与えないため、ある意味、矛盾している状態でもあります」。また、樹木と菌糸の関係がどのように結ばれているのかについてもまだ解明されていない。特定の菌類は決まった樹木の菌根としてしか活動できないものもある。一方で、樹木は数十種類、あるいは数百種類の菌根菌を持つことが可能なのだ。[4]

タイナ・ペンナネンによると菌糸と細菌が森の生態系（エコシステム）を回しているという。栄養分を運ぶ幹線となり、地中にしっかりと錨をおろす役割を果たす樹木の根は、もしも真菌が栄養分の吸収を助けなければ、有効活用できる土壌の養分はほんのわずかである。「もしも、外生菌根菌が存在しなければ、樹木は枯れてしまいます」

菌糸は、第三者が腐植化した土壌から栄養分を吸収し、それを樹木へと移管する。一方、樹木はというと、余った炭素をその根元で育つキノコに与える。「フィンランドの森で一般的なフウセンタケの他、チチタケ属、キシメジ属やイグチ属のキノコが育つのは、樹木と菌糸体の共生の結果です」。キノコ自体は、太陽の光を糖分にすることはできないが、樹木が光合成で作り出す栄養分である炭素化合物をエネルギーとする。つまり、植物と菌類は、成長する際に必要とする炭素をやり取りするのだ。

ペンナネンによると、キノコ研究において、樹木が本当にキノコに自身の成長に使える余剰炭素を分け与えるのかについて議論されているという。

ペンナネンは、今まさにどのキノコが樹木の新芽の成長に有効なものなのかを研究しているところである。彼女は、ストレスのかかる環境で育っているセイヨウネズの新芽の真菌を分離した。この真菌は、大きな樹木に共生するキノコの種と全く違う種だったため、とても驚きの発見だったという。「発見した菌類は、mujukka（ムユッカ）、kahvakka（カハヴァッカ）、orvaka（オルヴァカ）でした。この種のフィンランド語名は、フィンランドではまだここ2、3年（当時）しか使われていないものです。この菌類は、フィンランドのほぼ全土の地中に存在しています」

小さな若木が成長するためには、豊富に栄養分を提供し、見返りを求めない菌糸類の助けが必要である。この助けがあってこそ若木は、地上の成長競争に打ち勝つことができる。加えて菌類は若木からたくさんの糖分を求めることもない。樹木は成長するに従いさまざまな菌類を利用するようになる。つい最近発見された菌類は、将来的に樹木が新芽を出す働きを助ける可能性があるという。また、どの微生物が若木の成長を助けるのかを知ることも興味深いところだ。

根や菌糸の研究では、土壌に貯蔵されている炭素量も推測することができるため、たいへん時代に即した研究テーマである。フィンランドの森が貯蔵している炭素量のおよそ半分は、根や菌糸類によって土壌やリターに蓄えられていると推測されている。[5]リターとは、樹木が地面に落とした落葉落枝のことだ。炭素はリターに蓄えられる。土壌の中の微生物がリター層の下部を分解することで、リターに貯蔵されている炭素が地中深くの岩盤まで到達できるようになる。

　ヘルシンキ大学の森林学部教授ヘルヤ＝シスコ・マルケッタ・ヘルミサーリは、もしも樹木が立派な根を伸ばしていて、今後どれだけ長い間成長、生存できるかがわかれば、地中で死滅した木の根の中で移動している炭素量と、地中に貯蔵できる炭素量とを計算することができるという。「地中に貯蔵される炭素の定着度合いが重要になります。森林土壌から大気圏へ放出される二酸化炭素排出量が少なければ少ないほど、気候変動を遅らせることができるのです」

　しかし樹木を伐採すると、土壌はひっくり返されて二酸化炭素を放出するため、再び森が育ち始めるまでは、森は炭素の発生源となりかねないのである。[6]

北のボルネオ
——目にも見える変化

森の自然を守るには、
体系立ったひと続きの森が必要である。
ひと続きの森を可能にするための考え方とは——イェンニ・ライナ

我々は今、50億歳の惑星を支配する立場にいる。だが、我々が自然について予測することができるのは、わずか数日先、数カ月先、数年先のことだけだ。それ以上の、数十年、数百年、あるいは数千年先のことまでは予測することはできないのだ。

イルッカ・ハンスキ『収縮する世界』(2007年)

ボルネオ島のグヌンムル国立公園

夜中、建物から漏れる明るい光が無数の蛾や甲虫類、ナナフシを引き寄せている。白い布を外で広げれば、輝くもの、光を放たないもの、ゆっくり動くものから敏捷なものまで、瞬く間に大小さまざまな数百匹の虫が集まるだろう。若き生態学者イルッカ・ハンスキにとって、１９７８年の、熱帯地域にあるグヌンムル国立公園への旅は夢を実現するものだった。[1]

ボルネオには、地球上のどこの地域よりも多くの種類の植物が育っていると推測されている。この地域の自然は、世界規模で考えても特異なまでの多様性を誇っているのだ。ここで言う自然の多様性、つまり、生物多様性とは遺伝的な変異や植物の生育環境の多様性だけではなく、種の豊かさを指している。[2]

自然は、多様性が豊かであればあるほど絶滅への抵抗力も上がる。多様性という単語の様（さま）は、自然のレジリエンス、つまり抵抗力や予期しない状況での適応能力のさまを意味している。つまり多様性は生命を維持するものなのである。

ボルネオから1万キロメートルほど離れたハンスキの生まれ故郷には、熱帯とはかけ離れた現実があった。フィンランドが位置するタイガの森は北半球に帯状に広がっている。

ヨーロッパ北部からロシアを通りアラスカ経由でカナダまで続く、その広さは地球上すべての森のおよそ3分の1を占めている。そして、最も樹種の乏しい森林帯と認識されている。[3]

フィンランド・アカデミーのメンバーで、2016年に没した生態学と進化生物学の分野で世界を牽引するイルッカ・ハンスキ教授は、現役時代、違った見解を示していた。それは、タイガの森の多様性は過小評価されており、ほとんど注目されていないというものだった。タイガの森は、樹木の種類は少ないものの、他の生物は想像以上に多様性があるというのだ。[4]

フィンランドの森の樹種は、世界でも類を見ないほどよく研究、認知されている。しかし、それを超える数の種が見つかる可能性もある。フィンランド環境省が2003年から2016年にかけて予算をつけたプッテ（PUTTE）研究プログラム［フィンランド環境省の予算で2003年から2016年にかけて取り組まれた「謎の多い森林生息種と絶滅危惧種に関する研究プログラム」のこと］では、森に生息する認知度が低い、絶滅の可能性のある植物、菌類、動物の種の解明に集約した研究を実施している。この期間に発見された種は驚くようなものばかりであった。なんと1969の未知の種を発見し、そのうちの556種については学術的にも全くの新種だったのである。フィンランドで新種とされたもののうち、最も多

く見つかったのはハエ類とキノコなどの担子菌類。学術的な新種では、特に菌類と藻類の複合体である地衣類とクモ類が多いという結果だった。[5]

学術界が新種と認定したとき、その種は同時に絶滅危惧種でもあった。熱帯雨林で行われる伐採は、多様性を損なうリスクとなり、熱帯雨林の面積の減少にもつながる。一方、フィンランドで危惧されているのは森の喪失ではない。人口が比較的少なく、森の所有者は森林法で定められている所有者責任を負うために、伐採後、森を再び育てる義務がある。[6] だから、木の本数はこの１００年の間にむしろ増えている。[7] 一方、多様性に対する脅威は、人工林となり森そのものの質が落ちることである。つまり、自然な状態の森が経済的に扱われ、ひと続きだった森が分断されることである。[8]

森の樹種の減少化は、すでに１９９０年代に表れていた。１９９７年には森林法が改正され、多様性の保全にも目が向けられるようになった。つまり伐採時に木を残すようになり、さらに生物多様性の観点から重要とされる生存環境、生物にとって鍵となる生存空間を保全するようになったと、東フィンランド大学森林生態学教授のヤリ・コウキは言う。「森林法で生存環境の重要性が謳われてから、すでに20年、森林管理の一環で、皆伐時でも若干の木を残すよう推奨されました。それでも絶滅危惧種の数が目に見えて減ったわけではないとか、伐採地に対して木の数は十分に残されているのかとか、生存環境に十分な

2010年代に入ってからフィンランドの森から1969の未知の種が見つかっている。ピエルパ湖の自然の中の教会へと続く小道の先にはイナリの湿地帯が広がる►

広さは確保できているのか、といった批判的な意見もあります。現場で実践されている方法は正しい方向へ向いているものの、まだ必要十分なものではないようです」とヤリ・コウキは評している。

生存空間と皆伐地に木を残すこと以外にも、森を保護しながら生物多様性を維持する努力は進められている。フィンランド全土の林業地のうち、12%は保護林である。この数字には、森としての蓄積量が少ない湿地帯や石や岩が多いやせた土地も含まれており、保護対象となっている森林の実質量は7・7%である。[9]

歴史的に見ても自然保護地帯として定められるのは、土地活用法が他の地域と競合することのない高緯度や山地、不毛の地が多い。そのため、フィンランドでもほとんどの自然保護地帯は、ラップランド、カイヌー、ポホヤンマー北部で、フィンランド南部の森で保護対象となっているのはわずか2%に過ぎない。同時に、フィンランドの森の多様性が認められる地域での保護はさらに少ない。[10]

フィンランド南部の保護地帯は、その割合が少ないだけではなく質にも問題がある。保護地帯に定められている森も、その一部は皆伐の後に生まれた森なのだ。「今日、保護林になっていても、立ち枯れ木が少なかったり、生育している樹種も多様性に欠けていたりと、質がよい森とは言い難い」とコウキは苛立つ。

保護林を増やすことは急務だと多くの研究者は言う。国土の総面積に対し、適した森林保護地帯の割合は17%だとユヴァスキュラ大学応用生態学教授のミッコ・モンッコネンは指摘する。この数字は、2010年日本で、フィンランドが他の参加国と共に署名した愛知目標に基づいたものだ。これは、2020年までに生物多様性の喪失に歯止めをかけることを目標に掲げたものだが、目標達成は、まだまだ遥かなたである。

自然保護対象となる地域を増やしたとしても、本質的な問題が目標達成を阻んでいる。それは森の分断がますます加速していることである。また、気候変動によってこの先100年の間、種の方が急速に生息環境に合わせていくだろう。ただ万が一、生息環境が島のように点在する場合、別の生息環境への移動は多くの種にとっては難しいはずだ。[11]

ロヴァニエミのピサヴァーラ自然公園とテルヴォラ

グーグルマップの航空写真で見るピサヴァーラ自然公園は、アフリカ大陸のような形で緑の部分が浮き出ている。太古の海に流されて集まったが、まるで筆跡のような薄茶色の波形を残している。ピサヴァーラ自然公園は、ほぼ自然のままのひと続きの森であるが、周りを取り囲む森や土地は伐採で分断されたり、苗木用の土地になったり、成長途上の森や耕作地となっているため、この公園だけが写真上で黒っぽく浮き上がるのである。

◀フィンランド森林庁は森林を焼き、焼失や腐朽により傷んだ樹種が回復するよう生育環境を整えた。(アスムンティ湿地とランミン湿地保護地区・ラヌア)

この光景こそが、フィンランドの自然な森だ。古くからの自然林が若い人工林に取り囲まれ、森が分断されていることがより鮮明にわかるのではないだろうか。

森が分断される理由の一つは、一つの森に所有者が複数いることが多いためである。フィンランドには、森を個人所有する人が63万2000人いる。この他にも、国、教会区、自治体、共同体や企業が森を所有している。さらに伐採方法も森を分断する原因になっている。森は一気に皆伐すると一体感のある生息環境を整えることはできなくなるのだ。

また、縦横に走る林道も森林分断の要因である。フィンランドの森の中を走る林道は、12万5000キロメートルにもなる。この道がひと続きになっていた森を細分化するのだ。道路が占める割合は大きく、すべてをつなぐと地球3周分になる。林道は10〜12メートル幅で、この道路がすべて木を生やさない地帯になる。フィンランド国内の林道をびっちりと並べたら、その総面積はヘルシンキの総表面積の6倍にもなり、それが樹木のない土地だ。森の風景をばらばらにする張本人は、林道網だとも言われている。伐採した土地は、時間がたてば森に戻るわけだが、道はずっと森を分断し続ける存在なのだ[12]。

森の生育環境が分断されるようになったのは現代になってからである。数えきれないほどの森の植物は、今よりももっと一体的な生育環境で生存していたものだった。生物多様性の観点からは、森が変わってしまうことが問題なのである[13]。

今、自然林のかけらは人工林に埋もれ、伐採で裸になり、あるいは若木の中にまるで島のように点在している。島から新しい次なる生育環境への脱出は難しい。「ある種が島の中で他の種から離れた状態で生育していて、何らかの事情で死滅した場合、死滅した種に代わる新たな種が、その土地へ到達することはできないだろう」と応用生態学教授のミッコ・モンッコネンは、その現実を説明する。

こうして島の植生は徐々に消滅し、そして種も絶滅することになるのだ。モンッコネンは、種が絶滅するありさまを、住人が転出して家を閉じ、その後、誰も移り住まないような町になぞらえている。時間がたつに従って死んだ町になっていくというのである。

個体群生態学の本質的な考え方は、相互連携のある保護地区ネットワークがあらゆる種をよりうまく、確実に生存させるというものである。各地との結びつきを、いわゆる「緑の回廊」で強化しようとしていて、その回廊は種の移動を促し、別の土地へと誘う役割として期待されている。ただ、今の緑の回廊は狭すぎる。回廊の幅10メートルは、種によっては保護されている土地とは言えず、あまりにも細すぎるのである。[14]

まとまりのある森が、幅広い帯状の回廊でつながり、生物多様性の維持を可能とする自然保護地域を形成することが、理想形の一つである。これは、フェンノスカンディアのヨーロッパグリーンゾーン構想の目標でもある。フィンランド東部の国境線両側の帯状地帯に、現在と未来のための自然保護地帯構築計画がある。約50キロメートル幅の帯状地帯がフィンランド湾から北極海までつながれば、東部国境線に面した自治体にとっては重要なネイチャーツーリズムの観光資源になるはずだ。

このグリーンゾーンは未完成で、帯状という言葉を使えるほどにもなっておらず、「まだ、真珠のネックレス程度」と言うのはフィンランド環境センター上席専門員タピオ・リンドホルムである。特に国所有の土地が少なく、個人所有の土地が多いフィンランド南部では、グリーンゾーンは完成にほど遠い状態だ。

グリーンゾーン構想は、1990年代に旧ソビエト連邦が崩壊し、国境を挟んだロシア側に広大で自然な状態の森がまとまって残っていることが判明したときに始まったものだ。この頃、フィンランドでも人の手の入らない古くからの森の保護について話題に上るようになっていた。グリーンゾーン構想に携わるチームは、カルヤラ地方にパーナヤルヴィ国立公園を、コストムクシャ［ロシア内］にカレワラ国立公園を設置した。フィンランド内にあるカレワラ国立公園は、スオムスサルミの自然保護地域に連なっている。

グリーンゾーン構想の中では、自然保護地域と残された美しい森をつなぎ合わせることについて熟考された。リンドホルムは、国境付近の国有地で皆伐という方法を取らない経済林を運営し、ひとつながりの森を維持するにはどうすればよいのかを検討するべきだと考えている。「その手段は、柔軟な方がいいに違いないからです」。しかし、伐採量の目標が引き上げられると、グリーンゾーンにも課題が持ち上がることになった。

フィンランド、ノルウェー、ロシアが署名したフェンノスカンディアのグリーンゾーンに関する相互覚書(おぼえがき)は2020年に終了する［2019年現在］。もし、国境近くのグリーンゾーンで多様性に富み、ネイチャーツーリズムに適した場所を作り出すことができるのであれば、取り組むべきことは多い。「まず、グリーンゾーンがいかにフィンランドにとって大切なのかを広く知らしめなければなりません。その次に、このプロジェクトを次の若い世代へと引き継がなければならないと思っています」とリンドホルムは語っている。

このグリーンゾーンは、ヨーロッパを1万2500キロメートルにわたって走るグリーンベルトにつながっている。一部、鉄のカーテンにもかぶるグリーンベルトは、アドリア海、黒海から北極海へとつながる、適度に自然を残した帯状の流れで、フェンノスカンディアのグリーンゾーンは、中でも一番自然が残っている地帯である[15]。

つまり、グリーンゾーンは、今よりももっと一体感のある森林自然を、森に生息する生き物と共に残そうという構想だ。ハンスキは、すでに人びとが活用している場所の生物多様性を支えるための構想も用意しており、3分の1の3分の1ルールと名づけていた。この構想を基に、広い範囲に自然保護地帯を構築することが難しい土地でも自然保護の割合を上げることができると考えている。そして、より一体感を持って森を保全する必要性が高い場所として、フィンランド南部が挙げられる。

この構想は広大な土地の面積のうちの3分の1を、生物多様性の保全をかなえる地帯として作り上げるという構想だ。そしてさらに、そのうちの30％を保護する。こうすれば、たとえばフィンランド南部の自然保護の割合は、全体の10％まで上げることができる。生物多様性のための保護地帯は、少なくとも100平方キロメートル必要で、断片的な保護地区は、断片化率があまり高くならないよう最大で100カ所までとしている。[16]

森林の面積の3分の2以上は、多様性維持のための保護区域の対象から外れているので、このエリアでは、家具や高価な製品作りに使うような小規模の間伐は行うことができるだろう。また、ネイチャーツーリズムにうってつけの場所にもなるはずだ。[17]

ハンスキは、多様性を維持するために、保護区域の周辺に人が住むことも重要だと考えている。人がハイキングなどで自然の中で時を過ごすことができるからだ。それは自然にとって大切な問題を解決することにもなる。

我々が生息地をどのように認識するか。このことは、未来を見据えた生息地政策に大きな影響を及ぼす。人間の環境に対する認識はさまざまな理由で歪められ、我々の心の中の生息地も失われる可能性がある。心の中の生息地が失われると、おそらく生息地は現実からも消滅することになるだろう。[18]

イルッカ・ハンスキ『収縮する世界』(2007年)

ハンスキの言う「3分の1の3分の1ルール」は、まだ取り入れられてはいないものの、応用生態学教授のミッコ・モンッコネンは、基本的に現実的なモデルだという。しかし、一つ大きな「ただし」が付くと指摘する。森のおよそ60%は個人所有のため、広い範囲を網羅する森の大規模保全計画を立てることは難しく、経済的補償が必要になるのである。

＊＊＊

2010年代終盤に向け、フィンランドの森にはこれまで以上に大きな圧力がかかるだろう。現在、政治的にフィンランド史上最も高いレベルに伐採目標が設定され、多くの種は存続の危機に直面している。そして同時に、我々は気候変動の危機を乗り越えるために、今後20年をかけて解決方法が編み出されることを期待している。森の存在は、経済成長、気候変動への取り組み、生物多様性の喪失阻止など、すべての変化に対応できると考えられている。一方で、森があらゆる課題に対応できるかについての共通見解は存在していない。

フィンランドで2000年代初めのような森林政策が永遠に続くとイルッカ・ハンスキは考えてはおらず、生態学的にも社会的、経済的にも全く新しいページが開かれるだろうと期待している。[19]

ミッコ・モンッコネンも新しいページが開かれることを信じている一人だ。フィンランドの森に設定された目標が、持続可能を達成するものになっているからである。「研究上のデータはある。でも選択肢も2つある。一つは、伐採量の目標値を引き上げず、林業の維持が可能な以前の数字、年間6500万立方メートルまで引き下げること。もう一つは、伐採量の目標を引き上げるが、より広い範囲の森に全体的な計画を行うこと。このどちらかでなければ、持続可能な環境維持は実現できません」。モンッコネンは、広範で全体的な計画を実現するには、面積的に広範囲を網羅する森林計画が必要で、森の所有者と森林境界を超えた協力関係は不可欠であるため、「現実的にはかなり難しい」と言う。

森林計画の現状を追跡すると、手つかずの森よりも、大規模伐採が行われている森の方が多いようだ。大規模な土地を所有する企業やフィンランド森林庁は、すでに広い範囲で森林管理計画を実現できる状態になっている。しかし、経済的な不利益や辛抱を強いられる個人の森林所有者には、損失補償を行う制度が必要だとモンッコネンは認識している。

森林管理に関する政治的指針は、なにも目新しいものではない。森林生態学のヤリ・コウキ教授は、政治的指針は昔からの基本方針の上に成り立っているという。「フィンランドはいつの時代にも森林所有者に対する支援システムがあったのだから」。たとえば民間の経済的観点でこの対策では採算が取れないとなった場合、政府は民間の森林所有者に、伐採がからむ森林管理と森林改良事業に対してケメラ（Kemera）補助で支援しており、この補助金を施肥、苗木の手入れ、林道の建設や修復に充てることができる。

どんなときでも支援の内容を決めるのは政府である。バイオマス経済戦略では、「バイオマス資源」は主として私有で、森の所有者自身がその資源を経済的に活用することを推奨するという考え方に基づいている。この戦略の目標は、森の空間設計の策定やロジスティック関連のインフラ改善など、バイオマスサプライチェーンを発展させることである。[20]

一方、政府はメッソ・プログラムを通じて、貴重な土地の保護を推奨している。すべてが優良な土地所有者ではないけれども、多くの土地所有者が自主的に環境保護対策をする意欲が高いことをコウキは喜んでいる。補償に競争力があれば、環境保護への関心と管理

◄イナリにあるカルフンペサヴァーラはフェンノスカンディアで最古の、樹齢700年以上になるヨーロッパアカマツ林に囲まれている

方法の多様化が進むことを、メッツソ・プログラムが証明しているとコウキは言う。

メッツソ・プログラムがもたらした大きなメリットの一つは、人びとが環境保護に前向きになったことだとモンッコネンは言う。「環境保護に取り組む必要がある、ということがすでに広く認知されていて、強迫的で否定的なものだとはみなされなくなりました」

全体として環境保全目標を達成し、森林の生物多様性の保護のためには、新しい手段による対策が必要であることは明らかだ。原生林の保護には費用がかかるし、保護ネットワークに組み込むことが困難なこともある。モンッコネンは同僚と、この先を見据えて保護林を自ら入手することも検討している。「私たちが皆伐された土地を購入し、今すぐ保護することはできないかと考えています。100年の時が過ぎれば、保護対象となっている種は、じっとひたすら時間が経過するのを待てるはずです。その間に自然の価値はおそらく回復するでしょう」

ただ、多くの種は時を待つことが難しいだろう。フィンランドの森に生息する833種の絶滅危惧種から、生物多様性の低下の兆候を見て取ることができる。世界の科学者たちは、我々は今、絶滅の危機第6波の真っ只中にいると定義している。絶滅の波は過去にもあったが、種の消滅は自然の絶滅速度の1000倍の速さで進んでいるという見方が、今、最も厳しい推計である。[21] 私たちの日常活動が、世界を常に急速に変化させ、一人が人生を送る間に大きな変化が見られるのだ。

モンッコネンは、現在及び将来にわたって、大規模な森林資源利用を計画する場合、環境は経済と同等の重要かつ不可欠な課題だという。もしこのままの路線が続き、変化しなければ、次世代に残す森が違ったものになるのは明らかだ。伐採量が増え続ければ、森はますます単層化していく。「森の風景が変わることはそれほど劇的ではないため、だからこそ配慮しなければならないことを、私たちは忘れがちです。森の変化は、音も立てずに近づいてくるものです。そして、変化に気づくまでにとてつもなく時間が経過し、変わると一気に別の姿を現します」

モンッコネンは、自分の時間が過ぎる中で森の変化に気づいた。一方で、森の所有者としては森の変化のよい面にも気づいている。また、林業と森林保護との対立関係が和らいだことにも気づいている。シピラ政権がメッツソ・プログラムの予算を削減したときには、環境保護団体とフィンランド農林生産者連盟（ＭＴＫ）と共に反対行動を起こした。「人びとの意識は大きく変わりました。持続可能な開発については、すでに40年前から語られてきましたが、やっとその翼が風を受けて舞い上がった感じです」

「物事は大きく動くと信じています」

謝辞

私たちを応援し、辛抱強く見守ってくれたヌーッティ、祖母のマルヤ、リーッカ、サイミ、エーリス、アンティ、アートス、オッシに感謝します。

私たちのインタビューや質問に応じ、情報を提供してくださるだけでなく、原稿についての話し合いや確認作業にご協力くださった皆さま、研究者の方々にも心からお礼申し上げます。皆さんの協力なしには、この本を完成することはできませんでした。特にこの本の要となる原稿の確認をしてくださったハンナ・アホ、サムリ・ヘラマ、ペッカ・ヘッレ、ユリ・ヒエタラ、マルヤッタ・ヒュトネン、トゥオモ・カッリオコスキ、テロ・クレモラ、ヴェサ・ルフタ、エルッキ・ラハデ、アルト・ナスカリ、ミカ・ニエミネン、ユルヨ・ノロコルピ、アンッティ・パサネン、アンッティ・パルポラ、クリスティーナ・ピルネスコスキ、トゥオモ・ピルッティマー、ヤルモ・ピューッコ、リスト・ピューッコ、ヨウコ・サースタモイネン、サンポ・ソイマカッリオ、マッティ・ルオパヤルヴィ、オッリ・タハヴォネン、スヴィ・タンネル、オッリ＝ペッカ・ティッカネン、マリ・トルッキネン、ヤルノ・ヴァルコネン、ティモ・ヴェサラ、そしてライモ・ヴィルッカラの諸氏には、格別な感謝を申し上げます。

注

はじめに

1．自然資源センター「ヨーロッパ域内のフィンランドの森２０１５」より引用
Luonnonvarakeskus: "Suomen metsät Euroopassa vuonna 2015." https://www. luke.fi/tietoa-luonnonvaroista/metsa/metsavarat-ja-metsasuunnittelu/suomen-metsat-euroopassa-vuonna-2015, lainattu 27.2.2019.（現在閲覧不可）

2．フィンランド森林産業連盟「研究調査：フィンランドでは林業は国民総生産に大きな影響力がある――林業界が納める税は40万ユーロ近く」２０１７年11月９日報道発表より引用
Metsäteollisuus: "Tutkimus: Metsäteollisuudella suuri kansantaloudellinen merkitys Suomessa- verokertymä lähes 4 miljardia euroa." Tiedote 9.11.2017. metsateollisuus.fi/tiedotteet/tutkimusmetsateollisuudella-suuri-kansantaloudellinen-merkitys-suomessa-verokertyma-lahes-4-miljardia-euroa, lainattu 15.2.2019.（現在閲覧不可）

3．エスコ・ヒュヴァリネン他（編集）『フィンランドの絶滅危惧種：レッドデータブック２０１９年版』32頁、ヘルシンキ、フィンランド環境省・フィンランド環境センター
Hyvärinen, Esko et al. (toim.) 2019. *Suomen lajien uhanalaisuus: Punainen kirja 2019*. Helsinki: Ympäristöministeriö ja Suomen ympäristökeskus, 32.

4．世界自然保護基金ＷＷＦフィンランド「フィンランドの森」より引用
WWF: "Suomen metsät." wwf.fi/alueet/suomi/suomen-metsat, lainattu 19.3.2019.

5．キルシ・スコン「フィンランドのしたたかなロビイスト」２０１８年10月12日台本より引用
Skön, Kirsi: "Suomen sitkein lobbari." Käsikirjoitus 10.12.2018. yle.fi/aihe/artikkeli/2018/12/10/suomen-sitkein-lobbari-kasikirjoitus, lainattu 15.2.2019.

6．ペトリ・ケト＝トコイ＆ティモ・クールヴァイネン　２０１０年『フィンランドの原生林』、60頁、ヘルシンキ、マーヘンキ社
Keto-Tokoi, Petri ja Timo Kuuluvainen 2010. *Suomalainen aarniometsä*. Helsinki: Maahenki, 60.

7．Ｂｉｏｓリサーチユニット「公開信書」フィンランド政府の増伐に対するフィンランド研究者68名が２０１７年３月24日に発表した公開声明より引用
Bios: "Julkinen kirje." 68:n suomalaisen tutkijan julkinen kannanotto hallituksen kaavailemiin lisähakkuisiin 24.3.2017. bios.fi/julkilausuma/julkilausuma240317.pdf, lainattu 15.12.2019.

i　これがかつてのフィンランドの森

昔々の森のおはなし

1．世界銀行オープンデータ「森林域（陸地に占める割合）１９９０～２０１５年」
World Bank Open data: "Forest area (% of land area) 1990–2015." data.worldbank.org/indicator/AG.LND.FRST.ZS, lainattu 20.2.19.

2．フィンランド森林協会「フィンランドの森林資源」２０１６年６月４日公開、２０１６年１月７日更新
Metsäyhdistys: "Suomen metsävarat." Julkaistu 4.6.2016, päivitetty 7.1.2916. smy.fi/forest-fi/metsatietopaketti/suomen-metsavarat, lainattu 21.2.2019.（現在閲覧不可）

3．タピオ・ヌンミ（編集）２０１２年　南西フィンランド森林プログラム２０１２～２０１５年　フィンランド森林センター
Nummi, Tapio (toim.) 2012. *Lounais-Suomen metsäohjelma 2012–2015*. https://www.metsakeskus.fi/sites/default/files/document/alueellinen-metsaohjelma-lounais-suomi-2021-2025.pdf

4．ヤリ・コウキ、森林生態学教授、メールによるインタビュー２０１９年２月７日
Kouki, Jari, metsäekologian professori, sähköpostihaastattelu 7.2.2019

5．フランチェスコ＝マリア・サバティーニ他（編集）「ヨーロッパ最後の原生林のありか」２０１８年、生物多様性レビュー、２０１８年５月24日公開
Sabatini, Francesco Maria et al. 2018. "Where are Europe's last primary forests?" *Biodiversity Review* 24.5.2018. onlinelibrary.wiley.com/doi/full/10.1111/ddi.12778, lainattu 20.2.2019.

6．ペトリ・ケト＝トコイ&ティモ・クールヴァイネン『フィンランドの原生林』２０１０年、10頁、25～26頁
Keto-Tokoi, Petri ja Timo Kuuluvainen 2010. *Suomalainen aarniometsä*. Helsinki: Maahenki, 10 ja 25–26.

7．サカリ・トペリウス『フィンランド国民をつくった教育読本　我らが祖国の書』１９３０年、復刻版、34頁、復刻版１９９３年、ヘルシンキ、ＷＳＯＹ社、60頁
Topelius, Zacharias 1930. *Maamme kirja. Lukukirja Suomen alimmille oppilaitoksille*. Näköispainos 34. korjatusta painoksesta 1993. Helsinki: WSOY, 60.

8．ＷＥＢサイト自然の様相「森林その６　枯倒木の量」２０１５年12月21日更新／フィンランド農林省ＨＰ「経済林の多様性」
Luonnontila: "ME6 Lahopuun määrä." Päivitetty 21.12.2015. luonnontila.fi/fi/elinymparistot/metsat/me6-lahopuun-maara, lainattu 21.2.2019; Maa-ja metsätalousministeriö: "Talousmetsien monimuotoisuus." mmm.fi/talousmetsien-monimuotoisuus, lainattu 7.3.2019.

9．ペトリ・ケト＝トコイ&ティモ・クールヴァイネン『フィンランドの原生林』２０１０年、１５８頁
Keto-Tokoi, Petri ja Timo Kuuluvainen 2010. *Suomalainen*

aarniometsä. Helsinki: Maahenki, 158.

10. Bｉｏｓリサーチユニット「公開信書」フィンランド政府の増伐に対するフィンランド研究者68名が２０１７年３月24日に発表した公開声明　bios.fi/julkilausuma/julkilausuma240317.pdf　より引用
Bios: "Julkinen kirje." 68:n suomalaisen tutkijan julkinen kannanotto hallituksen kaavailemiin lisähakkuisiin 24.3.2017. bios.fi/julkilausuma, lainattu 21.1.2019.

11. エスコ・ヒュヴァリネン他（編集）『フィンランドの絶滅危惧種：レッドデータブック２０１９年版』
Hyvärinen, Esko et al. (toim.) 2019. Suomen lajien uhanalaisuus – Punainen kirja 2019. Helsinki: Ympäristöministeriö & Suomen ympäristökeskus.

12. ハンネス・パサネン「北方樹林帯での環境かく乱からの回復による生態への影響について」２０１７年、『論文の森』所収２４４頁、博士論文、東フィンランド大学自然科学森林学部、３頁、21頁
Pasanen, Hannes 2017. "Ecological effects of disturbance-based restoration in boreal forests." Dissertationes Forestales 244. Väitöskirja, Itä-Suomen yliopisto, luonnontieteiden ja metsätieteiden tiedekunta, 3 ja 21. doi.org/10.14214/df.244, lainattu 21.2.2019.

13. ミッコ・モンッコネン「フィンランドの森の自然〜グローバルな多様性の一部として」２００４年、ティモ・クールヴァイネン他（編集）『森に隠されているもの〜フィンランドの森の自然の多様性』所収34頁、ヘルシンキ、エディタ社／ユルヨ・ノロコルピ森林学教授、メールインタビュー
Mönkkönen, Mikko 2004. "Suomen metsäluonto – osa globaalia monimuotoisuutta." Teoksessa, Timo Kuuluvainen et al. (toim.) *Metsän kätköissä – Suomen metsäluonnon monimuotoisuus.* Helsinki: Edita, 34; Norokorpi, Yrjö, metsätieteiden tohtori, sähköpostihaastattelu

14. ペトリ・ケトー＝トコイ＆ティモ・クールヴァイネン『フィンランドの原生林』２０１０年、１８６〜１８７頁
Keto-Tokoi, Petri ja Timo Kuuluvainen 2010. *Suomalainen aarniometsä.* Helsinki: Maahenki,186–187.

15. 前掲資料　１９１頁

16. 前掲資料　１９２〜１９３頁、１９９頁

17. 前掲資料　１９６〜１９７頁

18. アンッティ・パロポラ＆ヴェイヨ・オベル『森の国。フィンランド森林庁とフィンランド１８５９〜２００９』２００９年、フィンランド森林庁、15〜16頁
Parpola, Antti ja Veijo Åberg 2009. *Metsävaltio. Metsähallitus ja Suomi 1859–2009.* Metsähallitus, 15–16.

19. フィンランド森林庁「フィンランド森林庁の歴史」２０１５年５月８日
Metsähallitus: "Metsähallituksen historia." 8.5.2015. metsa.fi/metsahallituksenhistoria, lainattu 21.2.2019.

20. ペトリ・ケトー＝トコイ＆ティモ・クールヴァイネン『フィンランドの原生林』２０１０年、２００頁

Keto-Tokoi, Petri ja Timo Kuuluvainen 2010. *Suomalainen aarniometsä.* Helsinki: Maahenki, 200.

21. ヴィルピ・ティッサリ、オッリ・モットネン&サミ・レポ『立枯れ木——樹木の魔法』2008年、ヘルシンキ、ミネルヴァ社、34頁
Tissari, Virpi, Möttönen, Olli ja Repo, Sami 2008. *Kelo – Puun lumoa.* Helsinki: Minerva, 34.

22. パイヴィ・グンメルス=ラウティアイネン、環境省環境担当参事官、電話インタビュー、2018年11月9日
Gummerus-Rautiainen, Päivi, ympäristöneuvos, puhelinhaastattelu 9.11.2018

23. ペトリ・ケト=トコイ&ティモ・クールヴァイネン『フィンランドの原生林』2010年、34頁
Keto-Tokoi, Petri ja Timo Kuuluvainen 2010. *Suomalainen aarniometsä.* Helsinki: Maahenki, 34.

24. 前掲資料　35頁、51頁／根拠確認のためのインタビュー、パイヴィ・グンメルス=ラウティアイネン、環境省環境担当参事官、電話インタビュー、2018年11月9日／ヤリ・コウキ、森林生態学教授、電話インタビュー、2018年10月8日、メールインタビュー、2019年2月7日／ユルヨ・ノロコルピ、森林学博士、メールインタビュー、2019年3月8日／オッリ=ペッカ・ティッカネン、森林生態学講師、電話インタビュー、2018年10月2日
Mts. 35 ja 51. Taustahaastattelut: Gummerus-Rautiainen, Päivi, ympäristöneuvos, puhelinhaastattelu 9.11.2018; Kouki, Jari, metsäekologian professori, puhelinhaastattelu 8.10.2018 ja sähköpostihaastattelu 7.2.2019; Norokorpi, Yrjö, metsätieteiden tohtori, sähköpostihaastattelu 8.3.2019; Tikkanen, Olli-Pekka, metsäekologian dosentti, puhelinhaastattelu 2.10.2018

トゥルクの町よりも古いマツ

1. ヴェサ・ルフタ『イナリ・ラップランドの自然と鳥の聖地ガイド』1997年、2018年改訂版、北フィンランド観光株式会社
Luhta, Vesa 1997. *Inarin Lapin luonto- ja lintukohdeopas.* Päivitetty versio 2018. Pohjois-Suomen Matkailu Oy.

2. トゥオモ・ヴァッレニウス「ラップランドで超古木の松が見つかる」2007年、フィンランド森林研究所（現自然資源センター）2007年8月6日発表ニュースリリース
Wallenius, Tuomo 2007. "Lapista löytyi ennätysvanha mänty." Metlan tiedote 6.8.2007. metla.fi/tiedotteet/2007/2007-08-06-vanhin-puu.htm, lainattu 27.2.2019.（現在閲覧不可）

3. 同前

4. セッポ・ヴオッコ『雲を描く枝』ヘルシンキ、マーヘンキ社、63頁
Vuokko, Seppo 2016. *Latva pilviä piirtää.* Helsinki: Maahenki, 63.

5. 前掲資料　157頁

6. 前掲資料　160頁

7. トゥオモ・ヴァッレニウス「ヴァイキング時代以前の切り株」ヘルシンギン・サノマット紙、2007年8月7日
Wallenius, Tuomo 2007. "Tervaskanto ajalta ennen viikinkejä."

Helsingin Sanomat 7.8.2007. hs.fi/tiede/art-2000004502010.html, lainattu 27.2.2019.（全文閲覧は購読者のみ可能）

8．セッポ・ヴオッコ『雲を描く枝』１６６頁
Vuokko, Seppo 2016. *Latva pilviä piirtää.* Helsinki: Maahenki, 166.

9．サムリ・ヘラマ「年輪年代学――樹木は長く記憶を留める」、ミッコ・ピーライネン、ヨハンネス・エンロース他（編集）『自然の中で。植物　第三部』所収、ヘルシンキ、ＷＳＯＹ社、１９０～１９４頁／根拠確認のためのインタビュー、サムリ・ヘラマ、研究員、自然資源センター、電話インタビュー、２０１８年11月２日
Helama, Samuli 2009. "Dendrokronologia – puulla on pitkä muisti." Teoksessa: Piirainen, Mikko,Enroth, Johannes et al. (toim.). *Luonnossa. Kasvit, osa 3.* Helsinki: WSOY, 190–194.
Taustahaastattelut: Helama, Samuli, tutkija, Luke, puhelinhaastattelu 2.11.2018.

掘り返された大地

1．アンッティ・パルポラ&ヴェイヨ・オーベリ『森の国・フィンランド森林庁とフィンランド１８５９～２００９年』２００９年、２６６頁
Åberg, Veijo ja Antti Parpola 2009. *Metsävaltio: Metsähallitus ja Suomi 1859– 2009.* Helsinki: Metsähallitus ja Edita, 266.

2．アンッティ・パルポラ「森の資源を目覚めさせよう」、『国有林の活用の思春期時代１９３９～１９７０年』所収、２０１４年、博士論文、ヘルシンキ大学政治学科、70頁
Parpola, Antti 2014. "Uinuvat metsävaramme käytön piiriin": *Valtionmetsien käytön suuri murros 1939–1970.* Väitöskirja, Helsingin yliopisto, valtiotieteellinen tiedekunta, 70.

3．前掲資料　53頁

4．ユルヨ・ノロコルピ、森林学博士、メールインタビュー、２０１９年２月18日
Norokorpi, Yrjö, metsätieteiden tohtori, sähköpostihaastattelu, 18.2.2019.

5．エリック・アッペルロス他「公開声明」森林経済関連誌、１９４８年11月13日発行
Appelroth, Eric et al. "Julkilausuma." Metsätaloudellinen aikakauslehti 13.11.1948. openmetsa.fi/wiki/images/2/21/Julkilausuma_1948.pdf, lainattu 19.2.2019.

6．アンッティ・パルポラ&ヴェイヨ・オーベリ『森の国・フィンランド森林庁とフィンランド１８５９～２００９年』２００９年、１６８頁
Åberg, Veijo ja Antti Parpola 2009. *Metsävaltio: Metsähallitus ja Suomi 1859– 2009.* Helsinki: Metsähallitus ja Edita, 168.

7．ユルヨ・ノロコルピ「ハルシンタユルキラウスマと２つの森林管理の実例」、ユルヨ・ノロコルピ&ティモ・プッカラ（編集）『すべての森を持続的成長管理へ』所収、ヨエンスーとヘルシンキ、川と森プログラムコンサルティング社&ノルドプリント、１１７～１１９頁
Norokorpi, Yrjö 2018. "Harsintajulkilausuma ja kaksi metsänhoidon paradigmaa." Teoksessa Yrjö Norokorpi ja Timo Pukkala (toim.) *Jatkuvaa kasvatusta jokametsään.* Joensuu ja Helsinki: Joen Forest Program Consulting ja Nordprint, 117–119.

8．エルッキ・ラハデ『フィンランドの森林戦争——持続的育成が皆伐にいかにして打ち勝ったか』２０１５年、ヘルシンキ、イント社、１４３～１５３頁
Lähde, Erkki 2015. *Suomalainen metsäsota: Miten jatkuva kasvatus voitti avohakkuun*. Helsinki: Into, 143–153.

9．同前

10．私有森林法１９６７年第４１２号法
Yksityismetsälaki 412/1967.

11．V＝M・カウハネン「ラップランドの森の可能性」１９５５年、「フィンランド森林管理者連盟」誌、14頁
Kauhanen, V-M 1955. *Lapin metsien mahdollisuudet*. Suomen metsänhoitajaliitto, 14.

12．ペトリ・ケトー＝トコイ&ティモ・クールヴァイネン『フィンランドの原生林』２０１０年、２１８頁
Keto-Tokoi, Petri ja Timo Kuuluvainen 2010. *Suomalainen aarniometsä*. Helsinki: Maahenki, 218.

13．ヴァップ・ピトゥカネン「野生動物、戦時下での辛抱と恩恵」２０１０年、トゥルン・サノマット紙、２０１０年1月19日
Pitkänen, Vappu 2010. “Luonnonvaraiset eläimet kärsivät ja hyötyivät sodista”. *Turun Sanomat* 19.1.2010. ts.fi/teemat/103961/Luonnonvaraiset+elaimet++karsivat+ja+hyotyivat+sodista,lainattu 7.3.2019.

14．ペトリ・ケトー＝トコイ&ティモ・クールヴァイネン『フィンランドの原生林』２０１０年、２６３～２６５頁／ペッテリ・ホルマ&リスト・ピュールッコ『森とともに生きた男～作家Ａ・Ｅ・ヤルヴィネンの生涯』２００６年、ヘルシンキ、オタワ社、２３６頁
Keto-Tokoi, Petri ja Timo Kuuluvainen 2010. *Suomalainen aarniometsä*. Helsinki: Maahenki,263–265.; Holma, Petteri ja Risto Pyykkö 2006. *Kairanviemä: Kirjailija A. E. Järvisen elämä*. Helsinki: Otava,236.

15．グスタフ・シレーン『中部フィンランドと松の品種の生物学特性と南部ラップランドの技術的特性』１９５８年、シルヴァ・フェンニカ社、96・1、ヘルシンキ、フィンランド森林学協会
Sirén, Gustav 1958. *Eräitä havaintoja keskisuomalaisen ja paikallisen mäntyrodun biologisista ja teknillisistä ominaisuuksista Perä-Pohjolassa*. Silva Fennica 96.1. Helsinki: Suomen metsätieteellinen seura.

16．エリヤス・ポホティラ「森林栽培経済の飛躍的進歩」、マッティ・レイコラ編集『ラップランドの森の管理と活用指導のための研究事業』、「シルヴァ・フェンニカ」誌、Ｖｏｌ13、１９７９年、n:o １Ａ、ヘルシンキ、フィンランド森林学協会、18頁
Pohtila, Eljas 1979. “Metsänviljelytalouden” läpimurto. Teoksessa Matti Leikola (toim.) *Tutkimustoiminta Lapin metsien hoidon ja käytön suuntaajana*. Silva Fennica Vol 13, 1979, n:o 1A. Helsinki: Suomen metsätieteellinen seura, 18.

17．アンッティ・パルポラ&ヴェイヨ・オーベリ『森の国・フィンランド森林庁とフィンランド１８５９～２００９年』２００９年、２５３頁／ペッテリ・ホルマ&リスト・ピュールッコ『森とともに生きた男～作家Ａ・Ｅ・ヤルヴィネンの生涯』２００６年、ヘルシンキ、オタワ社、２３２頁

Åberg, Veijo ja Antti Parpola 2009. *Metsävaltio: Metsähallitus ja Suomi 1859-2009.* Helsinki: Metsähallitus ja Edita, 253; Holma, Petteri & Risto Pyykkö 2006. *Kairanviemä: Kirjailija A. E. Järvisen elämä.* Helsinki: Otava, 232.

18．カリ・リンドホルム「オサラの空地、最終伐採年代へ成長」、「土地活用ペッレルヴォ」誌２０１４年10月号
Lindholm, Kari. "Osaran aukeat varttuvat päätehakkuuikään." *Maatilan Pellervo* 10/2014. https://maatilanpellervo.fi/2014/10/02/osaran-aukeat-varttuvat-paatehakkuuikaan/

19．職業専門学校カレリアＷＥＢサイト「丸太の長さと品質要件２０１７」
Karelia.fi. "Tukkipuun mitta- ja laatuvaatimukset 2017." moodle.karelia.fi/pluginfile.php/139367/mod_resource/content/1/Tukkipuun%20mitta-%20ja%20laatuvaatimukset%20%E2%80%93%20Tapio.pdf, lainattu 18.1.2019.（閲覧権がある者のみ閲覧可能）

20．アンッティ・パルポラ「森の資源を目覚めさせよう」、『国有林の活用の思春期時代１９３９～１９７０年』所収、２０１４年、１２４頁
Parpola, Antti 2014. *"Uinuvat metsävaramme käytön piiriin": Valtionmetsien käytön suuri murros 1939–1970.* Väitöskirja, Helsingin yliopisto, valtiotieteellinen tiedekunta, 124.

21．ペッテリ・ホルマ&リスト・ピューッコ『森とともに生きた男～作家Ａ・Ｅ・ヤルヴィネンの生涯』２００６年、２３５頁
Holma, Petteri ja Risto Pyykkö 2006. *Kairanviemä: Kirjailija A. E. Järvisen elämä.* Helsinki: Otava, 235.

22．アンッティ・パルポラ&ヴェイヨ・オーベリ『森の国・フィンランド森林庁とフィンランド１８５９～２００９年』２００９年、２９３頁
Åberg, Veijo ja Antti Parpola 2009. *Metsävaltio: Metsähallitus ja Suomi 1859-2009.* Helsinki: Metsähallitus ja Edita, 293.

23．前掲資料　２７２頁

24．アンッティ・パルポラ「森の資源を目覚めさせよう」、『国有林の活用の思春期時代１９３９～１９７０年』所収、２０１４年、１３６頁
Parpola, Antti 2014. *"Uinuvat metsävaramme käytön piiriin": Valtionmetsien käytön suuri murros 1939–1970.* Väitöskirja, Helsingin yliopisto, valtiotieteellinen tiedekunta, 136.

25．ペトリ・ケト＝トコイ「力任せの森林経済期における森林研究の盲点」、リーナ・ヤロネン他『新しい森の本』所収、２００６年、ヘルシンキ、ガウデアムス社
Keto-Tokoi, Petri 2006. "Metsäntutkimuksen sokeat pisteet voimaperäisen metsätalouden kaudella." Teoksessa Riina Jalonen et al. *Uusi Metsäkirja.* Helsinki: Gaudeamus.

26．マッティ・オイカリネン&ユルヨ・ノロコルピ『北部フィンランド国有地の松の苗木育成状況１９５６～１９６５』１９８６年、フィンランド森林庁、２２２頁
Matti Oikarinen ja Yrjö Norokorpi 1986. Vuosina 1956-65 viljeltyjen männyntaimikoiden tila valtion mailla Pohjois-Suomessa. Metsäntutkimuslaitoksen tiedonantoja 222.

27. アンッティ・パルポラ、歴史研究者、メールインタビュー、２０１８年10月25日
Parpola, Antti, historiantutkija, sähköpostihaastattelu 25.10.2018.

28. ヘイッキ・リンドロース&ペルッティ・ルオホネン『森林事業の今』２００７年、ヘルシンキ、メッサ出版、17頁
Lindroos, Heikki ja Pertti Ruohonen 2007. *Metsätekoja – ajallaan*. Helsinki: Metsäkustannus, 17.

29. アンッティ・パルポラ「森の資源を目覚めさせよう」、『国有林の活用の思春期時代１９３９〜１９７０年』所収、２０１４年、１６２頁
Parpola, Antti 2014. "*Uinuvat metsävaramme käytön piiriin*": *Valtionmetsien käytön suuri murros 1939–1970*. Väitöskirja, Helsingin yliopisto, valtiotieteellinen tiedekunta, 162.

30. 自然資源センターＷＥＢサイト「森林の継続的育成」
Luonnonvarakeskus: "Metsän jatkuva kasvatus." luke.fi/tietoa-luonnonvaroista/metsa/metsanhoito/metsan-jatkuva-kasvatus, lainattu 21.2.2019.

31. ２００１〜２０１０に策定された森林計画に対する財務部長ヴィルホ・マーッタの意見要請、クーサモ教会区、２０００年10月17日
Talousjohtaja Vilho Määtän lausuntopyyntö vuosille 2001-2010 laaditusta metsäsuunnitelmasta.Kuusamon seurakunta, 17.10.2000.

32. アレクサンテリ・ピッカライネン「森林戦争は繰り返さない——クーサモの統括者と活動家合意する」、コイッリスサノマット紙、２０１７年8月12日
Pikkarainen, Aleksanteri. "Samanlaista metsäsotaa ei enää tule – Kuusamon isännät ja aktivistit ottivat yhteen." *Koillissanomat* 12.8.2017. koillissanomat.fi/uutiset/koillismaa/samanlaista-metsasotaa-ei-enaa-tule-kuusamon-isannat-ja-aktivistit-ottivat-yhteen-6.223.143253.4ea7939e57, lainattu 21.2.2019.（現在閲覧不可）

33. クーサモ共同森林ＷＥＢサイト「伐採」
kuusamonyhteismetsa.fi. "Hakkuut." kuusamonyhteismetsa.fi/hakkuut.htm, lainattu 8.10.2018.

34. 森林センターＷＥＢサイト「将来的には持続的育成が一般的になる」２０１８年６月４日報道発表
Metsakeskus.fi. "Jatkuva kasvatus yleistyy tulevaisuudessa." Tiedote 4.6.2018. metsakeskus.fi/tiedotteet/metsien-jatkuva-kasvatus-yleistyy-tulevaisuudessa, lainattu 17.1.2019.（現在閲覧不可）

35. クーサモ共同森林ＷＥＢサイト「土地の耕作」
Kuusamonyhteismetsa.fi. "Maanmuokkaus." kuusamonyhteismetsa.fi/maanmuokkaus.htm,lainattu 8.10.2018.

36. 森林管理者協会ＷＥＢサイト「土地の耕作」
Mhy.fi. "Maanmuokkaus." mhy.fi/metsanhoito/metsan-uudistaminen/maanmuokkaus, lainattu17.1.2019.

37. クーサモ共同森林ＷＥＢサイト「木材売買」
Kuusamonyhteismetsa.fi. "Puukauppa." www.kuusamonyhteismetsa.fi, lainattu 8.10.2018

38．ＰＥＦＣ森林認証プログラム・フィンランドＷＥＢサイト
PEFC.fi, lainattu 8.10.2018.

39．ヘイッキ・シモラ「北方森林帯の腐植土壌　掘り返しによる蓄積二酸化炭素喪失」２０１７年、「European Journal of Soil Science」誌／カウッパレヘティ紙ＷＥＢサイト「研究者たち批判に応答〜皆伐が森の二酸化炭素吸収に及ぼす影響はおり込みずみ」、カウッパレヘティ紙、２０１７年11月23日
Simola, Heikki 2017. "Persistent carbon loss from the humus layer of tilled boreal forest soil." *European Journal of Soil Science*; Kauppalehti.fi. "Tutkijat vastaavat kritiikkiin: Avohakkuiden vaikutukset metsien hiilinieluun on huomioitu." *Kauppalehti* 23.11.2017. kauppalehti.fi/uutiset/tutkijat-vastaavat-kritiikkiin-avohakkuiden-vaikutukset-metsien-hiilinieluun-on-huomioitu/baaedb90-73ca-38e2-94db-e4aaff6c3880, lainattu 16.1.2019.

40．テーム・マンキネン「新森林管理法の影響は、森林管理協会ムホスの会員数に反映」卒業論文、セイナヨキ職業高等専門学校
Mankinen, Teemu 2015. Uuden metsänhoitoyhdistyslain vaikutus Metsänhoitoyhdistys Muhoksen jäsenmäärään. Opinnäytetyö. Seinäjoen ammattikorkeakoulu. theseus.fi/bitstream/handle/10024/102564/Mankinen_Teemu.pdf?sequence=1&isAllowed=y, lainattu 21.2.2019.

41．世界自然保護基金フィンランドＷＷＦ、ＷＥＢサイト「研究調査——森林管理に選択肢があることを森林管理者にはいまだに語られず——皆伐がいまだに当たり前」報道発表２０１７年３月29日
wwf.fi. "Tutkimus: metsänomistajille ei kerrota vaihtoehtoisista metsänhoitotavoista –avohakkuut yhä normi." Tiedote 29.3.2017. wwf.fi/wwf-suomi/viestinta/uutiset-ja-tiedotteet/Tutkimus–metsanomistajille-ei-kerrota-vaihtoehtoisista-metsanhoitotavoista---avohakkuut-yhanormi-3137.a, lainattu 8.10.2018.

42．ハンナ・クメラ&ハッリ・ハンニネン「森林保有者の視点、森林管理方法の多様化について」自然資源センター（旧フィンランド森林研究所）ワーキングレポート２０３、森林研究局
Kumela, Hanna ja Harri Hänninen 2011. *Metsänomistajien näkemykset metsänkäsittelymenetelmien monipuolistamisesta.* Metlan työraportteja 203. Metsäntutkimuslaitos. metla.fi/julkaisut/workingpapers/2011/mwp203.pdf, lainattu 21.2.2019.

祖国のために

1．メルヴィ・ロフグレン「Ａ・Ｅ・ヤルヴィネンとポモカイラ——複数の顔を持つ男」２０１８年、「年輪第12号、フィンランドの森林関係」誌、プンカハルユ、Lusto——フィンランド森林博物館と森林史協会
Löfgren, Mervi 2018. "A. E. Järvinen ja Pomokaira – Mies monessa roolissa." *Vuosilusto 12.Suomalainen metsäsuhde.* Punkaharju: Lusto – Suomen Metsämuseo ja Metsähistorian seura.

2．ペッテリ・ホルマ&リスト・ピューッコ『森とともに生きた男〜作家Ａ・Ｅ・ヤルヴィネンの生涯』２００６年、７頁
Holma, Petteri ja Risto Pyykkö 2006. *Kairanviemä: Kirjailija A. E. Järvisen elämä.* Helsinki: Otava, 7.

3．アンッティ・パルポラ「森の資源を目覚めさせよう」、『国有林の活用の思春期時代１９３９～１９７０年』所収、２０１４年、70頁

Parpola, Antti 2014. "*Uinuvat metsävaramme käytön piiriin*": *Valtionmetsien käytön suuri murros 1939–1970*. Väitöskirja, Helsingin yliopisto, valtiotieteellinen tiedekunta, 70.

4．ペッテリ・ホルマ&リスト・ピューッコ『森とともに生きた男～作家Ａ・Ｅ・ヤルヴィネンの生涯』２００６年、２３９頁

Holma, Petteri ja Risto Pykkö 2006. *Kairanviemä: Kirjailija A. E. Järvisen elämä*. Helsinki: Otava,239.

5．アンッティ・パルポラ「森の資源を目覚めさせよう」、『国有林の活用の思春期時代１９３９～１９７０年』所収、２０１４年、85頁

Parpola, Antti 2014. "*Uinuvat metsävaramme käytön piiriin*": *Valtionmetsien käytön suuri murros1939–1970*. Väitöskirja, Helsingin yliopisto, valtiotieteellinen tiedekunta, 85.

6．ペッテリ・ホルマ&リスト・ピューッコ『森とともに生きた男～作家Ａ・Ｅ・ヤルヴィネンの生涯』２００６年、２３９頁

Holma, Petteri ja Risto Pykkö 2006. *Kairanviemä: Kirjailija A. E. Järvisen elämä*. Helsinki: Otava,239.

7．アンッティ・パルポラ「森の資源を目覚めさせよう」、『国有林の活用の思春期時代１９３９～１９７０年』所収、２０１４年、69頁

Parpola, Antti 2014. "*Uinuvat metsävaramme käytön piiriin*": *Valtionmetsien käytön suuri murros 1939–1970*. Väitöskirja, Helsingin yliopisto, valtiotieteellinen tiedekunta, 69.

8．前掲資料 71頁

9．テレ・ヴァディン「森林の多角的活用」２００８年、「niin&näin」誌、２００８年第３号、１１３頁

Vadén, Tere 2008. "Metsien moninaiskäyttöä." *niin&näin* 3/2008, 113.

ii　痕跡

伝承街道

1．ヨウニ・トイヴァネン「旧ヴィエナ街道――カイヌー市民にとってのヴィエナ商人の道の歴史、意義と地図作成への手引き」２００９年、フィンランド遺産局ＷＥＢサイト

Toivanen, Jouni 2009. "Vienan reittien jäljillä – Katsaus Vienan kauppareittien historiaan, merkitykseen Kainuun asutuksessa sekä kartografinen johdatus aiheeseen." Museovirasto 15.7.2009, 10. kyppi.fi/palveluikkuna/raportti/read/asp/hae_liite.aspx?id=127675&ttyyppi=pdf&kansio_id=0, lainattu 22.2.2019.

2．ユハ・ティアイネン他『フィンランドの鳥類の危機度２０１５』２０１６年、環境省とフィンランド環境センター、35頁

Tiainen, Juha et al. 2016. *Suomen lintujen uhanalaisuus 2015*. Ympäristöministeriö ja Suomen ympäristökeskus, 35.

3．ハンナ・ケロラ＝マケライネン、「北スオムスサルミ文化遺産登録２０１４」２０１５年、フィンランド森林庁ＷＥＢサイト、森林経

済第18号
Kelola-Mäkeläinen, Hanna 2015. "Pohjois-Suomussalmi kulttuuriperintöinventointi 2014." Metsähallitus, metsätalous, 18. kyppi.fi/palveluikkuna/raportti/read/asp/hae_liite.aspx?id=123745&ttyyppi=pdf&kansio_id=777, lainattu 22.2.2019.

4．タピオ・マイニオ「中世の街道を脅かす伐採」２０１４年、ヘルシンギン・サノマット紙、２０１４年11月15日
Mainio, Tapio 2014. "Hakkuut uhkaavat muinaisreittiä." *Helsingin Sanomat* 15.11.2014. hs.fi/kotimaa/art-2000002777790.html, lainattu 22.2.2019.（購読者のみ閲覧可能）

5．パヌ・クンットゥ&リーサ・ローヴェダー、意見記事「政府は、カイヌーの森林保護に力を注ぐべきだ」２０１７年、ヘルシンギン・サノマット紙、２０１７年７月２日／ＷＥＢサイト天然資源センター、統計データバンク「森林地帯（１０００ヘクタール当たり）の森林の年齢層」
Kunttu, Panu ja Liisa Rohweder 2017. Mielipide: "Valtion pitää panostaa metsiensuojeluun Kainuussa." *Helsingin Sanomat* 2.7.2017. hs.fi/paivanlehti/27022017/art-2000005104149. html, lainattu 22.2.2019（購読者のみ閲覧可能）; Luonnonvarakeskus: Tilastotietokanta: "Metsiköiden ikäluokat metsämaalla (1000 ha)." statdb.luke.fi/PXWeb/pxweb/fi/LUKE/LUKE__04%20Metsa__06%20 Metsavarat/1.13_Metsikoiden_ikaluokat_metsamaalla.px/?rxid=001bc7da-70f4-47c4-a6c2-c9100d8b50db, lainattu 22.2.2019.

6．スヴィ・ユルハンレヘト「フィンランド森林庁——投資は、政府の伐採計画に影響なし」２０１７年、地方の未来紙、２０１７年５月16日
Jylhänlehto, Suvi 2017. "Metsähallitus: Investoinnit eivät vaikuta valtion hakkuutavoitteisiin." *Maaseudun Tulevaisuus* 16.5.2017. maaseuduntulevaisuus.fi/mets%C3%A4/mets%C3%A4hallitusinvestoinnit-eiv%C3%A4t-vaikuta-valtion-hakkuutavoitteisiin-1.189035, lainattu 22.2.2019.（購読者のみ閲覧可能）

7．スオメン・ルオント「連係（コラム名）——解明されない犯罪」、「スオメン・ルオント」誌、２０１８年１月22日
Suomen Luonto: "Suora linja: Rikos, jota ei tutkita." *Suomen Luonto* 22.1.2018. suomenluonto.fi/uutiset/rikos-jota-ei-tutkita, lainattu 22.2.2019.

8．イルッカ・ハンスキ『収縮する世界』２０１７年、ヘルシンキ、ガウデアムス社、94頁
Hanski, Ilkka 2017. *Kutistuva maailma.* Helsinki: Gaudeamus, 94.

9．ヤルモ・ヌオティオ「ヴィエナ街道で４００歳の記念樹」２０１５年、フィンランド放送ＹＬＥ、２０１４年４月４日
Nuotio, Jarmo 2015. "Vienan reitillä 400-vuotias merkkipuu." *Yleisradio* 4.4.2014. yle.fi/uutiset/3-7173638, lainattu 22.2.2019

10．エリアス・リョンロート『カレヴァラ』第2版、２００９年、ヘルシンキ、オタワ社／根拠確認のためのインタビュー、ヨウコ・サースタモイネン、上級監査役、カイヌーＥＬＹセンター、電話インタビュー、２０１９年１月29日、メールインタビュー、２０１９年１月30日
Lönnrot, Elias 2009. *Kalevala.* 2. p. Helsinki: Otava.;

Taustahaastattelut: Saastamoinen, Jouko, ylitarkastaja, Kainuun ELY-keskus, puhelinhaastattelu 29.1.2019 ja sähköpostihaastattelu 30.1.2019

向かう先は、次なる伐採

1. 自然資源センターＷＥＢサイト「森林資源」
Luonnonvarakeskus: Metsävarat. www.luke.fi/tietoa-luonnonvaroista/metsa/metsavarat-ja-metsasuunnittelu/metsavarat/, lainattu 8.3.2019.

言葉にしてはいけないこと

1. 自然資源センターＷＥＢサイト「国土の森林域を基準にするとフィンランドは、欧州一の森林国」
Luonnonvarakeskus: "Suomi on metsäpeitteen perusteella Euroopan metsäisin valtio." luke.fi/tietoa-luonnonvaroista/metsa/metsavarat-ja-metsasuunnittelu/suomen-metsat-euroopassavuonna-2015/puuston-maara-euroopassa, lainattu 26.2.2019.

2. パヌ・ピヒカラ『地獄へ？　環境不安と希望』２０１７年、ヘルシンキ、キルヤパヤ社、75～76頁
Pihkala, Panu 2017. *Päin helvettiä? Ympäristöahdistus ja toivo.* Helsinki: Kirjapaja, 75–76.

3. 前掲資料　76～78頁

軟弱な木

1. ユルキ・イーヴォネン「やわらかい松にまだしばらく悩まされる」２０１３年、ヘルシンギン・サノマット紙、２０１３年９月28日
Iivonen, Jyrki 2013. "Hötömännyt kiusaavat vielä pitkään." *Helsingin Sanomat* 28.9.2013. hs.fi/talous/art-2000002677269.html, lainattu 27.2.2019.（購読者のみ閲覧可能）

2. サンプサ・オイナーラ「フィンランドでよい木が見つからないため、プダスヤルヴィでは、ドイツの木を処理『すでに衝撃的な状況になっている』」２０１８年、ヘルシンギン・サノマット紙、２０１８年７月５日
Oinaala, Sampsa 2018. "Pudasjärvellä jalostetaan saksalaista puuta, kun Suomesta ei löydy kunnollista. 'Arvatkaa, onko järkytys, että tähän on tultu'." *Helsingin Sanomat* 5.7.2018. hs.fi/talous/art-2000005743993.html, lainattu 27.2.2019.（購読者のみ閲覧可能）

3. ペトリ・ケト＝トコイ＆ティモ・クールヴァイネン『フィンランドの原生林』２０１０年、２０１頁
Keto-Tokoi, Petri ja Timo Kuuluvainen 2010. *Suomalainen aarniometsä.* Helsinki: Maahenki, 201.

4. ユルキ・イーヴォネン「やわらかい松にまだしばらく悩まされる」２０１３年、ヘルシンギン・サノマット紙、２０１３年９月28日
Iivonen, Jyrki 2013. "Hötömännyt kiusaavat vielä pitkään." *Helsingin Sanomat* 28.9.2013. hs.fi/talous/art-2000002677269.html, lainattu 27.2.2019.（購読者のみ閲覧可能）

5. エルッキ・ヴェルカサロ、ハッリ・キルペライネン、アンッティ・イハラ

イネン&オッリ・サルミネン「木材産業の原料、品質、競争力」ＰＵＵプログラム最終セミナー、２０１４年３月18日
Verkasalo, Erkki, Harri Kilpeläinen, Antti Ihalainen ja Olli Salminen: "Puuteollisuuden raakaaineiden näkymät laadun näkymät ja kilpailu-kyky." PUU-ohjelman loppuseminaari 18.3.2014. metla.fi/tapahtumat/2014/puu-loppuseminaari/pdf/verkasalo.pdf, lainattu 27.2.2019.

6．エルッキ・ヴェルカサロ&ハッリ・キルペライネン「１．１．変化する原材料の元――栽培樹木」、ヘンリック・ヘラヤルヴィ、レーナ・ケットゥネン&イレーネ・ムルトヴァーラ編集『再生可能木材製品連鎖と材木調達法（ＰＵＵ）研究開発プログラムの主たる結果』所収、Ｍｅｔｌａワークレポート２８４号、ヴァンター、森林研究所、12頁
Verkasalo, Erkki ja Harri Kilpeläinen: "1.1. Muuttuva raaka-ainepohja – viljelyspuu." Teoksessa Herajärvi, Henrik, Leena Kettunen ja Irene Murtovaara (toim.) 2014. *Uudistuvat puutuotearvoketjut ja puunhankintaratkaisut (PUU) Tutkimus- ja kehittämisohjelman keskeiset tulokset.* Metlan työraportteja 284. Vantaa: Metsäntutkimuslaitos, 12.

黒い水が出た

1．ヘイッキ・リンドロース&ペルッティ・ルオホネン『森林事業の今』２００７年、17頁
Lindroos, Heikki ja Pertti Ruohonen 2007. *Metsätekoja – ajallaan.* Helsinki: Metsäkustannus, 17.

2．ペトリ・ケトニトコイ&ティモ・クールヴァイネン『フィンランドの原生林』２０１０年、２１８頁／バルト海沿岸の森の水管理「バルト海沿岸の国での森林灌漑と水域保全――今わかっていること、方法、まだ発展が期待されること」報告書、２０１７年３月31日、12頁／ミカ・ノウシアイネン、森林道専門家、メールインタビュー、２０１８年10月25日／ミカ・ノウシアイネン「森林道を牽引する」
Keto-Tokoi, Petri & Timo Kuuluvainen 2010. *Suomalainen aarniometsä.* Helsinki: Maahenki, 218; Water Management in Baltic Forests 2017: "Metsäojitus ja vesiensuojelu Itämeren maissa - nykytietämys, menetelmät ja kehitystarpeet ." Raportti 31.3.2017, 12. docplayer.fi/47325657-Metsaojitus-ja-vesiensuojelu-itameren-maissa-nykytietamys-menetelmat-ja-kehitystarpeet.html, lainattu 22.2.2019; Nousiainen, Mika, metsäteiden johtava asiantuntija, Metsäkeskus, sähköpostihaastattelu 25.10.2018.; docplayer.fi/47325657-Metsaojitus-ja-vesiensuojelu-itameren-maissa-nykytietamys-menetelmat-ja-kehitystarpeet.html

3．ミカ・ニエミネン「森林灌漑の悪影響はまだ広がるか？」２０１８年、ヘルシンギン・サノマット紙、２０１８年９月30日
Nieminen, Mika 2018. "Kasvavatko metsäojituksen vesistöhaitat edelleen?" *Helsingin Sanomat* 30.9.2018.

4．バルト海沿岸の森の水管理「バルト海沿岸の国での森林灌漑と水域保全――今わかっていること、方法、まだ発展が期待されること」報告書、２０１７年３月31日、12頁
Water Management in Baltic Forests: "Metsäojitus ja vesiensuojelu Itämeren maissa - nykytietämys, menetelmät ja kehitystarpeet ." Raportti 31.3.2017, s. 12. docplayer.fi/47325657-Metsaojitus-ja-vesiensuojelu-itameren-maissa-nykytietamys-menetelmat-ja-kehitystarpeet.html,lainattu 22.2.2019.

5．アンッティ・イハライネン『北部ポホヤンマーの森林資源と伐採の可能性』２０１５年、ヘルシンキ、自然資源センター
Ihalainen, Antti 2015. "Pohjois-Pohjanmaan metsävarat ja hakkuumahdollisuudet." Helsinki: Luonnonvarakeskus. jukuri.luke.fi/bitstream/handle/10024/519820/Pohjois-Pohjanmaa_VMI11_2015_09_08.pdf?sequence=1&isAllowed=y, lainattu 18.3.2019.

6．フィンランド環境行政ジョイントＷＥＢサイト「北部ポホヤンマー環境の歴史。森林灌漑」２０１４年２月３日
Ymparisto.fi: "Pohjois-Pohjanmaa ympäristöhistoria. Metsäojitukset." Julkaistu 3.2.2014 ymparisto.fi/fi-FI/PohjoisPohjanmaan_ymparistohistoria/Metsaojitukset(15262), lainattu 22.2.2019.

7．ヴェイッコ＝ユハナ・パロスオ『フィンランドの森林経済におけるＭｅｒａプログラム』１９７９年、アクタ・フォレスタリア・フェニカ、ヘルシンキ、フィンランド森林学協会
Palosuo, Veikko Juhana 1979. *Mera-ohjelmat Suomen metsätaloudessa.* Acta Forestalia Fennica. Helsinki: Suomen metsätieteellinen seura.

8．エリヤス・ポホティラ「今までの木材製品プログラム」１９９９年、「森林学」誌、ヘルシンキ、森林研究所
Pohtila, Eljas 1999. "Aikaisemmat puuntuotanto-ohjelmat." *Metsätieteen aikakauskirja.* Helsinki: Metsäntutkimuslaitos.

9．ペトリ・ケト＝トコイ&ティモ・クールヴァイネン『フィンランドの原生林』２０１０年、２１４頁
Keto-Tokoi, Petri ja Timo Kuuluvainen 2010. *Suomalainen aarniometsä.* Helsinki: Maahenki, 214.

10．自然資源センター「国有林の12の投資（ＶＭＩ12）成長する木材資源」報道発表、２０１８年10月９日
Luonnonvarakeskus: "Valtakunnan metsien 12. inventointi (VMI 12): Puuvarat kasvavat edelleen." Tiedote 9.10.2018. luke.fi/uutiset/valtakunnan-metsien-12-inventointi-vmi12-puuvarat-kasvavat-edelleen/, lainattu 22.2.2019.

11．自然資源センター「森の資源」報道発表、２０１８年10月８日
Luonnonvarakeskus: "Metsävarat." Tiedote 8.10.2018. luke.fi/tietoa-luonnonvaroista/metsa/metsavarat-ja-metsasuunnittelu/metsavarat/, lainattu 22.2.2019.

12．ミカ・ニエミネン、自然資源センター研究者、電話インタビュー、２０１９年９月17日／バルト海沿岸の森の水管理「バルト海沿岸の国での森林灌漑と水域保全――今わかっていること、方法、まだ発展が期待されること」報告書、２０１７年３月31日、５頁
Nieminen, Mika, Luonnonvarakeskuksen tutkija, puhelinhaastattelu 17.9.2019; Water Management in Baltic Forests 2017. "Metsäojitus ja vesiensuojelu Itämeren maissa -nykytietämys, menetelmät ja kehitystarpeet ." Raportti 31.3.2017, 5. docplayer.fi/47325657-Metsaojitus-ja-vesiensuojelu-itameren-maissa-nykytietamys-menetelmat-ja-kehitystarpeet.html,lainattu 22.2.2019

13．アンッティ・パルポラ「森の資源を目覚めさせよう」、『国有林の活用の思春期時代１９３９〜１９７０年』所収、２０１４年、

３３０頁
Parpola, Antti 2014. *“Uinuvat metsävaramme käytön piiriin”: Valtionmetsien käytön suuri murros 1939–1970.* Väitöskirja, Helsingin yliopisto, valtiotieteellinen tiedekunta, 330.

14. ペトリ・ケトー＝トコイ＆ティモ・クールヴァイネン『フィンランドの原生林』２０１０年、２１５頁
Keto-Tokoi, Petri ja Timo Kuuluvainen 2010. *Suomalainen aarniometsä.* Helsinki: Maahenki, 215.

15. エスコ・ヒュヴァリネン他（編集）『フィンランドの絶滅危惧種：レッドデータブック２０１９年版』、53頁
Hyvärinen, Esko et al. (toim.) 2019. *Suomen lajien uhanalaisuus: Punainen kirja 2019.* Helsinki: Ympäristöministeriö ja Suomen ympäristökeskus, 53.

16. サラ・フライクセダス他「灌漑がもたらしたもの――北ヨーロッパ泥炭地の鳥類の個体数大幅に減少」２０１７年、「*Biolocical Conservation*」誌、２１４頁
Fraixedas Sara et al. 2017. “Substantial decline of Northern European peatland bird population:Consequenses of drainage.” *Biolocical Conservation,* 214.

17. ユハ・ティアイネン他『フィンランドの鳥類の危機度２０１５』２０１６年、環境省とフィンランド環境センター／エスコ・ヒュヴァリネン他（編集）『フィンランドの絶滅危惧種：レッドデータブック２０１９年版』５６６頁
Tiainen, Juha et al. 2016. *Suomen lintujen uhanalaisuus 2015.* Ympäristöministeriö ja Suomen ympäristökeskus; Hyvärinen, Esko et al. (toim.) 2019. *Suomen lajien uhanalaisuus: Punainen kirja 2019.* Helsinki: Ympäristöministeriö ja Suomen ympäristökeskus, 566.

18. アリ・ペルッティラ「ハーンパー株式会社――効率のよい燃料運搬」、「コネポルッシ」誌（運輸・エンジニアリング車両専門誌）、２０１４年３月31日
Perttilä, Ari. “Haanpaa Oy -nestekuljetuksia täysillä painoilla.” Konepörssi 31.3.2014. koneporssi.com/uutiset/haanpaa-oy-nestekuljetuksia-taysilla-painoilla/, lainattu 22.2.2019.

19. ウルスラ・ストランドベリ他「Spatial variability of mercury and polyunsaturated fatty acids in the European perch (Perca fluviatilis) – Implications for risk-benefit analyses of fish consumption」２０１６年、「環境汚染」誌、第２１９号／サミ・タイパレ他「Lake eutrophication and brownification downgrade availability and transfer of essential fatty acids for human consumption」、「環境インターナショナル」誌、第96号
Strandberg, Ursula et al. 2016.“Spatial variability of mercury and polyunsaturated fatty acids in the European perch (Perca fluviatilis) – Implications for risk-benefit analyses of fish consumption.” *Enviromental Pollution* vol. 219; Taipale, Sami et al. 2016: “Lake eutrophication and brownification downgrade availability and transfer of essential fatty acids for human consumption.” *Environment International* vol. 96.

20. ペッカ・ユンッティ「最後のエスカーで」２０１９年、「トゥイッキ」誌、ヴァンター、フィンランド森林庁
Juntti, Pekka 2019. “Viimeisillä harjushiekoilla.” *Tuikki 2019.*

Vantaa: Metsähallitus.

21. ハンヌ・マルッティラ他「Elevated nutrient concentrations in headwaters affected by drained peatland」２０１８年、「*Science of the Total Environment*」誌６４３号、１３０４〜１３１３頁
Marttila, Hannu et al. 2018. "Elevated nutrient concentrations in headwaters affected by drained peatland." *Science of the Total Environment* 643, 1304–1313.

22. フィンランド保全協会サボッタＷＥＢサイト「湿地帯林の包括的保全」
Metsänhoitoyhdistys Savotta: "Suometsän hoito kokonaispalveluna." mhy.fi/savotta/metsanhoito/suometsan-hoito-kokonaispalveluna, lainattu 22.2.2019.

マダニのヘラジカ祭り

1. トゥイレ・ニュグレン「フィンランドのヘラジカ数調整――生物学的政策と天然資源政策」２００９年、博士論文、ヨエンスー大学生物学科、18〜19頁
Nygrén, Tuire 2009. *Suomen hirvikannan säätely – biologiaa ja luonnonvarapolitiikkaa.* Väitöskirja, Joensuun yliopisto, biotieteiden tiedekunta, 18–19.

2. 前掲資料　15頁

3. ミカ・モクス「ヘラジカ猟の中止は社会に危機をもたらす――人の耐性は数年で喪失する」フィンランド放送ＹＬＥ、２０１４年９月26日
Moksu, Mika 2014. "Hirvenmetsästyksen loppuminen ajaisi yhteiskunnan kriisiin – Ihmisten sietokynnys ylittyisi jo parissa vuodessa." Yleisradio 26.9.2014. yle.fi/uutiset/3-7491245, lainattu 28.2.2019.

4. フィンランド運輸交通局（現フィンランド運輸インフラ局）ＷＥＢサイト「ヘラジカによる事故２０１７」
Liikennevirasto: "Hirvionnettomuudet vuonna 2017." liikenneturva.fi/sites/default/files/materiaalit/Tutkittua/Tilastot/tilastokatsaukset/tilastokatsaus_hirvionnettomuudet.pdf, lainattu 28.2.2019.（現在閲覧不可）

5. フィンランド放送ＹＬＥ「マダニ・バスがシモにやってきた」２００９年５月12日、２０１２年４月６日更新
Yleisradio:"Punkkibussi vierailee Simossa." Yle 12.5.2009, päivitetty 6.4.2012. yle.fi/uutiset/3-5249955, lainattu 28.2.2019.

6. マルヨ・ヴァルタヴァーラ「フィンランドで最も危険なマダニの森は、ボスニア湾最深部の穏やかな海岸沿いにある――布を使って庭のマダニ状況を確認できる」２０１７年、ヘルシンギン・サノマット紙／フィンランド健康保健福祉局ＷＥＢサイト「ＴＢＥワクチン（マダニワクチン）シモとパライネン、ダニ媒介性脳炎高リスクエリア」２０１７年３月14日
Valtavaara, Marjo 2017. "Perämeren rannalla on idylli, joka saattaa olla Suomen vaarallisin punkkimetsä – Lakanan avulla jokainen voi selvittää oman pihan punkkitilanteen." *Helsingin Sanomat* 26.8.2017. hs.fi/kotimaa/art-2000005341222.html, lainattu 28.2.2019（購読者は閲覧可能）; Terveyden ja hyvinvoinnin laitos: "TBE-kartoitus: Simon ja Paraisten kunnat

puutiaisaivotulehduksen korkeinta riskialuetta." 14.3.2017. thl.fi/fi/web/infektiotaudit/-/tbe-kartoitus-simon-ja-paraistenkunnat-puutiaisaivotulehduksen-korkeinta-riskialuetta, lainattu 28.2.2019.

7. ヘイッキ・ヘンットネン『自然から疾病』２０１８年、ヘルシンキ、メツサ出版、26頁
Henttonen, Heikki 2018. *Tauteja luonnosta.* Helsinki: Metsäkustannus, 26.

8. アンナ・ハンヌクセラ＝スヴァン「ボレリアつまりライム病」２０１６年、メディカルジャーナル「Duodecim」、２０１６年12月４日／フィンランド健康保健福祉局「ダニ媒介性脳炎」２０１７年６月20日
Hannuksela-Svahn, Anna 2016. "Borrelioosi eli Lymen tauti." Lääkärikirja Duodecim 4.12.2016. terveyskirjasto.fi/kotisivut/tk.koti?p_artikkeli=dlk00063, lainattu 28.2.2019; Terveyden ja hyvinvoinnin laitos: "Puutiaisaivotulehdus." 20.6.2017. thl.fi/fi/web/infektiotaudit/taudit-jamikrobit/virustaudit/puutiaisaivotulehdus, lainattu 28.2.2019.

9. レナ・フルデン＆ヘイッキ・ヘンットネン『自然から疾病』２０１８年、16頁
Huldén, Lena, sit. Heikki Henttonen 2018. *Tauteja luonnosta.* Helsinki: Metsäkustannus, 16.

10. ヤニ・J・ソルムネン「Questing ticks, hidden causes: tracking changes in Ixodes ricinus populations and associated pathogens in southwestern Finland」２０１８年、博士論文、トゥルク大学、自然科学技術学科／ヘイッキ・ヘンットネン、研究者、自然資源センター、メールインタビュー、２０１９年３月18日／マイヤ・ラークソネン「フィンランド国内でのマダニ拡散状況２０１４」学士論文、生物学科、トゥルク大学、２頁
Sormunen, Jani J. 2018. "Questing ticks, hidden causes: tracking changes in Ixodes ricinus populations and associated pathogens in southwestern Finland." Väitöskirja, Turun yliopisto, luonnontieteiden ja tekniikan tiedekunta; Henttonen, Heikki, tutkija, Luonnonvarakeskus, sähköpostihaastattelu 18.3.2019; Laaksonen, Maija 2015. "Puutiaisten (Ixodes spp.) levinneisyys Suomessa vuonna 2014." Pro gradu -tutkielma. Biologian laitos, Turun yliopisto, 2.

11. トゥオマス・クッコ＆ユルキ・プセニウス「冬季のオジロジカ２０１６～２０１７」ＷＥＢサイト／ペッカ・ニエメラ「ヘラジカと森の多様性」所収、２０１５年、カウコ・サロ（編集）『森、多様性のある使い方とエコシステムサービス』２０１５年、自然資源センター、２０３頁
Kukko, Tuomas ja Jyrki Pusenius: "Valkohäntäpeurakanta talvella 2016–2017." wordpress1.luke.fi/riistahavainnot-hirvielaimet/wp-content/uploads/sites/5/2017/03/Valkoh%C3%A4nt%C3%A4peurakanta-talvella-2016_2017.pdf, lainattu 28.2.2019; Niemelä, Pekka 2015. "Hirvieläimet ja metsien monimuotoisuus." Teoksessa: Kauko Salo (toim.) *Metsä. Monikäyttö ja ekosysteemipalvelut.* Luonnonvarakeskus 2015, 203.

12. フィンランド放送ＹＬＥ「ラップランドのノロジカ数、場所によって半減」、２０１２年４月６日

Yleisradio: "Metsäkauriskanta paikoin puolittunut Lapissa." Yle 6.4.2012. yle.fi/uutiset/3-5318453, lainattu 28.2.2019.

13. ヘイッキ・ヘンットネン『自然から疾病』２０１８年、32頁／ユハ・K・カイリッコとヤーッコ・ルオラ『オジロジカ』２００４年、リーヒマキ、フィンランド狩猟連盟、66頁
Henttonen, Heikki 2018. *Tauteja luonnosta*. Helsinki: Metsäkustannus, 32; Kairikko, Juha K. ja Jaakko Ruola 2004. *Valkohäntäpeura*. Riihimäki: Suomen Metsästäjäliitto, 66.

14. ヘイッキ・ヘンットネン『自然から疾病』２０１８年、32頁
Henttonen, Heikki 2018. *Tauteja luonnosta*. Helsinki: Metsäkustannus, 32

15. 前掲資料　７〜８頁

16. 前掲資料　32頁

17. 同前

キンメフクロウの声は、まだしばらく聞くことができるだろう

1. ハッリ・ハッカライネン、エルッキ・コルピマキ、トニ・ラークソネン、アリ・ニクラ&ペトリ・スオルサ「Survival of male Tengmalm's owls increases with cover of old forest in their territory」２００８年、「Oecologia」誌、２０１９年第１５５号、４７９〜４８６頁

2. トニ・ラークソネン、ハッリ・ハッカライネン&エルッキ・コルピマキ「Lifetime reproduction of a forestdwelling owl increases with age and area of forests.」２００４年、「Proceedings of the Royal Society of London B (Suppl.)」誌、２００４年第２７１号、４６１〜４６４頁

3. ハッリ・ハッカライネン、エルッキ・コルピマキ、ヴェサ・コイヴネン、サミ・クルキ、サカリ・ミュクラ&アリ・ニクラ「Habitat composition as a determinant of reproductive success of Tengmalm's owls under fluctuating food conditions」２００３年、「Oikos」誌、２００３年第１００号、１６２〜１７１頁

4. カリ・T・コルホネン、アンッティ・イハライネン（自然資源）、ハンヌ・ヒルヴェラ、カリ・ハルコネン、トゥーラ・パッカレン&オッリ・サルミネン（伐採の可能性）「南部と中央ポホヤンマーの森林資源と伐採の可能性」２０１５年
Korhonen, Kari T. ja Antti Ihalainen (Metsävarat), Hannu Hirvelä, Kari Härkönen, Tuula Packalen ja Olli Salminen (Hakkuumahdollisuudet) 2015. "Etelä- ja Keski-Pohjanmaan metsävarat ja hakkuumahdollisuudet." core.ac.uk/download/pdf/52283316.pdf, lainattu 18.2.2018.

5. ライモ・ヴィルッカラ「Long-term decline of southern boreal forest birds: consequence of habitat alteration or climate change?」２０１６年、「*Biodiversity and Conservation*」誌、２０１６年第25号、１５１〜１６７頁

6. ライモ・ヴィルッカラ、リスト・K・ヘイッキネン、サイヤ・クーセラ、ニコ・レイコラ、ユハ・ポユル&アリ・ラヤサルッカ「Birds in boreal protected areas shift northwards in the warming climate but show different rates of population decline.」２０１８年、「*Biological Conservation*」誌、２０１８年第２２６号、２７１〜

２７９頁

7．ユリエン・テロウヴ、エルッキ・コルピマキ、レオ・プードレ、ラウノ・ヴァルヨネン&アレクサンドレ・ヴィッラーズ「Increased autumn rainfall disrupts predator-prey interactions in fragmented boreal forests.」２０１７年、『*Global Change Biology*』誌、２０１７年第23号、１３６１～１３７３頁

8．同前

9．オッソ・フイトゥ、ヘイッキ・ヘンットネン、ヌーッティ・キルユネン、エルッキ・コルピマキ、エサ・コスケラ、タピオ・マッペス、ハンヌ・ピエティアイネン&ハンヌ・ポユサ「Density-dependent vole damage to silviculture and associated economic losses at a nationwide scale」２００９年、『*Forest Ecology and Management*』誌、２００９年第２５８号、１２１９～１２２４頁

10．同前

11．エルッキ・コルピマキ&ハッリ・ハッカライネン『*The Boreal Owl: Ecology, Behaviour and Conservation of a Forest-Dwelling Predator*』２０１２年、ケンブリッジ、ケンブリッジ大学出版

12．同前

13．マルック・ミッコラ＝ロース、ユハ・ティアイネン、アンッティ・ベロウ、マルッティ・ハリオ、アレクシ・レヒコイネン、エサ・レヒコイネン、テーム・レヘティニエミ、アリ・ラヤサルッカ、ヤリ・ヴァルカマ&リスト・Ａ・ヴァイサネン「鳥類」２０１０年、ペルッティ・ラッシ他（編集）『フィンランドの絶滅危惧種――レッドブック２０１０』所収、３２８頁
Mikkola-Roos, Markku, Juha Tiainen, Antti Below, Martti Hario, Aleksi Lehikoinen, Esa Lehikoinen, Teemu Lehtiniemi, Ari Rajasärkkä, Jari Valkama ja Risto A. Väisänen 2010. "Linnut." Teoksessa Rassi, Pertti et al. (toim.) *Suomen lajien uhanalaisuus – Punainen kirja 2010.* Helsinki:Ympäristöministeriö ja Suomen ympäristökeskus, 328.

14．アンッティ・ベロウ、アイリ・ユカライネン、アレクシ・レヒコイネン、テーム・レヘティニエミ、マルック・ミッコラ＝ロース、ヨルマ・ペッサ、アリ・ラヤサルッカ、ユッカ・リンタラ、ペッカ・ルサネン、パイヴィ・シルキア、ユハ・ティアイネン&ユハ・ヴァルカマ「鳥類」２０１９年、Ｅ・ヒュヴァリネン他（編集）『フィンランドの絶滅危惧種――レッドブック２０１９』５６０～５７０頁
Below, Antti, Aili Jukarainen, Aleksi Lehikoinen, Teemu Lehtiniemi, Markku Mikkola-Roos, Jorma Pessa, Ari Rajasärkkä, Jukka Rintala, Pekka Rusanen, Päivi Sirkiä, Juha Tiainen ja Juha Valkama 2019. "Linnut." Teoksessa Hyvärinen, E. et al. (toim.) *Suomen lajien uhanalaisuus –Punainen kirja 2019.* Helsinki: Ympäristöministeriö ja Suomen ympäristökeskus, 560–570.

破壊の一途をたどる狩猟の聖地

1．フィンランドの鳥類アトラス、２０１０年より「ヨーロッパオオライチョウ（*Tetrao urogallus*）」
Suomen lintuatlas 2010. "Metso (*Tetrao urogallus*)." atlas3.lintuatlas.fi/tulokset/laji/metso, lainattu 26.2.2019.

2．ライモ・ヴィルッカラ「Spatial And Temporal Variation In Bird Communities And Pop ulations In North-boreal Coniferous Forests: a Multiscale Approach.」１９９１年、『*Oikos*』誌62号、59

～66頁

3．ライモ・ヴィルッカラ他「Birds in boreal protected areas shift northwards in the warming climate but show different rates of population decline.」２０１８年、「*Biological Conservation*」誌２２６号、２７１～２７９頁

4．フィンランド農林省『フィンランドのキジ目鳥類個体数維持計画』２０１４年、ヘルシンキ、フィンランド農林省、11頁
Maa- ja metsätalousministeriö 2014. *Suomen metsäkanalintukantojen hoitosuunnitelma.* Helsinki: Maa- ja metsätalousministeriö, 11. mmm.fi/documents/1410837/1516659/Metsakanalintukantojen_hoitosuunnitelma.pdf/17af2ffe-cb3d-41b5-b4d0-0c442782b309/Metsakanalintukantojen_hoitosuunnitelma.pdf.pdf, lainattu 26.2.2019.

5．ヘイッキ・リンドロース&ペルッティ・ルオホネン『森林事業の今』２００７年、１０５頁
Lindroos, Heikki ja Pertti Ruohonen 2007. *Metsätekoja – ajallaan.* Helsinki: Metsäkustannus, 105.

6．ハルト・リンデン「Growth rates and early energy requirements of captive juvenile capercaillie,Tetrao urogallus.」、「*Changes in Finnish tetraonid populations and some factors influencing mortality.*」誌、１９８１年、ヘルシンキ、狩猟・漁業研究局、53～67頁

7．イスモ・トゥオマス「森の失われる宝物２０１８」、「自然保護主義」誌、２０１８年第３号、ヘルシンキ、フィンランド自然保護連盟
Tuormaa, Ismo 2018. “Metsiemme katoava aarre 2018.” *Luonnonsuojelija* 3/2018. Helsinki:Suomen luonnonsuojeluliitto.

8．ヤリ・ミーナ他「Modelling the Abundance and Temporal Variation in the Production of Bilberry (Vaccinium myrtillus L.) in Finnish Mineral Soil Forests」２００９年、シルヴァ・フェンニカ誌、ヘルシンキ、森林研究局
Jari Miina et al. 2009. “Modelling the Abundance and Temporal Variation in the Production of Bilberry (Vaccinium myrtillus L.) in Finnish Mineral Soil Forests.” *Silva Fennica.* Helsinki: Metsäntutkimuslaitos.

9．エミリア・オスマラ「針葉樹林帯でのヌマライチョウ（Lagopus l. Lagopus）の縄張り形成」２０１２年、修士論文、東フィンランド大学、生物学科、６頁
Osmala, Emilia 2012. Riekon (Lagopus l. Lagopus) reviirin muodostus havumetsäalueella. Pro gradu, Itä-Suomen Yliopisto, Biologian laitos, 6.

10．アルト・マルヤカンガス「キジ目鳥類の目で見た沼地」２０１４年、フィンランド狩猟センターＷＥＢサイト
Marjakangas, Arto 2014. “Suo metsäkanalinnun silmin.” Suomen riistakeskus. docplayer. fi/15423010-Suo-metsakanalinnun-silmin.html, lainattu 27.2.2019.

11．狩猟のトライアングルＷＥＢサイト「ヌマライチョウ２０１８」２０１８年
Riistakolmiot.fi 2018. “Riekko 2018.” Luonnonvarakeskus. riistakolmiot.fi/raportit/riekko-2018/,lainattu 26.2.2019.

12. ユッカ・ケラネン他「キジ目鳥類狩猟期間規制、新しい時代へ」２０１８年、「ハンター」誌、２０１８年第６号、ヘルシンキ、フィンランド狩猟センター
Jukka Keränen et al. 2018. "Metsäkanalintujen metsästysaikojen säätelyssä siirryttiin uudelle aikakaudelle." *Metsästäjä* 6/2018. Helsinki: Suomen riistakeskus.

森を改善すると回復するものとは

1. 「農業生産者・森林所有者連盟：積雪が森林所有者に成果をもたらす――今までに見たことがないような雪被害とフィールドマネージャー」、カレヴァ紙、２０１８年１月７日
Kaleva: "MTK: Tykkylumi aiheuttamassa isot menetykset metsänomistajille – kenttäpäällikön mukaan tuhot jopa ennennäkemättömiä." *Kaleva* 7.1.2018. www.kaleva.fi/uutiset/kotimaa/mtktykkylumi-aiheuttamassa-isot-menetykset-metsanomistajille-kenttapaallikon-mukaan-tuhotjopa-ennennakemattomia/781124/, lainattu 24.2.2019.（購読者のみ閲覧可能）

2. 「森林センター、森林保全作業費用を心配～森林事業は費用がかさむ時代～」、ＷＥＢサイト「トレジャー」、２０１７年８月23日
Aarre: "Metsäkeskus huolissaan metsänhoitotöiden rästeistä: Nyt on korkea aika panostaa metsätalouteen." *Aarre* 23.8.2017. www.aarrelehti.fi/uutiset/mets%C3%A4keskus-huolissaanmets%C3%A4nhoitot%C3%B6iden-r%C3%A4steist%C3%A4-nyt-on-korkea-aika-panostaamets%C3%A4talouteen-1.202656, lainattu 9.3.2019.

3. 自然資源センターＷＥＢサイト「国有林調査結果発表」
Luonnonvarakeskus: "Valtakunnan metsien inventoinnin tulosjulkistus." luke.fi/uutiset/valtakunnan-metsien-inventoinnin-tulosjulkistus-2017/, lainattu 18.11.2018.

4. イルッカ・ハンスキ『縮小する世界。生存環境消滅を人口生態学で追跡』２００７年、２５７頁
Hanski, Ilkka 2007. *Kutistuva maailma. Elinympäristöjen häviämisen populaatioekologiset seuraukset.* Helsinki: Gaudeamus, 257.

5. ユハ・カイヒライネン「機械製造業：昨年は、森林回復にとっては暗黒年」２０１７年、地方の未来紙、２０１７年１月16日
Kaihlanen, Juha 2017. "Koneyrittäjät: Viimevuosi oli metsänparannuksen musta vuosi." *Maaseudun Tulevaisuus* 16.1.2017. maaseuduntulevaisuus.fi/mets%C3%A4/koneyritt%C3%A4j%C3%A4t-viime-vuosi-oli-mets%C3%A4nparannuksen-musta-vuosi-1.178984,lainattu 10.3.2019.（購読者のみ閲覧可能）

6. テイヤ・スンティネン「フィンランドは森を伐採して豊かになることが当たり前になっているが、これからはブレーキを踏まなければならない――なぜ意見がまとまらないのか？」２０１８年、ヘルシンギン・サノマット紙、２０１８年11月13日
Sutinen, Teija 2018. "Suomi on tottunut hakkaamaan vaurautta metsistään, mutta nyt pitäisi painaa jarrua – Miksi asiasta ollaan niin eri mieltä?" *Helsingin Sanomat* 13.11.2018. hs.fi/talous/art-2000005897319.html, lainattu 10.3.2019.

7．ティモ・クールヴァイネン、ミッコ・モンッコネン、ペトリ・ケト＝トコイ、ミッコ・クーシネン、カイス・アーパラ＆ハッリ・トゥキア「森の多様性を担保する絶対条件」２００４年、ティモ・クールヴァイネン他（編）『森で貯蔵～フィンランドの森の自然の多様性』所収、ヘルシンキ、エディタ社、１４２～１８４頁
Kuuluvainen, Timo, Mikko Mönkkönen, Petri Keto-Tokoi, Mikko Kuusinen, Kaisu Aapala ja Harri Tukia 2004. "Metsien monimuotoisuuden turvaamisen perusteet". Teoksessa Timo Kuuluvainen et al. (toim.) *Metsän kätköissä – Suomen metsäluonnon monimuotoisuus.* Helsinki: Edita, 142–184.

8．ストゥーラ・エンソ社ＨＰ「林業用語」
Stora Enso: "Metsäsanasto." storaensometsa.fi/metsasanasto/avohakkuu/, lainattu 10.3.2019.

9．ティモ・クールヴァイネン、トゥオモ・ヴァッレニウス＆ユホ・ペンナネン「森林の自然な構造、力強さと多様性」２００４年、ティモ・クールヴァイネン他（編）『森で貯蔵～フィンランドの森の自然の多様性』所収、55頁
Kuuluvainen, Timo, Tuomo Wallenius ja Juho Pennanen 2004. "Metsän luontainen rakenne, dynamiikka ja monimuotoisuus." Teoksessa Timo Kuuluvainen et al. (toim.) *Metsän kätköissä –Suomen metsäluonnon monimuotoisuus.* Helsinki: Edita, 55.

10．世界自然保護基金フィンランドＷＷＦのＷＥＢサイト、２０１８年11月7日更新
WWF: Suomen metsät. Päivitetty 7.11.2018. https://wwf.fi/alueet/suomi/suomen-metsat/, lainattu 24.2.2019.

11．ペトリ・ケト＝トコイ「フィンランドの森林管理における自然の摂理とは」２００４年、ティモ・クールヴァイネン他（編）『森で貯蔵～フィンランドの森の自然の多様性』所収、１７０～１７１頁
Keto-Tokoi, Petri 2004."Luonnonmukaisuus suomalaisessa metsänhoidossa." Teoksessa Timo Kuuluvainen et al. (toim.) *Metsän kätköissä – Suomen metsäluonnon monimuotoisuus.* Helsinki:Edita, 170–171.

12．キンモ・オクサネン「森は森だ、と信じていた。しかし、違っていたようだ」２０１８年11月15日、ヘルシンギン・サノマット紙
Oksanen, Kimmo 2018. "Luulin metsää metsäksi, mutta olin väärässä." *Helsingin Sanomat* 15.11.2018. hs.fi/kaupunki/art-2000005900310.html, lainattu 10.3.2019.（購読者のみ閲覧可能）

iii　新旧交代

バイオ・レメディエーション　生物学的環境修復

1．ユハ・カイヒラネン「スウェーデンの林業、フィンランドより好調」２０１３年、地方の未来紙、２０１８年８月21日
Kaihlanen, Juha 2013. "Ruotsin metsäteollisuus selvinnyt Suomea paremmin." *Maaseudun Tulevaisuus* 21.8.2013. maaseuduntulevaisuus.fi/mets%C3%A4/ruotsin-mets%C3%A4teollisuusselvinnyt-suomea-paremmin-1.45438, lainattu 1.3.2019.（購読者のみ閲覧可能）

2．レオ・スヴァホンバック「中国の林業拡大――輸出入とも成長中」外務省、大使館報告書、２０１５年６月２日

Svahnbäck, Leo 2015. “Kiinan metsäteollisuus kehittyy – sekä vienti että tuonti kasvussa.” Ulkoasiainministeriö, suurlähetystön raportti 2.6.2015. um.fi/aktuellt/-/asset_publisher/gc654PySnjTX/content/suurlahetyston-raportti-kiinan-metsateollisuus-kehittyy-seka-vienti-ettatuonti-kasvussa/384951?curAsset=0&stId=47307, lainattu 1.3.2019.

3．カトリーナ・パヤリ「中国のオンラインショッピング熱は、スクーター配達員劉氏だけでなく、フィンランドのパルプ製造者にも仕事を作る」２０１７年、ヘルシンギン・サノマット紙、２０１７年３月11日

Pajari, Katriina 2017. “Kiinan paisuva verkkokauppa tuo työtä niin mopolähetti Liulle kuin suomalaiselle sellunkeittäjällekin.” *Helsingin Sanomat* 11.3.2017. hs.fi/talous/art-2000005123157.html, lainattu 1.3.2019.（購読者のみ閲覧可能）

4．レオ・スヴァホンバック「中国の林業拡大――輸出入とも成長中」外務省、大使館報告書、２０１５年６月２日

Svahnbäck, Leo 2015. “Kiinan metsäteollisuus kehittyy – sekä vienti että tuonti kasvussa.” Ulkoasiainministeriö, suurlähetystön raportti 2.6.2015. um.fi/aktuellt/-/asset_publisher/gc654PySnjTX/content/suurlahetyston-raportti-kiinan-metsateollisuus-kehittyy-seka-vienti-ettatuonti-kasvussa/384951?curAsset=0&stId=47307, lainattu 1.3.2019.

5．ヘレナ・ラウニオ「ポスト・ノキア――フィンランドのバイオマス経済が道標になる。ユッシ・ペソネンは語る」２０１４年、「技術と経済」誌、２０１４年11月14日号

Raunio, Helena 2014. “Seuraava Nokia - Jussi Pesonen nostaisi Suomen biotalouden tiennäyttäjäksi.” *Tekniikka & Talous* 14.11.2014. tekniikkatalous.fi/talous_uutiset/2014-11-14/Seuraava-Nokia---Jussi-Pesonen-nostaisi-Suomen-biotalouden-tienn%C3%A4ytt%C3%A4j%C3%A4ksi-3250937.html, lainattu 2.3.2019.

6．フィンランド政府ＨＰ：「持続的発展のできるバイオマス経済へ。フィンランドのバイオマス経済戦略」２０１４年５月８日、３～８頁

Valtioneuvosto: *Kestävää kasvua biotaloudesta. Suomen biotalousstrategia.* Valtioneuvosto 8.5.2014, 3–8. biotalous.fi/wp-content/uploads/2014/07/Julkaisu_Biotalous-web_080514.pdf, lainattu 1.3.2019.

7．フィンランド農林省ＨＰ「フィンランド国民森林戦略２０２５（改訂版）」２０１９年、フィンランド政府基本方針決定、２０１９年２月21日、19頁

Maa- ja metsätalousministeriö: “Kansallinen metsästrategia 2025.” Valtioneuvoston periaatepäätös 12.2.2015, 19. mmm.fi/documents/1410837/1504826/Kansallinen+mets%C3%A4strategia+2025/c8454e55-b45c-4b8b-a010-065b38a22423/Kansallinen+mets%C3%A4strateg ia+2025.pdf/Kansallinen+mets%C3%A4strategia+2025.pdf, lainattu 1.3.2019.

8．リーッカ・リーカネン、広報担当、メッサ・ファイバー社バイオマス製品工場、電子メールインタビュー

Liikanen, Riikka, tiedottaja, Metsä Fibren biotuotetehdas, sähköpostihaastattelu.

9．Biotalous（バイオ経済）ＷＥＢサイト「戦略：バイオマス経済は、経済にとっての次の波」２０１４年５月８日報道発表

Biotalous-sivusto: "Strategia: Biotalous on talouden seuraava aalto." Tiedote 8.5.2014. biotalous. fi/strategia-biotalous-on-talouden-seuraava-aalto, lainattu 2.3.2019.

10. Biotalous（バイオ経済）ＷＥＢサイト「持続的発展のできるバイオマス経済へ。フィンランドのバイオマス経済戦略」労働経済産業省、12頁
Biotalous-sivusto: "Kestävää kasvua biotaloudesta. Suomen biotalousstrategia." Työ- ja elinkeinoministeriö, 12. biotalous.fi/wp-content/uploads/2015/01/Suomen_biotalousstrategia_2014.pdf, lainattu 1.3.2019.

11. フィンランド農林省ＨＰ「フィンランド国民森林戦略２０２５（改訂版）」２０１９年、フィンランド政府基本方針決定、２０１９年２月21日、44頁
Maa-ja metsätalousministeriö 2019. "Kansallinen metsästrategia 2025 – päivitys." Valtioneuvoston periaatepäätös 21.2.2019, 44. julkaisut.valtioneuvosto.fi/bitstream/handle/10024/161386/MMM_7_2019_Metsastrategia.pdf?sequence=1&isAllowed=y, lainattu1.3.2019

12. ユリ・ヒエタラ&ヤンネ・フオヴァリ「材木由来のバイオマス経済の経済への影響と見通し」２０１７年、「ＰＴＴワークペーパー」第１８４号、ヘルシンキ、ペッレルヴォ経済研究所ＰＴＴ、11頁、15頁
Hietala, Jyri ja Janne Huovari 2017. "Puupohjaisen biotalouden taloudelliset vaikutukset ja näkymät." PTT työpapereita 184. Helsinki: Pellervon taloustutkimus PTT, 11 ja 15.

13. 同前

14. メッサ・ファイバー社ＨＰ「ケミのバイオマス製品工場プロジェクト：プロジェクトの背景と進捗状況」２０１８年11月８日
Metsä Fibre: "Kemin biotuotetehdashanke: Hankkeen taustat ja eteneminen." 8.11.2018. metsafibre.com/fi/yhtio/Kemin-biotuotetehdas/Pages/default.aspx, lainattu 1.3.2019.

15. ティモ・Ｅ・コルヴァ「メッサ・グループ、ケミヤルヴィ工場のあげ足をとる」投書、カウッパレヘティ紙、２０１８年５月17日
Korva, Timo E. 2018. "Metsägroup yrittää kampittaa Kemijärven tehtaan." Lukijalta-palsta. *Kauppalehti* 17.5.2018. kauppalehti.fi/uutiset/mielipide-metsa-group-yrittaa-kampittaakemijarven-tehtaan/f7c64ede-c5c3-389a-bf0d-c06d2f917d3d, lainattu 2.3.2019.（購読者のみ閲覧可能）

16. ユハ・マンテュラ「メッサ・グループ：持続的な木材調達」２０１８年６月25日、メッサ・グループがケミのセルロース工場再生に向けて開催した公聴会資料より
Mäntylä, Juha 2018. "MetsäGroup: Kestävä puunhankinta." PDF-esitys 25.6.2018. Yleisötilaisuus Metsä Groupin Kemin sellutehtaan uudistamisesta.

17. 「ストゥーラ・エンソ社、オウルへの巨大投資を再考：製紙工場を梱包板紙工場へ」、カレヴァ紙、２０１８年６月28日
Kaleva 2018: "Stora Enso harkitsee jätti-investointia Ouluun: Paperitehdas muuttuisi pakkauskartonkitehtaaksi." *Kaleva* 28.6.2018. kaleva.fi/uutiset/talous/stora-enso-harkitseejatti-investointia-ouluun-paperitehdas-muuttuisi-pakkauskartonkitehtaaksi/797893, lainattu 2.3.2019.（購読者のみ閲覧可能）

18．トゥーリッキ・コウリレヘト「国産材木、すべての需要を満たさない」２０１８年、ラピン・カンサ紙、２０１８年８月13日／パウラ・ホルネ、エンミ・ハルティア他「林業と経済的費用対効果改善」ＰＴＴ予想——林業分野ＷＥＢサイト、２０１８年
Kourilehto, Tuulikki 2018. "Kotimaista puuta ei riitä kaikkiin suunnitteilla oleviin hankkeisiin." *Lapin Kansa* 13.8.2018. lapinkansa.fi/lappi/kotimaista-puuta-ei-riita-kaikkiin-suunnitteillaoleviin-hankkeisiin-201134547, lainattu 2.3.2019; Horne, Paula, Emmi Haltia et al. 2018. "Metsäteollisuuden ja talouden kannattavuus parantunut." PTT-ennuste – metsäsektori 2018 syksy. ptt.fi/ennusteet/metsaala.html, lainattu 2.3.2019.

19．ユリ・トゥオミネン「生分解包装材は、プラスチックの代替物になるか」カウッパレヘティ紙、２０１８年２月19日／リーッカ・シピラ「樹皮でアイスクリームに味つけ、トナカイ肉の保存可能期間延長——新製品テスト結果順調と研究者」カレヴァ紙、２０１８年11月12日
Tuominen, Jyri 2018. "Voivatko biohajoavat pakkaukset korvata muovin?" *Kauppalehti* 19.2.2018. kauppalehti.fi/uutiset/voivatko-biohajoavat-pakkaukset-korvata-muovin/3a5800d7-e00a-3a8d-aee1-9d4db01df331, lainattu 2.3.2019（購読者のみ閲覧可能）; Sipilä, Riikka 2018. "Puunkuoresta makua jäätelöön ja säilyvyyttä poronlihaan – tutkijan mukaan uusien tuotteiden testaaminen on sujunut 'lupaavasti'." *Kaleva* 12.11.2018. kaleva.fi/uutiset/kotimaa/puun-kuoresta-makuajaateloon-ja-sailyvyytta-poronlihaan-tutkijan-mukaan-uusien-tuotteiden-testaaminen-onsujunut-lupaavasti/810095, lainattu 2.3.2019.（購読者のみ閲覧可能）

20．ヤンネ・ルオトラ「ＶＴＴ展望：フィンランドのセルロース、木綿とポリエステルの代替物に」２０１３年、「技術と経済」誌、２０１３年10月２日
Luotola, Janne 2013. "VTT visioi: Suomalainen selluloosa korvaa puuvillan ja polyesterin." *Tekniikka&Talous* 2.10.2013. tekniikkatalous.fi/innovaatiot/2013-10-02/VTT-visioi-Suomalainenselluloosa-korvaa-puuvillan-ja-polyesterin-3315479.html, lainattu 2.3.2019.

21．アンニカ・マルティカイネン「ナノセルロース、未来のスーパーマテリアル——あまりにも丈夫なため防弾チョッキになるかもテスト済み」２０１８年、フィンランド放送ＹＬＥ、２０１８年５月９日
Martikainen, Annika 2018. "Nanosellu on tulevaisuuden supermateriaali – niin lujaa, että sitä on testattu luotiliivien materiaaliksi." *Yleisradio* 9.5.2018. yle.fi/uutiset/3-10198035, lainattu 2.3.2019.

22．ユリ・ヒエタラ＆ヤンネ・フオヴァリ「材木由来のバイオマス経済の経済への影響と見通し」２０１７年、11～12頁
Hietala, Jyri ja Janne Huovari 2017. "Puupohjaisen biotalouden taloudelliset vaikutukset ja näkymät." PTT työpapereita 184. Helsinki: Pellervon taloustutkimus PTT, 11–12.

23．前掲資料　17～18頁

24．「ユヴァスキュラで環境に優しいテキスタイル用繊維がもうすぐ年間数百トン単位で生産できるように——スピンノヴァ社のパイロット工場完成」２０１８年、ケスキスオマライネン紙、２０１８年12月19日／リーッカ・リーカネン、リポーター、メッサ・ファイバー社の

バイオ製品工場、メールインタビュー
Keskisuomalainen 2018. "Jyväskylässä valmistetaan pian ympäristöystävällistä tekstiilikuitua satoja tonneja vuodessa – Spinnovan pilottilaitos on nyt valmis." *Keskisuomalainen* 19.12.2018.ksml.fi/talous/Jyv%C3%A4skyl%C3%A4ss%C3%A4-valmistetaan-pian-ymp%C3%A4rist%C3%B6yst%C3%A4v%C3%A4llist%C3%A4-tekstiilikuitua-satoja-tonneja-vuodessa-%E2%80%93-Spinnovan-pilottilaitos-on-nyt-valmis/1300671, lainattu 2.3.2019; Liikanen, Riikka, tiedottaja,Metsä Fibren biotuotetehdas, sähköpostihaastattelu.

25. リク・フットゥネン（編）２０１７年「２０３０年までのエネルギー・気候変動政策に関する政府説明」フィンランド労働経済産業省ＷＥＢサイト、２０１７年１月31日、26～30頁
Huttunen, Riku (toim.) 2017. *Valtioneuvoston selonteko kansallisesta energia- jailmastostrategiasta vuoteen 2030.* Työ- ja elinkeinoministeriö 31.1.2017, 26–30.

26. ユリ・ヒエタラ&ヤンネ・フオヴァリ「材木由来のバイオマス経済の経済への影響と見通し」２０１７年、17頁
Hietala, Jyri ja Janne Huovari 2017. "Puupohjaisen biotalouden taloudelliset vaikutukset ja näkymät." PTT työpapereita 184. Helsinki: Pellervon taloustutkimus PTT, 17.

27. ペッカ・プースティネン「自然資源センター長の気候変動についてのコメント：議論はあらぬ方へ向かった」２０１８年、カルヤライネン紙、２０１８年10月16日
Puustinen, Pekka 2018. "Luonnonvarakeskuksen pääjohtaja ilmastonmuutoksesta: 'Keskustelu on mennyt ihan väärille urille'." *Karjalainen* 16.10.2018, lainattu 2.3.2019.

28. ユリ・ヒエタラ&ヤンネ・フオヴァリ「材木由来のバイオマス経済の経済への影響と見通し」２０１７年、17頁
Hietala, Jyri ja Janne Huovari 2017. "Puupohjaisen biotalouden taloudelliset vaikutukset ja näkymät." PTT työpapereita 184. Helsinki: Pellervon taloustutkimus PTT, 17.

29. 前掲資料　８～９頁

30. 前掲資料　14頁

31. トゥーリッキ・コウリレヘト「国産材木、すべての需要を満たさない」２０１８年、ラピン・カンサ紙、２０１８年８月13日
Kourilehto, Tuulikki 2018. "Kotimaista puuta ei riitä kaikkiin suunnitteilla oleviin hankkeisiin." *Lapin Kansa* 13.8.2018. lapinkansa.fi/lappi/kotimaista-puuta-ei-riita-kaikkiin-suunnitteillaoleviin-hankkeisiin-201134547, lainattu 2.3.2019.

32. ユハ・マンテュラ「メッサ・グループ：持続的な木材調達」２０１８年６月25日、メッサ・グループがケミのセルロース工場再生に向けて開催した公聴会資料より
Mäntylä, Juha 2018. "MetsäGroup: Kestävä puunhankinta." PDF-esitys 25.6.2018. Yleisötilaisuus Metsä Groupin Kemin sellutehtaan uudistamisesta.

33. Biotalous（バイオ経済）ＷＥＢサイト「持続的発展のできるバイオマス経済へ。フィンランドのバイオマス経済戦略」25頁
Biotalous-sivusto: "Kestävää kasvua biotaloudesta. Suomen biotalousstrategia."Työ- ja elinkeinoministeriö, s. 25. biotalous.fi/

wp-content/uploads/2015/01/Suomen_biotalousstrategia_2014.pdf, lainattu 1.3.2019.

34. ユリ・ヒエタラ&ヤンネ・フオヴァリ「材木由来のバイオマス経済の経済への影響と見通し」２０１７年、19頁
Hietala, Jyri ja Janne Huovari 2017. “Puupohjaisen biotalouden taloudelliset vaikutukset ja näkymät.” PTT työpapereita 184. Helsinki: Pellervon taloustutkimus PTT, 19.

35. 前掲資料 17〜18頁

36. ペッカ・プースティネン「自然資源センター長の気候変動についてのコメント：議論はあらぬ方へ向かった」２０１８年、カルヤライネン紙、２０１８年10月16日
Puustinen, Pekka 2018. “Luonnonvarakeskuksen pääjohtaja ilmastonmuutoksesta: ‘Keskustelu on mennyt ihan väärille urille.’” *Karjalainen* 16.10.2018, lainattu 2.3.2019.

計算せよ、信ずるな

1. アンッティ・キヴィマキ「フィンランドの炭素排出ゼロ実現加速が可能――実現方法を提案し先陣を切る」ヘルシンギン・サノマット紙、２０１８年10月11日
Kivimäki, Antti. “Suomen hiilipäästöt saisi nollaan nopeasti – Näillä keinoilla se tapahtuisi, ja yksi on ylitse muiden.” *Helsingin Sanomat* 11.10.2018.

2. フィンランド政府「２０３０年までのエネルギー、気候変動政策に関する政府説明」労働経済産業省、２０１７年第４号、66頁
Valtioneuvosto: Valtionneuvoston selonteko kansallisesta Energia- ja ilmastostrategiasta vuoteen 2030. Työ- ja elinkeinoministeriön julkaisuja 4/2017, 66. julkaisut. valtioneuvosto.fi/bitstream/handle/10024/79189/TEMjul_4_2017_verkkojulkaisu.pdf?sequence=1&isAllowed=y, lainattu 28.2.2019.

3. フィンランド森林協議会ＨＰ「フィンランド森林戦略２０２５改訂版」、２０１８年12月19日
Kansallinen metsästrategia 2025: n päivitys. Metsäneuvostossa käsitelty 19.12.2018. mmm.fi/documents/1410837/1516691/Mets%C3%A4strategia_2025_Luonnos_21.12.2018.pdf/5a3a9f18-331c-b996-5ba1-b205e22ebf02/Mets%C3%A4strategia_2025_Luonnos_21.12.2018.pdf.pdf, s.29, lainattu 26.2.2019.

4. 社説「気候への影響なしに森の増伐可能」サヴォン・サノマット紙、２０１７年３月25日
Pääkirjoitus: “Metsien hakkuita voidaan lisätä ilmaston kärsimättä.” *Savon Sanomat* 25.3.2017.www.savonsanomat.fi/paakirjoitukset/Metsien-hakkuita-voidaan-lis%C3%A4t%C3%A4-ilmastonk%C3%A4rsim%C3%A4tt%C3%A4/954505, lainattu 1.3.2019.

5. 社説「パニックになる必要はない――気候変動抑制のため、減伐を求める左派。フィンランドの林業は、持続的成長対策を講じているので心配無用」ラピン・カンサ紙、２０１８年10月11日
Pääkirjoitus: “Ei syytä paniikkiin – Vasemmisto vaatii hakkuiden

vähentämistä ilmastonmuutoksen torjumiseksi. Tähän ei ole mitään syytä, sillä Suomessa harjoitetaan kestävää metsätaloutta." *Lapin Kansa* 11.10.2018.

6. エリック・フラムスタッド、マルック・ラルヤヴァーラ、ライサ・マキパー、ラルス・ヴェステルダール、ヘレーン・ド・ヴィット&エリック・カールトゥン「Biodiversity, carbon storage and dynamics of old northern forests」「TemaNord」誌、２０１３年第５０７号、10頁
Framstad,Erik, Markku Larjavaara, Raisa Mäkipää, Lars Vesterdal, Heleen de Vit, ja Erik Karltun, 2013. "Biodiversity, carbon storage and dynamics of old northern forests." TemaNord 2013/507,s.10 norden.diva-portal.org/smash/get/diva2:702580/FULLTEXT01.pdf?fbclid=IwAR3D2Tj-0bMQgbSbE-tFFWo6jF05gynrrRSn4jhcNpjA4ErO_Zk1hKuk7CY, lainattu 26.2.2019.

7. フィンランド気候変動委員会「森林活用が及ぼす気候変動への影響。専門家からのメッセージ」報告書２０１７年第１号、８頁
Suomen ilmastopaneeli. "Tutkijoiden pääviestit metsien käytön ilmastovaikutuksista." Raportti 1/2017, 8. https://www.ilmastopaneeli.fi/wp-content/uploads/2018/10/Ilmastopaneeli_metsavaittamat_final_-2017.pdf, lainattu 28.2.2019.

8. 前掲資料　５頁

9. フィンランド政府「２０３０年までのエネルギー、気候変動政策に関する政府説明」35頁
Valtioneuvoston selonteko kansallisesta Energia- ja ilmastostrategiasta vuoteen 2030. Työ-ja elinkeinoministeriön julkaisuja 4/2017, 35. http://julkaisut.valtioneuvosto.fi/bitstream/handle/10024/79189/TEMjul_4_2017_verkkojulkaisu.pdf?sequence=y, lainattu 10.4.2019

10. フィンランド政府ＨＰ「フィンランド国民森林戦略２０２５（改訂版）」２０１９年、森林委員会、２０１８年12月19日、農林省、23頁
Valtioneuvosto: Kansallinen metsästrategia 2025 – päivitys. Metsäneuvostossa käsitelty19.12.2018. Maa- ja metsätalousministeriö, http://julkaisut.valtioneuvosto.fi/bitstream/handle/10024/161386/MMM_7_2019_Metsastrategia.pdf?sequence=1&isAllowed=y, s. 23, lainattu 2.3.2019.

11. マルクス・ストランドストロム「フィンランドにおける材木チップ生産チェーン」、メッサテホ株式会社結果報告書、２０１８年第11号、３頁
Strandström, Markus: "Metsähakkeen tuotantoketjut Suomessa." Metsätehon tuloskalvosarja11/2018, 3. metsateho.fi/wp-content/uploads/Tuloskalvosarja_2018_11_Metsahakkeen_tuotantoketjut_2017.pdf, lainattu 7.3.2019.

12. サンポ・ソイマカッリオ「バイオマスのエネルギー利用：炭素吸収と気候変動への影響」２０１７年、エーロ・ユルヨ＝コスキネン（編）『極地破壊』、ヘルシンキ、イント社、91頁
Soimakallio, Sampo 2017. "Biomassan energiakäyttö: Vaikutukset hiilinieluihin ja ilmastopäästöihin." Teoksessa Eero Yrjö-Koskinen (toim.) *Arktinen murros*. Helsinki: Into, 91.

13. 前掲資料 93頁／コルヨネン他「エネルギーと大気戦略影響予測：概略報告書」フィンランド政府検討・調査公開資料、２０１７年第21号
Koljonen et al. "Energia- ja ilmastostrategian vaikutusarviot: Yhteenvetoraportti." Valtionneuvoston selvitys- ja tutkimustoiminnan julkaisusarja 21/2017.

14. 同前

15. リッリ・カーラッカ、アンドリュー・J・バートン、ヘルヤ＝シスコ・ヘルミサーリ、ミッコ・クッコラ、アンナ・サールサルミ＆ペッカ・タンミネン「Effects of repeated whole-tree harvesting on soil properties and tree growth in a Norway spruce (Picea abies (L.) Karst.) stand.」２０１４年、「*Forest Ecology and Management*」誌、第３１３号、１８０～１８７頁
Kaarakka, Lilli, Andrew J. Burton, Heljä-Sisko Helmisaari, Mikko Kukkola, Anna Saarsalmi ja Pekka Tamminen 2014. "Effects of repeated whole-tree harvesting on soil properties and tree growth in a Norway spruce (Picea abies (L.) Karst.) stand." *Forest Ecology and Management* Vol 313, 180–187.

16. アイノ・ハマライネン「Retention forestry and intensified biomass harvest: epiphytic lichen assemblages under opposing ecological effects in pine-dominated boreal forests」２０１６年、博士論文、東フィンランド大学森林学部科学森林学科、33頁／マイ・スオミネン「*Harvested and burned forests as habitats for polypore fungi*」２０１８年、博士論文、東フィンランド大学森林学部科学森林学科、23頁／ヤリ・コウキ、森林生態学教授、東フィンランド大学、メールによるインタビュー、２０１９年２月24日
Hämäläinen, Aino 2016. *Retention forestry and intensified biomass harvest: epiphytic lichen assemblages under opposing ecological effects in pine-dominated boreal forests.* Väitöskirja, University of Eastern Finland, School of Forest Sciences, Faculty of Science and Forestry, 33; Suominen, Mai 2018. *Harvested and burned forests as habitats for polypore fungi.* Väitöskirja, Itä-Suomen yliopisto, School of Forest Sciences, Faculty of Science and Forestry, 23; Jari Kouki, metsäekologian professori, Itä-Suomen yliopisto, sähköpostihaastattelu 24.2.2019.

17. フィンランド政府「２０３０年までのエネルギー、気候変動政策に関する政府説明」11頁
Valtioneuvoston selonteko kansallisesta Energia- ja ilmastostrategiasta vuoteen 2030. Työ- ja elinkeinoministeriön julkaisuja 4/2017, 11. valtioneuvosto.fi/documents/1410877/3506436/Valt ioneuvoston+selonteko+kansallisesta+energia-+ja+ilmastostrategiasta+vuoteen+2030.pdf, lainattu 1.3.2019.

18. フィンランド気候変動委員会「森林活用が及ぼす気候変動への影響。専門家からのメッセージ」報告書２０１７年第１号、10頁
Suomen ilmastopaneeli: "Tutkijoiden pääviestit metsien käytön ilmastovaikutuksista." Raportti 1/2017, 10. https://www.ilmastopaneeli.fi/wp-content/uploads/2018/10/Ilmastopaneeli_metsavaittamat_final_-2017.pdf, lainattu 28.2.2019.

19. トゥオモ・カッリオコスキ、博士課程修了後の研究者（ポスドク）、ヘルシンキ大学、大気圏学センター、メールインタビュー、２０１９年１月10日
Kalliokoski, Tuomo, tutkijatohtori, Helsingin yliopiston

ilmakehätieteiden keskus,sähköpostihaastattelu, 10.1.2019.

20. フィンランド気候変動委員会ＷＥＢサイト「土壌への吸収と排出に関する基本情報、要確認。現行モデルによる未来予想は差異が大きい」
Suomen ilmastopaneeli: "Maankäytön nielujen ja päästöjen tietopohjaa on vahvistettava, nykyiset mallit tuottavat hyvin erilaisia ennusteita." www.ilmastopaneeli.fi/tiedotteet/maankayton-nielujen-ja-paastojen-tietopohjaa-on-vahvistettava-nykyiset-mallit-tuottavat-hyvinerilaisia-ennusteita/, lainattu 27.2.2019.

21. 同前

22. ヤミ・ヨキネン「細切れ情報で政治が動く」２０１９年、ラピン・カンサ紙、２０１９年２月19日
Jokinen, Jami 2019. "Politiikkaa tehdään vajailla tiedoilla". *Lapin Kansa* 19.2.2019.

森へ出かけた

1. ＷＥＢサイト　大気ガイド「気候変動でフィンランドの樹木の成長が早くなる」
Ilmasto-opas.fi: "Ilmastonmuutos kiihdyttää puiden kasvua Suomessa." ilmasto-opas.fi/fi/ilmastonmuutos/vaikutukset/-/artikkeli/34335d0b-495f-44c6-8d3f-5e528df49713/ilmastonmuutos-kiihdyttaa-puiden-kasvua-suomessa.html, lainattu 25.2.2019.

2. エリック・フラムスタッド、ヘレーン・ド・ヴィット、ライサ・マキパー、マルック・ラルヤヴァーラ、ラルス・ヴェステルダール＆エリック・カールトゥン「Biodiversity, carbon storage and dynamics of old northern forests」２０１３年、「TemaNord」ＷＥＢサイト、２０１３年第５０７号
Framstad, Erik, Heleen de Wit, Raisa Mäkipää, Markku Larjavaara, Lars Vesteralja, Erik Karltun, 2013. *Biodiversity, carbon storage and dynamics of old northern forests.* TemaNord 2013:507. norden.divaportal.org/smash/get/diva2:702580/FULLTEXT01.pdf?fbclid=IwAR3D2Tj-0bMQgbSbE-tFFWo6jF05gynrrRSn4jhcNpjA4ErO_Zk1hKuk7CY, lainattu 25.2.2019.

3. ＷＥＢサイト　大気ガイド「気候変動でフィンランドの樹木の成長が早くなる」
Ilmasto-opas.fi: "Ilmastonmuutos kiihdyttää puiden kasvua Suomessa." https://ilmasto-opas.fi/fi/ilmastonmuutos/vaikutukset/-/artikkeli/34335d0b-495f-44c6-8d3f-5e528df49713/ilmastonmuutos-kiihdyttaa-puiden-kasvua-suomessa.html, lainattu 25.2.2019.

4. ペトリ・ケト＝トコイ「自然の森の五不思議」２０１５年、「スオメン・ルオント」誌、２０１５年第９号、51〜55頁
Keto-Tokoi, Petri 2015. "Viisi myyttiä luonnonmetsistä". *Suomen Luonto* 9/2015, 51–55.

森林戦争と平和

1. キルシ＝マルヤ・コルホネン、メッサタロウス株式会社ラップランド支

社長、メールインタビュー、２０１８年11月20日
Korhonen, Kirsi-Marja, Lapin aluejohtaja, Metsähallituksen Metsätalous Oy,sähköpostihaastattelu, 20.11.2018.

2．サーメ公聴会「フィンランド森林庁組織改編に関わる法改正におけるサーメ文化の立ち位置」２０１６年３月８日、国会への嘆願書／サーメ公聴会「フィンランド森林庁に関する法改正に関するサーメ公聴会からの意見書」農林省への意見書、２０１６年３月23日
Saamelaiskäräjät: “Saamelaiskulttuurin asema Metsähallituksen uudelleenorganisointia koskevassa lainsäädännössä.” Vetoomus eduskunnalle 8.3.2016. samediggi.fi/wp-content/uploads/2016/07/saamelaiskarajien_vetoomus_kansanedustajille_08032016.pdf, lainattu 27.2.2019; Saamelaiskäräjät. “Saamelaiskäräjien lausunto Metsähallituksesta annettavan asetusluonnoksen johdosta.” Lausunto Maa- ja metsätalousministeriölle 23.3.2016. samediggi.fi/wp-content/uploads/2016/07/saka_lausunto_mh_asetusluonnoksen_johdosta_23032016.pdf, lainattu 24.1.2019.

3．フィンランド森林庁法、２０１６年第２３４号法
Laki metsähallituksesta 234/2016.

4．トナカイ飼育法、１９９０年第８４８号法
Poronhoitolaki 848/1990.

5．政府、フィンランド森林庁組織の改正法案を国会へ提出、法案、２０１５年第１３２号
Hallituksen esitys eduskunnalle Metsähallituksen uudelleenorganisointia koskevaksi lainsäädännöksi HE 132/2015.

6．スヴィ・ユルハンレヘト「フィンランド森林管理協議会（ＦＳＣ）ユララッピの材木売買混乱について、論争はないことを証明する必要がある」、地方の未来紙、２０１９年２月13日
Jylhänlehto, Suvi 2019. “FSC Suomi Ylä-Lapin puukauppahäiriöstä: Pitäisi todistaa, että kiistoja ei ole.” *Maaseudun tulevaisuus* 13.2.2019. maaseuduntulevaisuus.fi/mets%C3%A4/artikkeli-1.378556, lainattu 27.2.2019.

7．同前／ヴェサ・ルフタ、自然保護活動家、電子メールインタビュー、２０１９年２月26日
Luhta, Vesa, luonnonsuojelija, sähköpostihaastattelu 26.2.2019.

8．オッリ・タハヴォネン、国民経済学・森林経済学教授、ヘルシンキ大学、電話インタビュー、２０１８年11月２日
Tahvonen, Olli, kansantaloustieteellisen metsäekonomian professori, Helsingin yliopisto,puhelinhaastattelu, 2.11.2018.

9．フィンランド自然連盟ＷＥＢサイト「フィンランド森林庁ラップランドの古の森を壊滅――伐採エリアには数千の絶滅危惧種や要保護種」２０１６年12月22日
Luonto-Liitto: “Metsähallitus hakkaa ikimetsiä Lapissa – hakkuukohteilta tuhansia havaintoja uhanalaisista ja muista vaateliaista lajeista.” metsablogi.wordpress.com/2016/12/22/metsahallitus-hakkaa-ikimetsia-lapissa-hakkuukohteilta-tuhansia-havaintoja-uhanalaisista-jamuista-vaateliaista-lajeista/, 22.12.2016, lainattu 27.2.2019.（現在閲覧不可）

10. ユッシ・ピルコネン「イナリでは、観光業収入が抜きんでている——他業種は横並び」２００５年、フィンランド森林研究所ＨＰ、２００５年2月22日
Pirkonen, Jussi 2005. “Matkailun taloudellinen merkitys Inarissa ylivoimainen – muut elinkeinot tasavertaisia.” Metsäntutkimuslaitos 22.2.2005. metla.fi/tapahtumat/2005/yla-lapinmetsat-saariselka/pirkonen-22-02-2005.htm, lainattu 16.11.2018.（現在閲覧不可）

11. エーヴァ・フリンクマン、コーディネーター、イナリ・サーリセルカ旅行株式会社、電話インタビュー、２０１８年11月16日
Flinkman, Eeva, matkailukoordinaattori, Inari-Saariselkä Matkailu Oy, puhelinhaastattelu 16.11.2018.

iv　選択のとき

未来への遺産

1. パイヴィ・グンメルス＝ラウティアイネン、環境省環境担当参事官、メールインタビュー、２０１８年９月４日
Gummerus-Rautiainen, Päivi, ympäristöneuvos, sähköpostihaastattelu, 4.9.2018.

2. フィンランド農林省、フィンランド環境省、フィンランド森林庁ＨＰ「独立１００周年記念に８０００ha超の新自然保護地区を獲得」２０１８年
Maa- ja metsätalousministeriö, ympäristöministeriö ja Metsähallitus 2018. “Suomi sai juhlavuosilahjoina yli 8000 hehtaaria uusia suojelualueita.” mmm.fi/artikkeli/-/asset_publisher/suomi-sai-juhlavuosilahjoina-yli-8000-hehtaaria-uusia-suojelualueita, lainattu 28.2.2019.

3. テルヒ・コスケラ他『森林保護プロジェクトＭＥＴＳＯ進捗状況２０１７』２０１８年、ヘルシンキ、フィンランド自然資源センター
Koskela, Terhi et al. 2018. *METSO-tilannekatsaus 2017*. Helsinki: Luonnonvarakeskus.

4. フィンランド政府ＨＰ「南部フィンランドの森林の多様性活用プログラム２００８〜２０１６に関する政府基本方針」２００８年
Valtioneuvosto 2008. “Valtioneuvoston periaatepäätös Etelä-Suomen metsien monimuotoisuuden toimintaohjelmasta 2008–2016.” metsonpolku.fi, lainattu 29.2.2019.

5. フィンランド政府ＨＰ「南部フィンランドの森林の多様性活用プログラム継続２０１４〜２０２５に関する政府基本方針」２０１４年
Valtioneuvosto 2014. “Valtioneuvoston periaatepäätös Etelä-Suomen metsien monimuotoisuuden toimintaohjelman jatkamisesta 2014–2025.” www.metsonpolku.fi, lainattu 29.2.2019.

6. 自然の様相ＷＥＢサイト「愛知目標（愛知ターゲット）」
Luonnontila.fi. “Aichi-tavoitteet.” luonnontila.fi/toimintaohjelma/biodiversiteettisopimus/aichitavoitteet,lainattu 28.2.2019.（現在閲覧不可）

7. パイヴィ・グンメルス＝ラウティアイネン、環境省環境担当参事官、電話インタビュー、２０１８年11月９日

Gummerus-Rautiainen, Päivi, ympäristöneuvos, puhelinhaastattelu, 9.11.2018.

森林売買という名の森林破壊

1．アルト・コイスティネン、アイリ・マティラ&エッシ・ラハティ「森林法改正と林業の現状」２０１７年、タピオ社（保険会社）レポート18号、24〜26頁
Koistinen, Arto, Matila, Airi ja Lahti, Essi ,2017. “Metsälakiuudistus käytännön metsätalouden kannalta.” Tapion raportteja nro. 18, 24–26. https://tapio.fi/wp-content/uploads/2017/10/Metsalaki_analyysi_-raportti_2017.pdf, lainattu 1.3.2019.（現在閲覧不可）

2．ハンナ・クメラ&ハッリ・ハンニネン「森林保有者にとっての森林管理方法の多様化」２０１１年、フィンランド森林研究所ワーキングレポート２０３号、ヴァンター、フィンランド森林研究所、３頁
Kumela, Hanna ja Hänninen, Harri 2011. “Metsänomistajien näkemykset metsänkäsittelymenetelmien monipuolistamisesta.” Metlan työraportteja 203. Vantaa: Metsäntutkimuslaitos, 3. www.metla.fi/julkaisut/workingpapers/2011/mwp203.pdf, lainattu 4.3.2019.

3．世界自然保護基金フィンランドＷＷＦ　ＷＥＢサイト「森林諮問」カンターＴＮＳ社（フィンランドを代表するデータバンク企業）、２０１７年３月15日
WWF Suomi: “Metsäneuvontakysely.” Kantar TNS 15.3.2017.

4．アルト・コイスティネン、アイリ・マティラ&エッシ・ラハティ「森林法改正と林業の現状」２０１７年、27頁
Koistinen, Arto, Matila, Airi ja Lahti, Essi 2017. “Metsälakiuudistus käytännön metsätalouden kannalta.” Tapion raportteja nro. 18, 27. https://tapio.fi/wp-content/uploads/2017/10/Metsalaki_analyysi_-raportti_2017.pdf, lainattu 1.3.2019.（現在閲覧不可）

5．ティモ・プッカラ、エルッキ・ラハデ&オラヴィ・ライホ「Growth and Yield Models for Uneven-sized forest stands in Finland」２００９年、「*Forest Ecology and Management*」誌、２００９年第２５８号、２０７〜２１６頁

6．ティモ・プッカラ、エルッキ・ラハデ&オラヴィ・ライホ「Continuous Cover Forestry in Finland–Recent Research Results」２０１２年、「*Continuous Cover Forestry, Managing Forest Ecosystems*」誌、Springer Science+Business Media B、85〜１２８頁

7．ティモ・プッカラ、エルッキ・ラハデ、オラヴィ・ライホ、カウコ・サロ&ユハ=ペッカ・ホタネン「A multifunctional comparison of even-aged and uneven-aged forest management in a boreal region」２０１１年、「*Canadian Journal of Forest Research*」誌　41（４）、８５１〜８６２頁

8．ユルヨ・ノロコルピ&ティモ・プッカラ（編）「すべての森林で恒続林施業を」２０１８年、Joen Forest Program Consulting、９〜20頁
Norokorpi, Yrjö ja Timo Pukkala (toim.) 2018. *Jatkuvaa kasvatusta jokametsään.* Joen Forest Program Consulting, 9–20.

9．リスト・ヤロネン他（編）『新しい森の本』２００６年、ヘルシンキ、ガウデアムス社／オッリ・タハヴォネン「Optimal Choise between even- and uneven-aged forests management systems」２００７年、フィンランド森林研究所ワーキングレポート／オッリ・タハヴォネン「Optimal choise between even- and uneven-aged forestry」２００９年、*Natural Resource Modeling.* ２００９年第22号、２頁

Risto Jalonen et al. (toim.) 2006. *Uusi metsäkirja.* Helsinki: Gaudeamus; Tahvonen, Olli 2007:"Optimal Choise between even- and uneven-aged forests management systems." Working papers of Finnish Forest Research Institute; Tahvonen, Olli 2009: "Optimal choise between even- and uneven-aged forestry." *Natural Resource Modeling.* 22/2009, 2.

10. エルッキ・ラハデ&ユリアン・リン「森林保全方法代替案――ヴェッサリ試験フィールドの循環期間調査」２０１３年、エルッキ・ラハデ&ティモ・プッカラ（編）『成長不全から大木へ』所収、Joen Forest Program Consulting、61～87頁／ティモ・プッカラ、エルッキ・ラハデ&オラヴィ・ライホ『Continuous Cover Forestry in Finland–Recent Research Results』２０１２年、「*Continuous Cover Forestry, Managing Forest Ecosystems*」誌、Springer Science+Business Media B、85～１２８頁

Lähde, Erkki ja Lin,Julian 2013. "Metsänhoidolle vaihtoehtoja – Vessarin koekentän kiertoajan mittainen tutkimus."
Lähde,Erkki ja Pukkala,Timo (toim.). *Alikasvoksesta ylispuuksi.* Joen Forest Program Consulting, 61–87;

11. フィンランド自然資源センターＷＥＢサイト、添付資料１：フィンランドの森林資源情報

Luonnonvarakeskus: Liite 1: Suomen metsävaratietoja. https://www.luke.fi/wp-content/uploads/2018/10/Tiedote-vmi-2018-liite_1.pdf, lainattu 14.11.2018

12. マイユ・ペウラ、ダニエル・バーガス、キュレ・ユヴィンソン、アンア・レポ&ミッコ・モンッコネン「Continuous cover forestry is a cost-efficient tool to increase multifunctionality of boreal production forests in Fennoscandia」２０１８年、「*Biological Conservation*」誌、２０１８年第２１７号、１０４～１１２頁

13. ミッコ・モンッコネン、応用生態学教授、ユヴァスキュラ大学、電話インタビュー、２０１８年11月１日／リスト・スルカヴァ、「恒続林は、自然に優しいのか」２０１８年、ユルヨ・ノロコルピ&ティモ・プッカラ（編集）『すべての森を恒続林管理へ』所収、川と森プログラムコンサルティング社、21～30頁

Mönkkönen, Mikko, soveltavan ekologian professori, Jyväskylän yliopisto, puhelinhaastattelu 1.11.2018; Sulkava, Risto 2018. "Onko jatkuva kasvatus luontoystävällistä?" Teoksessa Yrjö Norokorpi ja Timo Pukkala (toim.): *Jatkuvaa kasvatusta jokametsään.* Joen Forest Program Consulting, 21–30.

木材の量以外にも価値がある

1. フィンランド森林庁ＨＰ「自然保護指定地区・ハイキングエリア・サービスポイント訪問者数」

Metsähallitus: "Käyntimääriä suojelu- ja retkeilyalueilla sekä asiakaspalvelupisteissä." metsa.fi/kayntimaarat, lainattu 27.2.2019.

2. フィンランド森林庁ＨＰ「国立公園、ハイキングエリアは地方都市経済にとって重要」

Metsähallitus: “Kansallispuistot ja retkeilyalueet tärkeitä paikallistaloudelle.” metsa.fi/suojelualueetjapaikallistalous, lainattu 27.2.2019.

3．ヴァイノ・ヴァハサルヤ『人々の健康にもたらす自然環境の影響の経済評価』２０１４年、ヴァンター、フィンランド森林庁、16頁
Vähäsarja, Väinö 2014. *Luontoympäristön terveys- ja hyvinvointivaikutusten taloudellinen arvottaminen.* Vantaa: Metsähallitus, 16.

4．リーサ・テュルヴァネン他（編）『森で健康に』２０１４年、ヘルシンキ、ＳＫＳ、51頁
Tyrväinen, Liisa et al. (toim.) 2014. *Hyvinvointia metsästä.* Helsinki: Suomalaisen kirjallisuuden seura (SKS) , 51.

5．ＭＴＶ３―ＳＴＴ（テレビ局と通信社）「ムオニオの伐採について、フィンランド森林庁と企業妥結へ」２００７年、ニュース報道、２００７年２月27日
MTV3-STT 2007. “Metsähallitus ja yrittäjät sopuun Muonion hakkuista.” Uutinen 27.2.2007. mtvuutiset.fi/artikkeli/metsahallitus-ja-yrittajat-sopuun-muonion-hakkuista/2002596, lainattu 28.2.2019.

6．森林保護プログラムＭＥＴＳＯ、ＷＥＢサイト
Metso-ohjelma: metsonpolku.fi, lainattu 27.2.2019.

7．フィンランド環境省ＨＰ「２０３０戦略：戦略へ対応策」、報道発表、２０１８年５月23日
Ympäristöministeriö: “Strategia 2030: Strategian toimenpidepolut.” Tiedote 23.5.2018. ym.fi/fi-FI/Ministerio/Tavoitteet_ja_tulokset/Strategia_2030, lainattu 28.2.2019.

8．アンネ・ラウニオ他（編）『国内の自然形態をエコロジーな代替案に適用』２０１８年、ヘルシンキ、環境省、13頁
Raunio, Anne et al. (toim.) 2018. *Luontotyyppien soveltuminen ekologiseen kompensaatioon Suomessa.* Helsinki: Ympäristöministeriö, 13. urn.fi/URN:ISBN:978-952-11-4815-6, lainattu 28.2.2019.

9．環境情報フォーラムＷＥＢサイト「エコロジーな代替案――目標達成のために」
Ympäristötiedon foorumi: “Ekologinen kompensaatio – Tavoitteista todeksi.” ymparistotiedonfoorumi.fi/ekologinen-kompensaatio-tavoitteista-todeksi/, lainattu 27.2.2019.

10．アンネ・ラウニオ他（編）『国内の自然形態をエコロジーな代替案に適用』２０１８年、ヘルシンキ、環境省、13～15頁
Raunio, Anne et al. (toim.) 2018. *Luontotyyppien soveltuminen ekologiseen kompensaatioon Suomessa.* Helsinki: Ympäristöministeriö, 13-15. urn.fi/URN:ISBN:978-952-11-4815-6, lainattu 28.2.2019.

11．ヴィッレ・ニーニスト、国会議員、メールインタビュー、２０１９年２月28日
Niinistö, Ville, kansanedustaja, sähköpostihaastattelu, 28.2.2019.

12．オッリ・タハヴォネン、国民経済学、森林経済学教授、電話インタビュー、２０１９年２月28日
Tahvonen, Olli, kansantaloustieteellisen metsäekonomian professori, puhelinhaastattelu, 28.2.2019.

13. ヤリ・ミーナ他「森の手入れを行う際のビルベリーと樹木の相互関係」２０１８年、リーサ・テュルヴァネン他（編）『森で健康に』所収、２０１４年、ヘルシンキ、ＳＫＳ
Miina, Jari et al. 2018. "Mustikan ja puun yhteistuotannon vaikutus metsikön käsittelyyn." Teoksessa Liisa Tyrväinen et al. (toim.) *Hyvinvointia metsästä*. Helsinki: SKS.

14. サウリ・ヴァルコネン『森の持続的成長について』２００７年、ヘルシンキ、メッサ出版と自然資源センター
Valkonen, Sauli 2007. *Metsän jatkuvasta kasvatuksesta*. Helsinki: Metsäkustannus ja Luonnonvarakeskus.

15. リーサ・テュルヴァネン他（編）『森で健康に』、２０１４年、２２６頁
Tyrväinen, Liisa et al. (toim.) 2014. *Hyvinvointia metsästä*. Helsinki: SKS, 226.

16. スオメン・パクリ株式会社ＷＥＢサイト
Suomen Pakuri Oy: suomenpakuri.fi/, lainattu 28.2.2019.

17. 同前

18. ユハナ・シムラ「チャーガは5年で収入になる――取り組むなら今」、地方の未来紙、２０１７年7月19日
Simula, Juhana. "Pakuri kasvattaa tilipussia jo viidessä vuodessa – "Nyt kannattaa lähteä mukaan"." *Maaseudun Tulevaisuus* 19.7.2017. maaseuduntulevaisuus.fi/mets%C3%A4/pakuri-kasvattaa-tilipussia-jo-viidess%C3%A4-vuodessa-nyt-kannattaa-l%C3%A4hte%C3%A4-ukaan-1.198830, lainattu 28.2.2019.

19. ヨウキ・ヴァイナモ「フィンランドの森でハラタケ目キノコが得られるよう研究者は、栽培方法を開発中」２０１６年、フィンランド放送ＹＬＥ、２０１６年４月12日
Väinämö, Jouki 2016. "Tutkijat kehittävät viljelymenetelmiä, joilla saadaan metsistämme 'kantosienituloja'." Yle 12.4.2016. yle.fi/uutiset/3-8797214, lainattu 28.2.2019.

20. アンナ・タカラ「フィンランドの自然界で抗生物質に耐性のある新しい武器が成長中：研究者、スーパーバクテリアにも対抗できる化合物をガンコウランから発見」２０１８年、ヘルシンギン・サノマット紙、２０１８年11月１日
Takala, Anna 2018. "Suomen luonnossa kasvaa uusi ase antibiooteille vastustuskykyisiä bakteereja vastaan: tutkijat löysivät variksenmarjasta yhdisteen, joka tuhoaa superbakteereja." *Helsingin Sanomat* 1.11.2018. hs.fi/kotimaa/art-2000005885361.html, lainattu 28.2.2019.（購読者のみ閲覧可能）

21. タピオ・サロ（編）『森：複合利用とエコシステムサービス』２０１５年、ヘルシンキ、自然資源センター
Salo, Tapio (toim.) 2015. Metsä: Monikäyttö ja ekosysteemipalvelut. Helsinki: Luonnonvarakeskus.

土の下の森

1. ヘルヤ＝シスコ・ヘルミサーリ＆キルシ・マッコネン「森林成長の半分は地中で起こる」、フィンランド森林研究所、２００２年第１号
Helmisaari, Heljä-Sisko ja Kirsi Makkonen. "Puolet metsän kasvusta maan alla." *Metsäntutkimus* 1/2002. http://www.metla.fi/asiakaslehti/2002/2002-1/2002-1-helmisaari.pdf, lainattu

17.2.2019.（現在閲覧不可）

2．セッポ・ヴオッコ『気の先端が雲へ届く』２０１７年、ヘルシンキ、マーヘンキ社、72頁
Vuokko, Seppo 2017: *Latva pilviä piirtää.* Helsinki: Maahenki, 72.

3．同前

4．前掲資料　74頁

5．イナ・C・メイエル、イヴァノ・ブルネル、ダグラス・ゴッドボールド、ヘルヤ＝シスコ・マルケッタ・ヘルミサーリ、イヴィカ・オストネン、ナディア・A・ソウジロブスカヤ&シンディ・E・プレスコット「Roots and rhizospheres in forest ecosystems: Recent advances and future challenges」２０１９年、*Forest Ecology and Management*２０１９年４３２号、1～5頁

6．ＷＥＢサイト 大気ガイド「気候変動でフィンランドの樹木の成長が早くなる」
Ilmasto-opas: Ilmastonmuutos kiihdyttää puiden kasvua Suomessa. ilmasto-opas.fi/fi/ilmastonmuutos/vaikutukset/-/artikkeli/34335d0b-495f-44c6-8d3f-5e528df49713/ilmastonmuutos-kiihdyttaa-puiden-kasvua-suomessa.html, lainattu 9.3.2019.

北のボルネオ――目にも見える変化

1．イルッカ・ハンスキ『島への調査旅行：自然の多様性調査』２０１６年、ヘルシンキ、ガウデアムス社、17頁、25頁
Hanski, Ilkka 2016. *Tutkimusmatkoja saarille: luonnon monimuotoisuutta kartoittamassa.* Helsinki: Gaudeamus, 17 ja 25.

2．前掲資料　18頁

3．ミッコ・モンッコネン「フィンランドの森の自然～グローバルな多様性の一部として～」２００４年、ティモ・クールヴァイネン他（編集）『森に隠されているもの～フィンランドの森の自然の多様性』所収、ヘルシンキ、エディタ社、33頁
Mönkkönen, Mikko 2004. “Suomen metsäluonto – osa globaalia monimuotoisuutta.” Teoksessa Timo Kuuluvainen et al. (toim.) *Metsän kätköissä – Suomen metsäluonnon monimuotoisuus.* Helsinki: Edita, 33.

4．イルッカ・ハンスキ『縮小する世界。生存環境消滅を人口生態学で追跡』２００７年、12頁、92頁
Hanski, Ilkka 2007. *Kutistuva maailma: elinympäristöjen häviämisen populaatioekologiset seuraukset.* Helsinki: Gaudeamus 12, 92.

5．サイヤ・クーセラ、スサンナ・アンッティラ、パヌ・ハルメ&アイノ・ユスレーン「調査で保全活動効率化：謎多き種と森林に生息する絶滅危惧種の調査プログラムへの影響概略」２０１９年、「森林学」季刊誌２０１７年、第６９８７論文、２頁
Kuusela, Saija, Anttila,Susanna, Halme,Panu ja Juslén,Aino 2019. “Tutkimus tehostaa suojelutoimia: yhteenveto Puutteellisesti tunnettujen ja uhanalaisten metsälajien tutkimusohjelman vaikuttavuudesta.” Metsätieteen aikakauskirja 2017, artikkeli 6987, 2. doi.org/10.14214/ma.6987, lainattu 3.3.2019.

6. フィンランド全法律WEBサイトFinlex『フィンランド森林法』1996年12月12日公布第1093号法、エディタ社
Finlex: "Metsälaki." 12.12.1996/1093. Edita Publishing. finlex.fi/fi/laki/ajantasa/1996/19961093, lainattu 3.3.2019.

7. フィンランド自然資源センター、添付資料1：フィンランドの森林資源情報、報道発表2018年10月9日
Luonnonvarakeskus: "Liite1: Suomen metsävaratietoja." Tiedote 9.10.2018. luke.fi/wp-content/uploads/2018/10/Tiedote-vmi-2018-liite_1.pdf, lainattu 3.3.2019.

8. イルッカ・ハンスキ『縮小する世界。生存環境消滅を人口生態学で追跡』2007年、12頁
Hanski, Ilkka 2007. *Kutistuva maailma: elinympäristöjen häviämisen populaatioekologiset seuraukset.* Helsinki: Gaudeamus, 12.

9. フィンランド自然資源センター「森の保護」2016年9月15日／WEBサイト世界自然保護基金フィンランドWWF「フィンランドの森：絶滅危惧」
Luonnonvarakeskus: "Metsien suojelu." 15.09.2016. stat.luke.fi/metsien-suojelu, lainattu3.3.2019; WWF: "Suomen metsät: uhat." wwf.fi/alueet/suomi/suomen-metsat, lainattu 3.3.2019.

10. イルッカ・ハンスキ『島への調査旅行：自然の多様性調査』2016年、253頁
Hanski, Ilkka 2016. *Tutkimusmatkoja saarille: luonnon monimuotoisuutta kartoittamassa.* Helsinki:Gaudeamus, 253.

11. イルッカ・ハンスキ、『縮小する世界。生存環境消滅を人口生態学で追跡』2007年、219頁
Hanski, Ilkka 2007. *Kutistuva maailma: elinympäristöjen häviämisen populaatioekologiset seuraukset.* Helsinki: Gaudeamus, 219.

12. 自然の様相「森林その5　森林道」2013年5月7日／ミカ・ノウシアイネン、森林道専門家、メールインタビュー、2018年10月25日
Luonnontila: "ME5 Metsätiet." 7.5.2013. luonnontila.fi/fi/elinymparistot/metsat/me5-metsatiet, lainattu 3.3.2019（現在閲覧不可）; Nousiainen, Mika, metsäteiden johtava asiantuntija, sähköpostihaastattelu25.10.2018.

13. イルッカ・ハンスキ『縮小する世界。生存環境消滅を人口生態学で追跡』2007年、105頁
Hanski, Ilkka 2007. *Kutistuva maailma: elinympäristöjen häviämisen populaatioekologiset seuraukset.* Helsinki: Gaudeamus, 105.

14. 前掲資料　134頁

15. ヨーロッパのグリーンベルト「European Green Belt Initiative」
European Green Belt: "European Green Belt Initiative." europeangreenbelt.org, lainattu 3.3.2019

16. イルッカ・ハンスキ「2020年までに森の生物学的多様性の減少化に歯止めをかけることはできるか」2013年、「森林学」季刊誌2013年第1号、74～77頁／イルッカ・ハンスキ『島への調査旅行：自然の多様性調査』255～256頁
Hanski, Ilkka 2013. "Voidaanko metsien biologisen

monimuotoisuuden väheneminen pysäyttää vuoteen 2020 mennessä? Huomioita metsälakiesityksestä." Metsätieteen aikakauskirja 1/2013, 74–77; Hanski, Ilkka 2016. *Tutkimusmatkoja saarille: luonnon monimuotoisuutta kartoittamassa.* Helsinki: Gaudeamus, 255–256.

17. 同前

18. イルッカ・ハンスキ、『縮小する世界。生存環境消滅を人口生態学で追跡』２００７年、２５５頁
Hanski, Ilkka 2007. *Kutistuva maailma: elinympäristöjen häviämisen populaatioekologiset seuraukset.* Helsinki: Gaudeamus, 255.

19. イルッカ・ハンスキ「２０２０年までに森の生物学的多様性の減少化に歯止めをかけることはできるか」２０１３年、「森林学」季刊誌２０１３年第1号、74～77頁
Hanski, Ilkka 2013. "Voidaanko metsien biologisen monimuotoisuuden väheneminen pysäyttää vuoteen 2020 mennessä? Huomioita metsälakiesityksestä." Metsätieteen aikakauskirja 1/2013, 74–77

20. フィンランド政府ＨＰ「持続的発展のできるバイオマス経済へ。フィンランドのバイオマス経済戦略」２０１４年5月8日、１１５頁
Biotalous-sivusto: "Kestävää kasvua biotaloudesta. Suomen biotalousstrategia." Työ- ja elinkeinoministeriö, 115. biotalous.fi/wp-content/uploads/2015/01/Suomen_biotalousstrategia_2014.pdf, lainattu 1.3.2019.

21. イルッカ・ハンスキ『島からのメッセージ。自然界の多様性はなぜ縮小するのか』２００７年、ヘルシンキ、ガウデアムス社、１９６頁
Hanski, Ilkka 2007. *Viestejä saarilta. Miksi luonnon monimuotoisuus hupenee?* Helsinki: Gaudeamus, 196.

訳者追記

・原注に出てくるウェブサイトのＵＲＬについては、すべて原書が執筆された２０１９年5月現在のものであり、一部はすでにリンク切れになっていることに注意されたい。２０２２年5月現在、リンク切れや有料サイトのものについては、それぞれに明記した。
・フィンランド語の引用はすべて本稿訳者の訳によるが、英語サイトの論文等については、原文をそのまま掲載した。
・訳文中のウェブサイトのＵＲＬは、原注ではリンク切れになっているが、ＵＲＬが移動したと思われるウェブサイトを掲載した。

訳者あとがき

森という言葉を耳にし、また使うとき、頭に浮かぶ関連ワードは何だろうか。自然、森林浴など癒やし系の言葉、あるいは、キャンプ、ハイキングなどレジャーで楽しむ場所という認識。それとも材木、パルプ、林業といった産業や経済を連想させる言葉だろうか。

私がこの本（原書名『METSÄ MEIDÄN JÄLKEEMME』、「私たちの後の森」という意味）を手に取ったのは、２０１９年10月、恒例のヘルシンキ・ブックフェアのためにフィンランドに滞在中のことだった。その年の５月に発行された本で、10月末の時点で既に2刷となっていた。フィンランドのノンフィクションの書籍としては異例のことだと理解している。

売れ行き好調や人々の関心の高さを証明するように、この本は２０１９年のフィンランディア文学賞（ノンフィクション部門）を受賞したのである。２０２２年の今も新刊書を主として扱う大型書店で入手が可能であり、また、ノンフィクション書籍でありながらオーディオブック化もされた珍しい作品である。フィンランドは図書館の利用率が高い国だが（2020年の統計で計算すると人口1人当たりの年間図書貸し出し数は、ほぼ13冊）、この本について、500人待ちという読書好きの人のSNSの書き込みもあった。

私はフィンランドの森には、仕事上、何度も訪れている。そして国立公園に指定されている森も含め、何カ所かの森をネイチャーガイドや森林の専門家と歩いたこともある。その際、「この森は、過去に干拓されたことがあり、今は、排水を止めて元に戻そうとしている場所だ」とか、「このような大きなアリ塚を見かけることは珍しくなった」といった言葉を幾度となく耳にしていた。一方で、「フィンランドの林業は、1年間に樹木が成長する量を計算し、その成長量を超える伐採はしないよう厳格に規定されているので、森林資源が枯渇することはない」というフレーズを、林業や行政の担当者だけでなく、フィンランドの森を一市民として享受している友人の口からも聞いていた。

よく考えれば、このフレーズはトリックがかっている言葉だ、ということに気づくはずなのだが、当時の私はそんなものかと疑問を抱かずに聞いていたのである。

「自然豊かで美しい森と湖の国フィンランド」。そう表現され、フィンランドの魅力の一つとして私たちが見聞きしていることが、フィンランドの単なる一面に過ぎないことに気づかされた写真集がある。本書の第i章第1節「昔々の森のおはなし」でも触れている『森を管理する方法いろいろ』（未邦訳、サンニ・セッポとリトヴァ・コヴァライネン写真・文 2009年）である。この本は、彼らが1997年に出した『Puiden kansa／Tree people』（日本語版『フィンランド・森の精霊と旅をする』プロダクション・エイシア 2009年）の続編という位置づけで出版された。

最初の本『Puiden kansa／Tree people』は、フィンランド各地に伝わるフィンランドの人びとと森・樹木の関係や習慣を、写真と文章で伝えた写真集である。フィンランドの森の持つ神秘と、フィンランドの人びとと森の長い歴史を伝える美しい作品だった。ところが、続く『森を管理する方法いろいろ』は、フィンランドの主幹産業である林業に焦点をあて、資源である森の現状とその危機を伝える内容だったのである。著者の二人は、2009年のヘルシンキ・ブックフェアでブースを構え（私費出版や一人出版社もブースを出している）、前作とこの作品を自ら販売していた。当時、この作品がいわゆる書評欄で紹介された記録はないが、関心を寄せ紹介したメディアでは、内容まで踏み込んで紹介していた。この本を手にした私は、写真を追っただけでフィンランドの森がおかしなことになっていると気づいた。そして、一般的に公的機関のお墨つきである認証がついているから信頼できる、安心できると信じている評価基準の在り方について、「よく考えろ」と警鐘を鳴らすこの写真集冒頭の一文に目が留まった。

「ここに掲載した写真の森は、いずれもフィンランドのＦＦＣＳ（Finnish Forest Certification System）で認証されている森である」

つまり、写真で紹介された森は、林業の持続的管理に則って管理されている森なのだ。しかし、現場はこういう状況だ、とこの本は伝えようとしていたのである。

あれから10年。ようやくフィンランド国内でも、フィンランドの森の現実に目を向けなければいけないと考える人が増えてきた。そうした関心が集まっている証として、『METSÄ MEIDÄN JÄLKEEMME』は出版されたのだろう。そう感じた私は、「やっとこの時が来た」と、この本を手にしてほっとした思いを抱いたのだ。そして、森のことに限らず、フィンランドも社会構造の中に矛盾や悩み、解決すべき問題点を抱える国だということを、この本を通して日本の人たちに伝えることができたらと考えたのである。


フィンランドは、国土面積的には日本とさほど変わらない大きさの国である。一方、人口は日本の約24分の1であり、社会構造的には風通しが良く、小回りが利く国と捉えられる向きがある。ところが、こうした印象も、この本を読むと違った面を見せつけられることになるだろう。なぜなら、フィンランドという国と国民にとって、「森」は単なる自然であるだけでなく、経済的な基盤であり最重要資源であるという、少し特異な位置を占めるからであろう。

さて、この本で触れられている内容のその後を、少しだけ補足したいと思う。

原書発行時（2019年）のアンッティ・リンネ内閣をその年の12月に引き継いだのは、当時世界で一番若い（しかも女性）首相としてメディアを沸かせたサンナ・マリン率いる内閣である。この内閣は5つの党の連立内閣で、かじ取りは常に難しそうだ。本書の内容に大きく関わる森林や気候変動関連の政策については、2021年秋に英国グラスゴーで開催されたCOP26（国連気候変動枠組み条約第26回締約国会議）後のフィンランド国内の新聞報道を追う限り、EU加盟国内で取り決めた目標の達成にいかに取り組むかについても、各党の思惑が先行し、一致団結した政治力が発揮できていないようである。

一方、産業界では動きがある。本書第iii章第1節で言及されていた、伊藤忠商事と資本提携したフィンランドの企業PAPTIC社が開発した針葉樹由来のパルプを原料とした新素材テキスタイルは、2021年にパプティック（PAPTIC）として商品化されている。

さらには、第i章第1節で登場した作家のアンニ・キュトマキは、新作『マルガリータ（Margarita）』を上梓（未邦訳）した。この本は、本書でも触れた「フィンランドの人びとが森とともにどのような人生をたどったのか、たどらざるを得なかったのか」ということを、1950年代のフィンランドを舞台に、3人の登場人物を通して描いた小説である。2020年に発表された同作品は、同年のフィンランディア文学賞を受賞した。

国民の生活を守り、その生活レベルを引き上げようとする経済政策に振り回されているフィンランドの森。この書籍を送り出したジャーナリストたちが資料としてあたった論文や記事と、今も森と共に生きている人々の思いが、未来のために生かされて欲しいと願うと共に、私自身が自然資源との向き合い方について関心を持ち続け、多方面からの意見を聞き、考え続けるエネルギーを持ち続けたいと思っている。

最後に、原書を新泉社へ紹介するきっかけとなる機会を作ってくれた北欧語書籍翻訳者の会のメンバー、特に、私の翻訳期間中、激励し続けてくれたフィンランド語翻訳者のセルボ貴子さんには心からの感謝を申し上げたい。本文中のサーミ語由来の地名の日本語表記方法については、フィンランド語とサーミ語の専門家である山川亜古さんにご相談した。また、久しぶりの出版翻訳に取り組むにあたり、指針を示し、多大なる労力を費やしてくださった新泉社編集部の内田朋恵さん、細かな確認作業にご協力くださった髙橋葵さんにも御礼申し上げます。日本語版の出版にあたり、特に林業用語の日本語訳のチェックと解説を寄せてくださいました森林ジャーナリストの田中淳夫さん、フィンランドの地理関係がわかる地図資料の作成やレイアウト、装丁を担当してくださった方々他、ご尽力くださったすべての皆さまに、この書籍が一人でも多くの読者の元に届いて欲しい、という祈りも込めて感謝申し上げたいと思います。ありがとうございました。

上山美保子

2022年5月

〈解説〉

絶望か希望か。日本の林業を撃つ書

田中淳夫

フィンランドと聞いて普通の人が連想するのは、サンタクロースやムーミン、最近では「サウナ発祥の地」かもしれない。優れた福祉や教育制度に目を向ける人もいるだろう。ただ、そうしたイメージの根底にあるのは、やはり「森と湖の国」ではないか。

日本の林業関係者は、フィンランドの林業にある種の憧れを抱いている。日本とさほど変わらぬ国土面積と森林率を持つ国だが、衰退著しい日本の林業と違って国の基幹産業として林業が成り立っているからだ。輸出額の約2割を木製品が担い、それは日本にも大量に輸入されているほか、世界的な林業機械メーカーのKESLA（ケスラ）社の製品は日本でも多くが稼働している。おかげでフィンランドに林業視察に行く人も少なくないし、フィンランドの大学に林業や森林科学を学ぶため留学する人も絶えない。

日本は現在「林業の成長産業化」をめざして躍起になっているが、そのロールモデルとして、ドイツやオーストリア、スイスなどと並んでフィンランドも挙げられている。もちろん地形や気候の違いはあるが、木材生産量を高めながら森林環境を守り、持続的な林業を推進していると思われるからだ。ちなみに私が、山の木々を全部伐ってしまう日本の大面積皆伐を環境破壊的だと批判した際に「フィンランドは皆伐を行っても、上手く森林環境を保っているから皆伐が悪いのではない」という反論が来たこともある。フィンランド林業に対する信頼は厚いのだ。

だが日本の林業関係者は、本書に描かれているようなフィンランド林業の実態をほとんど知らないはずだ。それなのにフィンランドは上手くやっていると思い込んでいたのである。私は本書を読んで愕然とするとともに、謎が解けた気持ちにもなった。なぜ北極圏に近く樹木の成長も遅いはずなのに、日本の倍以上の木材生産を行いながら森林蓄積を増やせるのか。なぜ持続的で高収益の林業が成り立っている（と言われる）のか。そんな漠然とした疑問に対する解答が本書には詰まっていたからだ。

そしてフィンランド林業の姿に、日本と共通する構造を見つけたのである。

といっても、日本の林業の実態を多少とも把握していなければ、両国を比較できないだろう。そこで、まず日本林業の歴史と現在の姿を簡単に紹介しておきたい。

日本林業の現状

まず日本の森林率は2020年統計で66％（フィンランドも約66％）で、森林面積は2500万ヘクタール（同2240万ヘクタール）、そのうち約7割が人が手を加えた人工林と里山林だ。そして、この森の大半は戦後生まれである。

日本列島は、昔から緑に覆われていたと思われがちだが、少なくとも江戸時代後期になると山野に無立木地（むりゅうぼくち）が増えていた。里山も含めて過剰利用が進んだからである。森の木は街や農地を開くため、そして巨大宮殿や寺院、船、橋などの建設のために大量に伐られた。さらに日々の煮炊きや暖房に加えて、製鉄や製塩、製陶など産業用エネルギーの燃料として使われた。また森の下草や枝葉も農地に入れる堆肥にするため採取された。

明治に入ると、西洋の林業理論と技術が導入されて、ようやく緑化も進み始めた。しかし相次ぐ戦争は、軍需物資である木材を得るため森を後先考えずに伐採させる。また戦後は戦災からの復興のための木材が求められ、伐採は過熱し、はげ山を増やした。加えて台湾や朝鮮半島、満州、樺太など旧植民地からの引揚者の多くは、農山村に入って原野を開墾するとともに伐採などの山仕事に従事した。膨れ上がった失業者を林業が吸い上げる役割を担った面もあったのである。

その後、政府は伐採跡地への大造林を推進した。荒れた山を林業によって立て直そうとしたのだ。はげ山にあらかた植え終わると、次は広葉樹の天然林を伐採して、スギやヒノキなど人工針葉樹林に変える「拡大造林」策を展開した。また増え続ける木材需要に対応するため木材の輸入を解禁したほか、化石燃料や化学肥料を普及させて森林のエネルギー利用や農業利用を抑えた。おかげで日本列島は緑を取り戻したのである。

だが同時期に集中的に大造林、さらに拡大造林を行ったことは、スギやヒノキなど針葉樹の同樹齢人工林を全国に作り上げることになった。造林後50年を超えて、植えた木々はほぼ同じように成長し、木材として収穫できるようになった。そこで21世紀に入る前後から皆伐が進み始めたのだ。今、伐採跡地には再び一斉造林が行われている。おかげで林業家の多くは、一斉に植えて一斉に伐るのが林業の正しい姿だという思いを強く持つ。

ただし、現在では造林・伐採コストが高くなったため、木材の販売収益だけでは赤字になることが多くなった。そのため政府は補助金を出している。苗木を植えたら補助金、草刈りしたら補助金、間伐したら補助金、さらに林道建設や高額な高性能林業機械など、ありとあらゆる経費に補助金が出る。今や日本の林業は補助金なしでは成り立たない。さらに近年は、伐採すればするほど補助率が上がるようになった。木材の生産量を増やすことが林業の売上額を伸ばし「成長産業化」したかのように見えるからだろう。ただし補助金は作業を請け負う業者が受け取るため、森林所有者はまったく儲からない。そのため林業を続けていく意欲を失い、所有する森を放置するケースが増えた。

皆伐と一斉造林がもたらす影響

こうした政策は、現場に何をもたらしただろうか。

たとえば紀伊半島には熊野古道がある。1000年以上昔の人びとが山中を歩いて聖地とされる熊野三山を詣でた道だが、現在は〝紀伊山地の霊場と参詣道(さんけいみち)〟として世界文化遺産に指定されている。だがこの古道のすぐ側には、林業用の作業道が延び、古道から見える山肌には何十ヘクタールもの伐採跡地が広がる。何も特殊な例ではなく、全国いたるところに同じような大面積伐採跡地を目にするようになってきた。そんな場所では、大雨が降るたびに山崩れを発生させている。

一方で伐採跡地の再造林は進まない。利益が少なく造林費用を捻出しづらいこともあるが、苗を植えても育つ前にウサギやシカ、カモシカに食べられてしまうからだ。これらの動物は、伐採跡地に生えた草や植えた苗を餌に大繁殖したのである。また里に下った野生動物は、農作物を荒らして農業被害も拡大させた。そのうえ動物の身体についたマダニやヒルなどを里に運び込み、人間にも重篤な被害をもたらしている。

それでも高額の林業機械を購入して事業を拡大した業者は、大規模な伐採を続けないと雇用と経営を維持できない。伐る森が減ってくると、生態系を無視して大規模に皆伐しがちになり、さらに保護地域の森や他人の山を承諾なしに伐採する違法伐採が横行し始めた。一度経営規模を拡大すると、大量の木材を受け入れる木材市場や製材工場など木材産業とも密接に絡んで、伐採量を縮小することは難しくなるのだ。

肝心の伐り出した木材の使い道も変質してきた。人口減少と経済の停滞、そして人びとの建築志向の変化によって木材の消費量は減少を続けている。その中で増えたのは、合板や土木資材、そしてバイオマス発電の燃料といった低価格の用途ばかりである。

気候変動対策として脱炭素（燃焼時に二酸化炭素を出す石炭石油などの利用縮小）の動きも強まるが、肝心の二酸化炭素を吸収してくれる森林の伐採は止まらない。国は「伐採量は森林の成長量以下」と主張し、木を伐った跡には若木が成長して二酸化炭素を吸収し、伐った木を建築物などに利用すれば炭素の貯蔵になるから気候変動対策だと言い繕う。しかし実際に増えているのはバイオマス発電の燃料用途ばかりだ。木も燃やせば二酸化炭素を排出する。植えた木の苗が燃やした元の木の大きさまで育つのに数十年はかかる。そんな有様でも「林業は脱炭素を推進する」というのである。

冬戦争とフィンランド林業

フィンランドに話を戻そう。日本林業の姿と、本書に描かれるフィンランド林業の現状を比べると、似通っている点が非常に多いことに気づくだろう。

本書によるとフィンランドの森は、ほとんどが戦後生まれで、皆伐と一斉造林の繰り返しのため生物多様性に重大な影響が出ている。「森林面積は増えている」というのも、湿地を干拓して人工林を増やしたことによる数字のトリックだった。そして政府主導の伐採面積（木材生産量）の拡大計画。補助金目当ての作業。森林地帯から去っていく人びと。そのほか古道の景観破壊や獣害増と稀少動物の絶滅危機、木を伐って脱炭素という主張……日本の抱える諸事情と共通する問題が山積みにされている。

ところでフィンランド林業が皆伐と一斉造林を繰り返す大規模な産業構造になった点については、本書はさらりと〝冬戦争〟のためと説明しているだけだ。この点に関して少し補足しておきたい。

冬戦争とは、日本ではソ連フィンランド戦争と記述されることも多いが、（旧）ソ連がドイツと不可侵条約を結んだうえで、第二次世界大戦開戦直後の1939年11月にフィンランドに攻め込んだ戦争である。当初は3日で首都ヘルシンキは陥落すると言われたが、フィンランドは孤立無援で圧倒的に少ない兵力でも、驚異的な粘りを見せた。森と湖沼を盾とする一方、森に潜んで反撃を繰り返し、厳冬の4カ月を戦い抜いた。フィンランド側の戦死者は約2万7000人だが、ソ連軍の損害は少なくとも12万7000人、実質20万人以上とされる。しかしフィンランド側の武器弾薬の消耗は激しく、継戦能力の限界を迎えたため講和した。その際の条件が、ソ連への領土の割譲と賠償金の支払いだった。

その後フィンランドは、ソ連と開戦したドイツと結んで〝継続戦争〟を展開し領土の奪還をめざすが、ドイツ軍が劣勢になったことで再びソ連と講和した。結果的に領土の約1割割譲と6億ドルの賠償金を支払うことになる。ソ連は賠償を鉄鋼品で支払うよう要求をしたが、消耗しきったフィンランド経済にその財源はなく、森林を伐採し木材を輸出して得た金で賄うしかなくなった。また割譲された領土からの42万人もの避難民は、国内の森林地帯を開墾して定住することを余儀なくされる。

これが大規模な皆伐を伴うフィンランド林業の出発点となった。そして伐採跡地に一斉造林する林業形態が成立した。このような産業構造が一度できてしまうと、その後も同じ形態を継続するようになる。また木材輸出と製紙業の発展が国の財政を潤したため、林業はより規模の拡大をめざすようになった。

こうした歴史と産業構造の成立も、日本とよく似ていると思わざるを得ない。戦争中、あるいは戦争を終えてから、森を大規模に伐採したことが、大量消費型の産業構造を作り上げ、後世まで影響を与え続けるのだ。

フィンランド林業の新たな挑戦

ただ大きな違いもある。日本の林業は、1980年代まで波はあっても好況に推移したが、その後建築技術や法令の変化、そして日本経済の変容のため急速に収支バランスを崩す。しかし補助金で赤字を補う政策が改革を遅らせ、今に至るまで有効な手だてを打てずにいる。そこで森林を大規模伐採して大量の木材を安く売る薄利多売の林業へと走った。量の拡大だけが林業を維持するための方策になってしまったのである。一方フィンランドでは、林業の生産性を高めることに成功し、世界に通用する木材と紙製品を生産して輸出を増やし、林業は成長産業であり続けている。

しかし両国の林業の内実を冷静に見つめると、どちらも将来への展望を欠いている。今と同じやり方で林業を続けていった場合、極度の森林環境の悪化と資源の持続性喪失で、行き詰まるように思えてならない。日本もフィンランドも、豊かで多様性のある森林を失い、取り返しのつかない事態に陥る恐れを感じる。

本書では、新たな希望の動きも紹介している。たとえばドイツやスイスで行われている恒続林施業をフィンランドも取り入れ始めたようだ。恒続林とは、伐採を択伐に限って森を維持し続ける林業だ。伐採跡に植林もするが、残された木々から散布された種子からの芽生えにも期待する。こうして多様な樹種と異年齢の木々による森を作り上げ、森林生態系維持と木材生産の両立をめざす林業である。また森林の保護区を広げるとともに、森を利用したネイチャートラベルも広げ、新たな収入源となりつつあるという。

日本がフィンランドに学ぶべき点は、こうした動きだろう。実は日本でも、恒続林施業を取り入れる個人の林業家や少数の自治体はある。森林ウォーキングやキャンプなど自然と親しむアクティビティも少しずつ広がり、ビジネスとして成り立たせている森林地域も登場してきた。それだけにフィンランドの林業の進む方向を注視することは、今後の日本の林業政策を考える際にも必ず役に立つはずだ。

本書は、ある意味日本の林業を外から撃つ書だ。内側からは見えない、見たくないと目を閉じがちな林業関係者に、今のまま進めば訪れるであろう暗澹とした林業の姿を突きつけて、心を激しく揺さぶる。今何を止めるべきか、今何をすべきかを問う。そしてたどりつくべき森と林業の未来を思い描かせるのだ。

日本の林業を憂える人にとって、本書は絶望と希望の入り交じった書になるだろう。

参考文献

石野裕子（2017）『物語 フィンランドの歴史――北欧先進国「バルト海の乙女」の800年』中公新書

「グラフで見る世界の統計 GraphToChart」

https://graphtochart.com/environment/finland-forest-area-sq-km.php

著者紹介

アンッシ・ヨキランタ、ペッカ・ユンッティ、アンナ・ルオホネン、イェンニ・ライナは、北部フィンランド出身の若手ジャーナリストである。メンバーには、ノンフィクション・ライター、森林所有者、自然の中での活動好きという横顔がある。イェンニ・ライナは、フィンランディア文学賞ノンフィクション部門やボスニア文学賞に作品がノミネートされた。ペッカ・ユンッティは、ボンニエル社主催のジャーナリスト賞を読者人気カテゴリーで受賞。アンッシ・ヨキランタは、ラピン・カンサ紙のカメラマンである。

訳者
上山美保子 うえやま・みほこ
東京生まれ。東海大学文学部北欧文学科卒業。大学在学中にフィンランド・トゥルク大学人文学部フィンランド語学科留学。主な訳書は『フーさん』シリーズ（国書刊行会）。翻訳監修に『フィンランド・森の精霊と旅をする』（プロダクション・エイシア）がある。

監訳・解説
田中淳夫 たなか・あつお
1959年大阪生まれ。静岡大学農学部を卒業後、出版社、新聞社等を経て、フリーの森林ジャーナリストに。森と人の関係をテーマに執筆活動を続けている。主な著作に『虚構の森』、『絶望の林業』、『森は怪しいワンダーランド』（新泉社）、『獣害列島　増えすぎた日本の野生動物たち』（イースト新書）、『森林異変』『森と日本人の1500年』（平凡社新書）、『樹木葬という選択』『鹿と日本人――野生との共生1000年の知恵』（築地書館）、『ゴルフ場に自然はあるか？　つくられた「里山」の真実』（ごきげんビジネス出版・電子書籍）ほか多数。